Python

数据分析与挖掘实战

邓立国 著

清华大学出版社

北京

内 容 简 介

本书涵盖数据分析与数据挖掘的基础知识、必备工具和有效实践方法，能让读者充分掌握数据分析与数据挖掘的基本技能。

本书共分为 15 章，主要内容包括大数据获取、数据预处理、探索性数据分析、用 Sklearn 估计器分类、主流数据分析库、大数据的数据库类型、数据仓库/商业智能、数据聚合与分组运算、数据挖掘工具、挖掘建模、模型评估、社会媒体挖掘、图挖掘分类、基于深度学习的验证码识别、基于深度学习的文本分类挖掘实现。

本书采用理论与实践相结合的方式，利用 Python 语言的强大功能，以最小的编程代价进行数据的提取、处理、分析和挖掘，既适合 Python 数据分析与数据挖掘初学者、大数据从业人员阅读，也适合高等院校和培训机构大数据与人工智能相关专业的师生教学参考。

图书在版编目（CIP）数据

Python 数据分析与挖掘实战 / 邓立国著.—北京：清华大学出版社，2021.4
ISBN 978-7-302-57787-4

Ⅰ．①P… Ⅱ．①邓… Ⅲ．①软件工具－程序设计 Ⅳ．①TP311.56

中国版本图书馆 CIP 数据核字（2021）第 055472 号

责任编辑：夏毓彦
封面设计：王　翔
责任校对：闫秀华
责任印制：杨　艳

出版发行：清华大学出版社
　　　　　网　　　址：http://www.tup.com.cn，http://www.wqbook.com
　　　　　地　　　址：北京清华大学学研大厦 A 座　　　　　　　邮　　　编：100084
　　　　　社 总 机：010-62770175　　　　　　　　　　　　　　邮　　　购：010-62786544
　　　　　投稿与读者服务：010-62776969，c-service@tup.tsinghua.edu.cn
　　　　　质 量 反 馈：010-62772015，zhiliang@tup.tsinghua.edu.cn

印 装 者：三河市国英印务有限公司
经　　　销：全国新华书店
开　　　本：190mm×260mm　　　**印　　张：**19.25　　　**字　　数：**493 千字
版　　　次：2021 年 5 月第 1 版　　　　　　　　　　　**印　　次：**2021 年 5 月第 1 次印刷
定　　　价：79.00 元

产品编号：086896-01

前　　言

在当今大数据驱动的时代，要想从事机器学习、人工智能、数据挖掘等前沿技术，离不开数据跟踪与分析，通过 NumPy、Pandas 等进行数据科学计算，通过 Seaborn、Matplotlib 等进行数据可视化展示，从实战的角度出发，让你在数据科学领域迈出重要的一步，开启数据分析与挖掘的开发之旅。目前数据分析与挖掘行业火爆，人才供不应求。机器学习、自然语言处理、数据可视化、数据探索、数据分析和数据挖掘，这些火热的前沿技术都是数据科学体系的范畴，是信息时代的高薪领域。而 Python 是用于数据分析与挖掘的必备工具！

大数据时代是海量数据同完美计算能力相结合的产物，确切地说是移动互联网、物联网产生了海量的数据，大数据计算技术完全胜任海量数据的收集、存储、计算、分析等问题。综合来看，未来几年大数据在商业智能、智慧城市和精准营销等领域的应用将发挥主导作用。

读者需要了解的重要信息

本书作为数据分析与挖掘专业的图书，介绍数据挖掘的算法流程、必备工具和实践方法，案例采用 Python3 来实现。本书涵盖从数据获得到数据处理和结果展示输出的全过程，以数据分析与挖掘五大环节（数据采集、数据预处理、探索分析、挖掘建模、模型评估）为轴线，理论与实践相结合，所有案例均具有代表性，明确了数据分析与挖掘目标及完成效果。分析挖掘的基本任务是从数据中提取商业价值，具体涵盖分类和预测、聚类分析、关联规则、时序模式、偏差检验、智能推荐等。

本书以真实案例驱动，配以分析用的数据与源代码，科学系统地介绍数据分析与挖掘建模领域的科学思维、必备知识、专业工具、完整流程以及编程技巧，让你能够快速胜任数据分析师岗位。

本书内容

本书整体分为 15 章，系统讲解机器学习的典型算法，主要内容如下：

第 1 章简要介绍大数据获取，第 2 章是数据预处理，第 3 章是探索性数据分析，第 4 章是用 Sklearn 估计器分类，第 5 章是主流数据分析库，第 6 章是大数据数据库介绍，第 7 章是数据仓库/商业智能，第 8 章是数据聚合与分组运算，第 9 章是数据挖掘工具，第 10 章是挖掘建模，第 11 章是模型评估，第 12 章是社会媒体挖掘，第 13 章是用图挖掘分类，第 14 章是基于深度神经网络的验证码识别，第 15 章是基于深度学习的文本分类挖掘实现。

源代码和源数据下载

本书的例子都是在 Python3 集成开发环境 Anaconda3 中通过实际调试的典型案例。配套的示例源代码和源数据可通过使用微信扫描下方的二维码获取（可通过下载页面，把链接发到自己的邮箱中下载）。如果有任何疑问，请联系 booksaga@163.com，邮件主题为"Python 数据分析与挖掘实战"。

致谢

本书完成之际，要由衷感谢家人的支持，是他们的付出使笔者拥有近一年的时间来写作，由于水平有限，书中难免有纰漏之处，还请读者不吝赐教。本书写作过程中参考的图书均在参考文献中列出，在此对相关作者表示感谢。

邓立国
2021 年 2 月

目　　录

第1章

大数据采集

  大数据采集是指从传感器和智能设备、企业在线系统、企业离线系统、社交网络和互联网平台等获取数据的过程。大数据包括 RFID 数据、传感器数据、用户行为数据、社交网络交互数据及移动互联网数据等各种类型的结构化、半结构化及非结构化的海量数据。

  数据源的特点是种类多、类型繁杂、数据量大和产生的速度快，传统的数据采集方法完全无法胜任。因而，大数据采集技术面临着许多技术挑战，既要保证数据采集的可靠性和高效性，还要避免重复数据。

1.1 大数据分类

  传统的数据采集来源单一，且存储、管理和分析数据量相对较小，大多采用关系型数据库和并行数据仓库处理。在大数据体系中，传统数据分为业务数据和行业数据，传统数据体系中没有考虑过的新数据源，这些新数据源包括内容数据、线上行为数据和线下行为数据 3 大类。大数据采集与传统数据采集有很大的区别。

1. 大数据分5类

- **业务数据**：消费者数据、客户关系数据、库存数据、账目数据等。
- **行业数据**：车流量数据、能耗数据、PM2.5数据等。
- **内容数据**：应用日志、电子文档、机器数据、语音数据、社交媒体数据等。
- **线上行为数据**：页面数据、交互数据、表单数据、会话数据、反馈数据等。
- **线下行为数据**：车辆位置和轨迹、用户位置和轨迹、动物位置和轨迹等。

2. 大数据主要有4个来源

- 企业系统：客户关系管理系统、企业资源计划系统、库存系统、销售系统等。
- 机器系统：智能仪表、工业设备传感器、智能设备、视频监控系统等。
- 互联网系统：电商系统、服务行业业务系统、政府监管系统等。
- 社交系统：微信、QQ、微博、博客、新闻网站、朋友圈等。

3. 机器系统产生的数据可分为两大类

- 通过智能仪表和传感器获取行业数据。例如，公路卡口设备获取车流量数据、智能电表获取用电量等。
- 通过各类监控设备获取人、动物和物体的位置和轨迹信息。

互联网系统会产生相关的业务数据和线上行为数据，例如，用户的反馈和评价信息、用户购买的产品和品牌信息等。

社交系统会产生大量的内容数据，如博客与照片，以及线上行为数据等。

4. 线上线下数据区别

- 数据源区别：传统数据采集的数据源单一，就是从传统企业的客户关系管理系统、企业资源计划系统及相关业务系统中获取数据，而大数据采集系统还需要从社交系统、互联网系统及各种类型的机器设备上获取数据。
- 数据量区别：互联网系统和机器系统产生的数据量要远远大于企业系统的数据量。
- 数据结构区别：传统数据采集的数据是结构化的数据，而大数据采集系统需要采集大量的视频、音频、照片等非结构化数据，以及网页、博客、日志等半结构化数据。
- 数据产生速度区别：传统数据采集的数据几乎都是由人操作生成的，远远慢于机器生成数据的效率。因此，传统数据采集的方法和大数据采集的方法也有根本区别。

1.2 大数据采集方法

数据采集的方法几乎完全取决于数据源的特性，毕竟数据源是整个大数据平台蓄水的上游，数据采集不过是获取水源的管道。

在数据仓库的语境下，ETL 基本上就是数据采集的代表，包括数据的提取（Extract）、转换（Transform）和加载（Load）。在转换的过程中，需要针对具体的业务场景对数据进行治理，例如进行非法数据监测与过滤、格式转换与数据规范化、数据替换、保证数据完整性等。

在大数据平台下，数据源具有更复杂的多样性，数据采集的形式也变得更加复杂而多样，当然业务场景也可能变得迥然不同。

大数据的采集是指利用多个数据库或存储系统来接收发自客户端（Web、App 或者传感器等）的数据。例如，电商会使用传统的关系型数据库 MySQL 和 Oracle 等来存储每一笔事务数据。在大数据时代，Redis、MongoDB 和 HBase 等 NoSQL 数据库也常用于数据的采集。

大数据采集过程的主要特点和挑战是高并发，因为同时可能会有成千上万的用户在进行访问和操作。例如，火车票售票网站和淘宝的并发访问量在峰值时可达到上百万，所以在采集端需要部署大量数据库才能支撑其采集，并且在这些数据库之间进行负载均衡和分片是需要精心设计的。

根据数据源的不同，大数据采集方法也不相同。为了能够满足大数据采集的需要，大数据采集时都使用了大数据的处理模式，即 MapReduce 分布式并行处理模式或基于内存的流式处理模式。

针对 4 种不同的数据源，大数据采集方法分为以下 4 大类。

1）数据库采集

传统企业会使用传统的关系型数据库 MySQL 和 Oracle 等来存储数据。随着大数据时代的到来，Redis、MongoDB 和 HBase 等 NoSQL 数据库也常用于数据的采集。企业通过在采集端部署大量数据库，并在这些数据库之间进行负载均衡和分片来完成大数据采集工作。

2）系统日志采集

系统日志采集主要是收集公司业务平台日常产生的大量日志数据，供离线和在线的大数据分析系统使用。高可用性、高可靠性、可扩展性是日志收集系统所具有的基本特征。系统日志采集工具均采用分布式架构，能够满足每秒数百兆字节的日志数据采集和传输需求。

3）网络数据采集

网络数据采集是指通过网络爬虫或网站公开 API 等方式从网站上获取数据信息的过程。网络爬虫会从一个或若干初始网页的 URL 开始，获得各个关联网页上的内容，并且在抓取网页的过程中不断从当前页面上抽取新的 URL 放入队列，直到满足设置的停止条件为止。

这样可将非结构化数据、半结构化数据从网页中提取出来，存储在本地的存储系统中。

4）感知设备数据采集

感知设备数据采集是指通过传感器、摄像头和其他智能终端自动采集信号、图片或录像来获取数据。大数据智能感知系统需要实现对结构化、半结构化、非结构化的海量数据的智能化识别、定位、跟踪、接入、传输、信号转换、监控、初步处理和管理等。其关键技术包括针对大数据源的智能识别、感知、适配、传输、接入等。

接下来介绍网络数据采集方式——爬虫。

1.3　Python 爬虫

爬虫是一段自动抓取互联网信息的程序，从互联网上抓取有价值的信息。它根据网页地址（URL）爬取网页内容，而网页地址（URL）就是我们在浏览器中输入的网站链接。

学习爬虫的必备知识：

- HTML，能够帮助了解网页的结构。
- Python，必备的编程语言工具。
- TCP/IP协议，能够了解网络请求和网络传输上的基本原理，帮助理解爬虫的逻辑。

Python 爬虫主要涵盖 5 部分内容：

- 了解网页。
- 使用requests库抓取网站数据。
- 使用Beautiful Soup解析网页。
- 清洗和组织数据。
- 爬虫攻防战。

在讲解爬虫内容之前，需要先学习一项写爬虫的必备技能：审查元素。

1.3.1　审查元素

在浏览器的地址栏中输入 URL 地址，在网页处右击，在快捷菜单中单击"检查"命令，如图 1.1 所示。（不同浏览器的叫法不同，在 Chrome 浏览器中为"检查"，在 Firefox 浏览器中为"查看元素"，在 360 浏览器中为"审查元素"，但是功能都是相同的。）

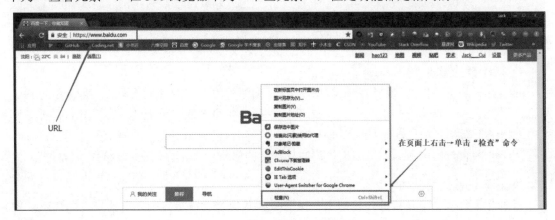

图 1.1　网页审查元素快捷方式

接下来可以看到，页面下边出现了一大堆代码（见图 1.2），这些代码就叫作 HTML（超文本标记语言）。

图 1.2　页面 HTML 代码段

在页面的哪个位置点击审查元素，浏览器就会定位到相应的 HTML 位置，进而可以在本地更改 HTML 信息。浏览器作为客户端从服务器端获取信息，然后将信息解析，并展示给用户。虽然本地更改 HTML 信息，但是修改的信息不会回传到服务器，服务器存储的 HTML 信息不会改变。

1.3.2　认识网页结构

网页一般由三部分组成，分别是 HTML（HyperText Markup Language，超文本标记语言）、CSS（Cascading Style Sheets，层叠样式表）和 JavaScript（活动脚本语言）。

1. HTML

HTML 是一种用于创建网页的标准标记语言。使用 HTML 建立自己的 Web 站点，HTML 运行在浏览器上，由浏览器来解析。HTML 是整个网页的结构，相当于整个网站的框架。带"＜""＞"符号的都是属于 HTML 的标签，并且标签都是成对出现的。

HTML 常见的标签如下：

- <html>..</html>：表示标记中间的元素是网页。
- <body>..</body>：表示用户可见的内容。
- <div>..</div>：表示框架。
- <p>..</p>：表示段落。
- <li>..</li>：表示列表。
- <img>..</img>：表示图片。
- <h1>..</h1>：表示标题。
- <a href="">..</a>：表示超链接。

具体 HTML 细节请参考 https://www.runoob.com/html/html-tutorial.html。

2. CSS

CSS 用于渲染 HTML 元素标签的样式。CSS 在 HTML 4 开始使用，是为了更好地渲染 HTML 元素而引入的。

HTML 样式标签：

- <style>：定义文本样式。
- <link>：定义资源引用地址。

CSS 可以通过以下方式添加到 HTML 中：

- 内联样式：在HTML元素中使用"style"属性。
- 内部样式表：在HTML文档头部<head>区域使用<style>元素来包含CSS。
- 外部引用：使用外部CSS文件。

最好的方式是通过外部引用 CSS 文件。

具体 CSS 细节请参考 https://www.runoob.com/css/css-tutorial.html。

3. JavaScript

JavaScript 是 Web 的编程语言。所有现代的 HTML 页面都使用 JavaScript。JavaScript 表示功能，交互的内容和各种特效都在 JavaScript 中，JavaScript 描述了网站中的各种功能。

具体 JavaScript 细节请参考 https://www.runoob.com/js/js-tutorial.html。

1.3.3 认识 robots.txt 的文档

几乎每一个网站都有一个名为 robots.txt 的文档，当然也有部分网站没有设定 robots.txt。对于没有设定 robots.txt 的网站，可以通过网络爬虫获取没有口令加密的数据，也就是该网站所有页面数据都可以爬取。如果网站有 robots.txt 文档，就要判断是否有禁止访客获取的数据。但是 robots.txt 文件不是每个目录下都要放的，下面简单介绍一下怎么使用 robots.txt 文件以及 robots.txt 的特性。

1. robots.txt的位置

robots.txt 文本文件必须存放在站点的根目录下，可以理解为跟首页是同一个页面。这样，爬虫在爬行的时候就不用判断 robots.txt 文件在哪里了，首先会爬行 robots.txt 文件。如果没有发现 robots.txt 文件，爬虫就会爬行所有的文件，也就增加了很多没有意义的操作，增加了爬虫的工作量。

2. 网站设置robots.txt文件的原因

禁止搜索引擎爬虫抓取无效页面，集中权值到主要页面和设置访问权限，用以保护网站安全。可用域名加 robots.txt 查询网站是否有 robots.txt 文件，如 http://www.baidu.com/robots.txt。

```
User-agent: Baiduspider
Disallow: /baidu
Disallow: /s?
Disallow: /ulink?
Disallow: /link?
Disallow: /home/news/data/
Disallow: /bh

User-agent: Googlebot
Disallow: /baidu
Disallow: /s?
Disallow: /shifen/
Disallow: /homepage/
Disallow: /cpro
Disallow: /ulink?
Disallow: /link?
Disallow: /home/news/data/
Disallow: /bh
```

```
User-agent: MSNBot
Disallow: /baidu
Disallow: /s?
Disallow: /shifen/
Disallow: /homepage/
Disallow: /cpro
Disallow: /ulink?
Disallow: /link?
Disallow: /home/news/data/
Disallow: /bh

User-agent: Baiduspider-image
Disallow: /baidu
Disallow: /s?
Disallow: /shifen/
Disallow: /homepage/
Disallow: /cpro
Disallow: /ulink?
Disallow: /link?
Disallow: /home/news/data/
Disallow: /bh

User-agent: YoudaoBot
Disallow: /baidu
Disallow: /s?
Disallow: /shifen/
Disallow: /homepage/
Disallow: /cpro
Disallow: /ulink?
Disallow: /link?
Disallow: /home/news/data/
Disallow: /bh

User-agent: Sogou web spider
Disallow: /baidu
Disallow: /s?
Disallow: /shifen/
Disallow: /homepage/
Disallow: /cpro
Disallow: /ulink?
Disallow: /link?
Disallow: /home/news/data/
Disallow: /bh

User-agent: Sogou inst spider
```

```
Disallow: /baidu
Disallow: /s?
Disallow: /shifen/
Disallow: /homepage/
Disallow: /cpro
Disallow: /ulink?
Disallow: /link?
Disallow: /home/news/data/
Disallow: /bh

User-agent: Sogou spider2
Disallow: /baidu
Disallow: /s?
Disallow: /shifen/
Disallow: /homepage/
Disallow: /cpro
Disallow: /ulink?
Disallow: /link?
Disallow: /home/news/data/
Disallow: /bh

User-agent: Sogou blog
Disallow: /baidu
Disallow: /s?
Disallow: /shifen/
Disallow: /homepage/
Disallow: /cpro
Disallow: /ulink?
Disallow: /link?
Disallow: /home/news/data/
Disallow: /bh

User-agent: Sogou News Spider
Disallow: /baidu
Disallow: /s?
Disallow: /shifen/
Disallow: /homepage/
Disallow: /cpro
Disallow: /ulink?
Disallow: /link?
Disallow: /home/news/data/
Disallow: /bh

User-agent: Sogou Orion spider
Disallow: /baidu
```

```
Disallow: /s?
Disallow: /shifen/
Disallow: /homepage/
Disallow: /cpro
Disallow: /ulink?
Disallow: /link?
Disallow: /home/news/data/
Disallow: /bh

User-agent: ChinasoSpider
Disallow: /baidu
Disallow: /s?
Disallow: /shifen/
Disallow: /homepage/
Disallow: /cpro
Disallow: /ulink?
Disallow: /link?
Disallow: /home/news/data/
Disallow: /bh

User-agent: Sosospider
Disallow: /baidu
Disallow: /s?
Disallow: /shifen/
Disallow: /homepage/
Disallow: /cpro
Disallow: /ulink?
Disallow: /link?
Disallow: /home/news/data/
Disallow: /bh

User-agent: yisouspider
Disallow: /baidu
Disallow: /s?
Disallow: /shifen/
Disallow: /homepage/
Disallow: /cpro
Disallow: /ulink?
Disallow: /link?
Disallow: /home/news/data/
Disallow: /bh

User-agent: EasouSpider
Disallow: /baidu
Disallow: /s?
```

```
Disallow: /shifen/
Disallow: /homepage/
Disallow: /cpro
Disallow: /ulink?
Disallow: /link?
Disallow: /home/news/data/
Disallow: /bh

User-agent: *
Disallow: /
```

百度网允许部分爬虫访问它的部分路径，而对于没有得到允许的内容，则全部禁止爬取，代码如下：

```
User-agent: *
Disallow: /
```

这一句代码的意思是除前面指定的爬虫外，不允许其他爬虫爬取任何数据，但从百度的 robots.txt 文件看都是拒绝爬取数据的。

3. robots.txt的展现形式

一般当 SEO（Search Engine Optimization，搜索引擎优化）工作者需要在网站中展现 robots 文件的时候可以进行一些必要的代码添加。常用的代码是 <meta name="robots" content="index,follow">，meta 标签的作用是展现网站的关键词和网站描述，name="robots" 是指识别所有搜索引擎；content="index,follow"是指搜索引擎索引页。

4. robots.txt文件怎么写

首先要了解 User-agent、Disallow、Allow 是什么意思。

- User-agent：表示定义哪个搜索引擎，如"User-agent：Baiduspider"定义百度爬虫。
- Disallow：表示禁止访问。
- Allow：表示运行访问。

通过以上三个命令可以组合多种写法，允许哪个搜索引擎访问或禁止哪个页面，且对字母大小写有限制，文件名必须为小写字母，所有的命令第一个字母需要大写，其余的小写，且命令之后要有一个英文字符空格。

5. robots.txt文件放在哪里

robots.txt 文件需要用 FTP 打开网站后台上传到网站根目录。

6. 什么时候需要使用robots.txt文件

首先是无用页面，如联系我们、用户协议等页面对搜索引擎优化来说作用不大，此时可用 Disallow 命令禁止这些页面被搜索引擎爬虫抓取；其次就是动态页面，好处就是集中权值，提高网站安全性；最后是后台页面。

1.3.4　爬虫的基本原理

网页请求的过程分为两个环节：

- Request（请求）：每一个展示在用户面前的网页都必须经过这一步，也就是向服务器发送访问请求。
- Response（响应）：服务器在接收到用户的请求后，会验证请求的有效性，然后向用户（客户端）发送响应的内容，客户端接收服务器响应的内容，并将内容展示出来，就是我们所熟悉的网页请求，如图1.3所示。

图 1.3　响应

网页请求的方式分为两种：

- GET：最常见的方式，一般用于获取或者查询资源信息，也是大多数网站使用的方式，响应速度快。
- POST：与GET方式相比，多了以表单形式上传参数的功能，除查询信息外，还可以修改信息。

所以，在写爬虫前要先确定向谁发送请求、用什么方式发送。

1.3.5　Python 爬虫架构

爬虫从互联网上抓取对我们有价值的信息。Python 爬虫架构主要由五部分组成，分别是调度器、URL 管理器、网页下载器、网页解析器、应用程序（爬取的有价值数据）。

- **调度器**：相当于一台计算机的CPU，主要负责调度URL管理器、下载器、解析器之间的协调工作。
- **URL管理器**：包括待爬取的URL地址和已爬取的URL地址，防止重复抓取URL和循环抓取URL。实现URL管理器主要用三种方式，通过内存、数据库、缓存数据库来实现。
- **网页下载器**：通过传入一个URL地址来下载网页，将网页转换成一个字符串。比如，urllib2（Python官方基础模块）是一种网页下载器，包括需要登录、代理、cookie和requests（第三方包）。
- **网页解析器**：将一个网页字符串进行解析，可以按照需求来提取有用的信息，也可以根据DOM树的解析方式来解析。网页解析器有正则表达式（直观，将网页转成字符串，通过模糊匹配的方式来提取有价值的信息，当文档比较复杂的时候，使用该方法提取数据就会非常困难）、html.parser（Python自带的）、Beautiful Soup（第三方插件，可以使用Python自带的html.parser进行解析，也可以使用lxml进行解析，相对于其他几种解析器来说功能要强大一些）、lxml（第三方插件，可以解析xml和HTML），其中html.parser和Beautiful Soup以及lxml都是以DOM树的方式进行解析的。

- **应用程序**：从网页中提取的有用数据组成的一个应用。

下面用图 1.4 来解释调度器是如何实现协调工作的：

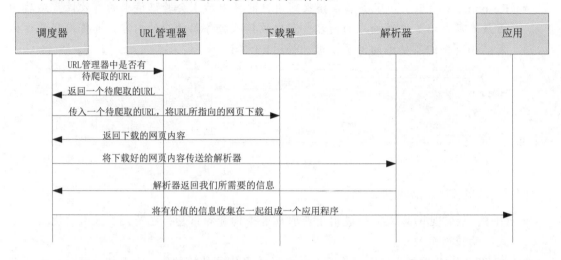

图 1.4　调度器工作原理

1.3.6　用 GET 方式抓取数据

设计 HTTP 最初的目的是为了提供一种发布和接收 HTML 页面的方法。HTTP 是一种基于"请求与响应"模式的、无状态的应用层协议。

HTTP 协议采用 URL 作为定位网络资源的标识符：

http://host[:port][path]

- host：合法的Internet主机域名或IP地址。
- port：端口号，默认为80。
- path：请求资源的路径。

HTTP URL 的理解：

- URL是通过HTTP协议存取资源的Internet路径，一个URL对应一个数据资源。

HTTP 协议对资源的操作方法：

- GET：请求获取URL位置的资源。
- HEAD：请求获取URL位置资源的响应消息报告，即获得资源的头部信息。
- POST：请求向URL位置的资源后附加新的消息。
- PUT：请求向URL位置存储一个资源，覆盖原URL位置的资源。

- PATCH：请求局部更新URL位置的资源，即改变该处资源的部分内容。
- DELETE：请求删除URL位置存储的资源。

在上述方法中，GET 和 HEAD 是从服务器获取信息到本地，PUT、POST、PATCH 和 DELETE 是从本地向服务器提交信息。

复制任意一条首页新闻的标题，在源码页面按 Ctrl+F 组合键调出搜索框，将标题粘贴在搜索框中，然后按 Enter 键。标题可以在源码中搜索到，请求对象是 www.cntour.cn，请求方式是 GET（所有在源码中的数据请求方式都是 GET），如图 1.5 所示。

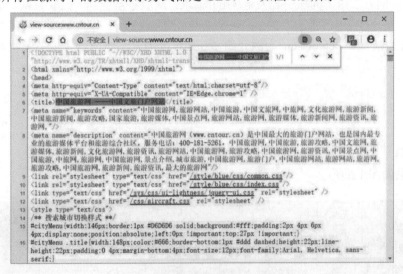

图 1.5 在源码页面搜索关键词

网络爬虫的第一步就是根据 URL 获取网页的 HTML 信息。在 Python 3 中，可以使用 urllib.request 和 requests 进行网页爬取。

urllib 库是 Python 内置的，无须我们额外安装，只要安装了 Python 就可以使用这个库。

requests 库是第三方库，需要我们自己安装。

requests 库的功能强大且好用，所以本文使用 requests 库获取网页的 HTML 信息。requests 库的 github 地址为 https://github.com/requests/requests。

1. requests安装

安装 requests，可以在 cmd 中使用指令：

```
pip install requests
```

或者：

```
easy_install requests
```

requests 库提供了 7 个主要方法：

- requsts.requst()：构造一个请求，最基本的方法，是下面方法的支撑。
- requsts.get()：获取网页，对应HTTP中的GET方法。
- requsts.post()：向网页提交信息，对应HTTP中的POST方法。

- requsts.head()：获取HTML网页的头信息，对应HTTP中的HEAD方法。
- requsts.put()：向HTML提交put方法，对应HTTP中的PUT方法。
- requsts.patch()：向HTML网页提交局部请求修改的请求，对应HTTP中的PATCH方法。
- requsts.delete()：向HTML提交删除请求，对应HTTP中的DELETE方法。

2. 简单实例

requests.get()方法用于向服务器发起 GET 请求，从服务器得到、抓取数据，也就是获取数据。

【例 1.1】以 www.cntour.cn 为例介绍 requests.get()方法的使用（本书无特殊例外都使用 Anaconda3 实现）。

```
import requests            #导入 requests 包
url = 'http://www.cntour.cn/'
strhtml = requests.get(url)          #GET 方式获取网页数据
print(strhtml.text)
```

运行结果如图 1.6 所示。

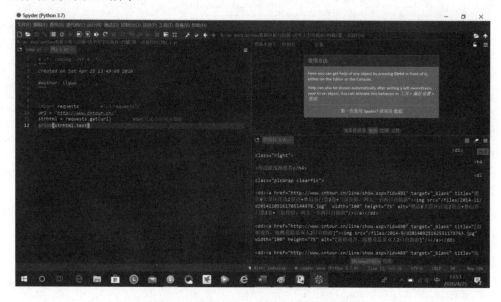

图 1.6　requests.get()方法的运行结果

用 GET 方式获取数据需要调用 requests 库中的 get 方法，用法如下所示：

```
requests.get
```

将获取到的数据保存到 strhtml 变量中，代码如下：

```
strhtml = request.get(url)
```

strhtml 是一个 URL 对象，代表整个网页，但此时只需要网页中的源码，下面的语句表示获取网页源码：

```
strhtml.text
```

1.3.7　用 POST 方式抓取数据

首先输入有道翻译的网址（http://fanyi.youdao.com/），进入有道翻译页面。按快捷键 F12（Fn+F12）进入开发者模式，打开 Network 选项卡，此时内容为空。在有道翻译中输入"中国是多民族国家"，单击"翻译"按钮。在开发者模式中，依次打开 Network 选项卡和 XHR 选项卡，找到翻译数据，如图 1.7 所示。

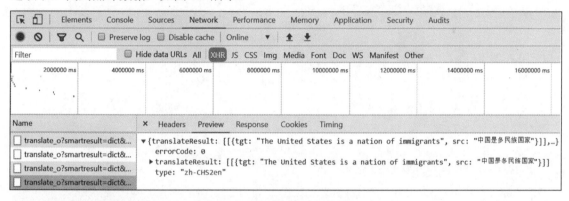

图 1.7　网页开发者模式

打开 Headers 选项卡，发现请求数据的方式为 POST，如图 1.8 所示。

图 1.8　POST 数据请求方式

找到数据所在之处并且明确请求方式之后，接下来开始编写爬虫代码。首先，将 Headers 选项卡中的 URL 复制出来，并赋值给 url，代码如下：

```
url = 'http://fanyi.youdao.com/translate_o?smartresult=
dict&smartresult=rule'
```

POST 请求获取数据的方式不同于 GET，POST 请求数据必须构建请求头。
Form Data 中的请求参数如图 1.9 所示。

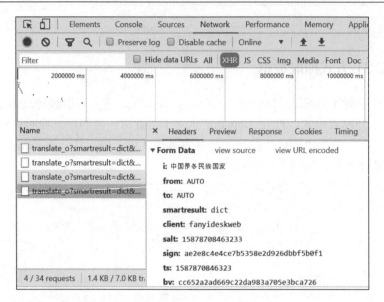

图 1.9　Form Data 中的请求参数

将 Form Data 复制并构建一个新字典：

```
From_data={'i': '中国是多民族国家','from': 'AUTO','to':'AUTO',
        'smartresult': 'dict','client': 'fanyideskweb',
        'salt': '15878708463233',
        'sign': 'ae2e8c4e4ce7b5358e2d926dbbf5b0f1',
        'ts': '1587870846323',
        'bv': 'cc652a2ad669c22da983a705e3bca726',
        'doctype': 'json',
        'version': '2.1',
        'keyfrom': 'fanyi.web',
        'action': 'FY_BY_REALTlME'}
```

接下来使用 requests.post 方法请求表单数据，代码如下：

```
import requests          #导入 requests 包
response = requests.post(url,data=payload)
```

将字符串格式的数据转换成 JSON 格式数据，并根据数据结构提取数据，将翻译结果打印出来，代码如下：

```
import json
content = json.loads(response.text)
print(content['translateResult'][0][0]['tgt'])
```

【例 1.2】使用 requests.post 方法抓取有道翻译结果的完整代码。

```
import requests          #导入 requests 包
import json
def get_translate_date(word=None):
    url =
```

```
'http://fanyi.youdao.com/translate?smartresult=dict&smartresult=rule'
      From_data={'i': '中国是多民族国家','from': 'AUTO','to':'AUTO',
            'smartresult': 'dict','client': 'fanyideskweb',
            'salt': '15878708463233',
            'sign': 'ae2e8c4e4ce7b5358e2d926dbbf5b0f1',
            'ts': '1587870846323',
            'bv': 'cc652a2ad669c22da983a705e3bca726',
            'doctype': 'json',
            'version': '2.1',
            'keyfrom': 'fanyi.web',
            'action': 'FY_BY_REALTlME'}
   #请求表单数据
   response = requests.post(url,data=From_data)
   #将 Json 格式字符串转字典
   content = json.loads(response.text)
   print(content)
   #打印翻译后的数据
   #print(content['translateResult'][0][0]['tgt'])
if __name__=='__main__':
   get_translate_date('美国是移民国家')
```

结果输出：

```
{'type': 'ZH_CN2EN', 'errorCode': 0, 'elapsedTime': 26, 'translateResult':
[[{'src': '中国是多民族', 'tgt': 'The United States is immigration country'}]]}
```

注意： 需要将 URL（http://fanyi.youdao.com/translate_o?smartresult=dict&smartresult=rule）
修改成 http://fanyi.youdao.com/translate?smartresult=dict&smartresult=rule，就是把_o 去掉，去
掉之后才能正常翻译。

1.3.8　用 Beautiful Soup 解析网页

通过 requests 库可以抓取网页源码，接下来需要从源码中找到并提取数据。Beautiful Soup
是 Python 的一个库，最主要的功能就是从网页中抓取数据。Beautiful Soup 目前已经被移植到
bs4 库中，导入 Beautiful Soup 时需要先安装 bs4 库。

安装好 bs4 库以后，还需安装 lxml 库。如果不安装 lxml 库，就会使用 Python 默认的解析
器。尽管 Beautiful Soup 既支持 Python 标准库中的 HTML 解析器又支持第三方解析器，但是
lxml 库具有功能更加强大、速度更快的特点，因此本书推荐安装 lxml 库。

【例 1.3】用 Beautiful Soup 解析 www.cntour.cn 网页。

```
import requests         #导入 requests 包
from bs4 import   BeautifulSoup
url='http://www.cntour.cn/'
strhtml=requests.get(url)
soup=BeautifulSoup(strhtml.text,'lxml')
```

```
data = soup.select('#main>div>div.mtop.firstMod.clearfix>div.centerBox>
ul.newsList>li>a')
print(data)
```

结果输出：

```
[<a href="http://www.cntour.cn/news/13819/" target="_blank" title="恢复和扩大
旅游消费要有"三心"">恢复和扩大旅游消费要有"三心"</a>, <a
href="http://www.cntour.cn/news/13817/" target="_blank" title="文旅部：满足休闲需
求提振消费信心">文旅部：满足休闲需求提振消费信心</a>, <a
href="http://www.cntour.cn/news/13815/" target="_blank" title="全球旅业价值链''战
疫''的同道与殊途">全球旅业价值链''战疫''的同道与殊途</a>, <a
href="http://www.cntour.cn/news/13800/" target="_blank" title="政策加码提振市场 生
活消费加速回暖">政策加码提振市场 生活消费加速回暖</a>, <a
href="http://www.cntour.cn/news/13802/" target="_blank" title="文创行业线上发力
">[文创行业线上发力]</a>, <a href="http://www.cntour.cn/news/13792/"
target="_blank" title=""无接触商业"加速到来">["无接触商业"加速到来]</a>, <a
href="http://www.cntour.cn/news/13790/" target="_blank" title="主动迎接旅游转型
">[主动迎接旅游转型]</a>, <a href="http://www.cntour.cn/news/13779/"
target="_blank" title="文旅魅力 "云"端绽放">[文旅魅力 "云"端绽放]</a>, <a
href="http://www.cntour.cn/news/13768/" target="_blank" title="景点开放要安全有序
">[景点开放要安全有序]</a>, <a href="http://www.cntour.cn/news/13747/"
target="_blank" title="图解：10 年旅游让生活更美好">[图解：10 年旅游让生活更美好]</a>, <a
href="http://www.cntour.cn/news/12718/" target="_blank" title="发展旅游产业要有大
格局">[发展旅游产业要有大格局]</a>, <a href="http://www.cntour.cn/news/12716/"
target="_blank" title="科技改变旅游">[科技改变旅游]</a>]
```

Beautiful Soup 库能够轻松解析网页信息，它被集成在 bs4 库中，需要时可以从 bs4 库中调用。其调用语句如下：

```
from bs4 import BeautifulSoup
```

首先，HTML 文档将被转换成 Unicode 编码格式，然后 Beautiful Soup 选择最合适的解析器来解析这段文档，此处指定 lxml 解析器进行解析。解析后便将复杂的 HTML 文档转换成树形结构，并且每个节点都是 Python 对象。这里将解析后的文档存储到新建的变量 soup 中，代码如下：

```
soup=BeautifulSoup(strhtml.text,'lxml')
```

接下来用 select（选择器）定位数据，定位数据时需要使用浏览器的开发者模式，将鼠标光标停留在对应的数据位置并右击，然后在快捷菜单中选择"审查元素"命令，随后在浏览器下或右侧会弹出开发者界面，开发者界面高亮的代码（见图 1.10）对应着网页高亮的数据文本。右击开发者界面高亮数据，在弹出的快捷菜单中选择 Copy→Copy Selector 命令，便可以自动复制路径。

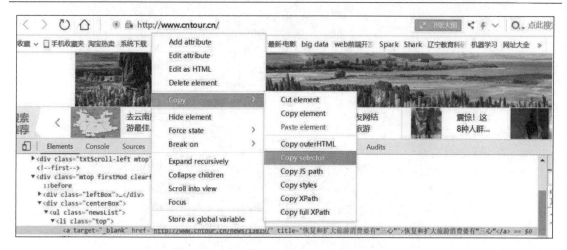

图 1.10　在开发者界面复制高亮内容路径

将路径粘贴在文档中，代码如下：

```
#main > div > div.mtop.firstMod.clearfix > div.centerBox > ul.newsList >
li:nth-child(1) > a
```

由于这条路径是选中的第一条路径，并且需要获取所有的头条新闻，因此将"li:nth-child(1)"中冒号（包含冒号）后面的部分删掉，代码如下：

```
#main > div > div.mtop.firstMod.clearfix > div.centerBox > ul.newsList > li>
a
```

使用 soup.select 引用这个路径，代码如下：

```
data = soup.select('#main > div > div.mtop.firstMod.clearfix > div.centerBox >
ul.newsList > li > a')
```

1.3.9　Python 爬虫案例

【例 1.4】爬取天猫商品数据。

爬取数据之前需要做如下准备工作：

- 下载 chrome 浏览器。
- 查看 chrome 浏览器的版本号，下载对应版本号的 chromedriver 驱动。
- pip 安装下列包：

```
pip install selenium
pip install pyquery
```

- 登录微博，并通过微博绑定淘宝账号密码。
- 在 main 中填写 chromedriver 的绝对路径。
- 在 main 中填写微博账号密码。

```
#改成你的 chromedriver 的完整路径地址
chromedriver_path = "/Users/DLG/WORK/chromedriver.exe"
```

```
#改成你的微博账号
weibo_username = "改成你的微博账号"
#改成你的微博密码
weibo_password = "改成你的微博密码"
```

例 1.4.py 的代码实现如下：

```python
# -*- coding: utf-8 -*-
from selenium import webdriver
from selenium.webdriver.common.by import By
from selenium.webdriver.support.ui import WebDriverWait
from selenium.webdriver.support import expected_conditions as EC
from selenium.webdriver import ActionChains
from pyquery import PyQuery as pq
from time import sleep


#定义一个 taobao 类
class taobao_infos:
    #对象初始化
    def __init__(self):
        url = 'https://login.taobao.com/member/login.jhtml'
        self.url = url
        options = webdriver.ChromeOptions()
        options.add_experimental_option("prefs",
{"profile.managed_default_content_settings.images": 2}) # 不加载图片,加快访问速度
        options.add_experimental_option('excludeSwitches',
['enable-automation']) # 此步骤很重要，设置为开发者模式，防止被各大网站识别出来使用了
Selenium
        self.browser = webdriver.Chrome(executable_path=chromedriver_path,
options=options)
        self.wait = WebDriverWait(self.browser, 10)  #超时时长为10s

    #延时操作，并可选择是否弹出窗口提示
    def sleep_and_alert(self,sec,message,is_alert):
        for second in range(sec):
            if(is_alert):
                alert = "alert(\"" + message + ":" + str(sec - second) + "秒\")"
                self.browser.execute_script(alert)
                al = self.browser.switch_to.alert
                sleep(1)
                al.accept()
            else:
                sleep(1)


    #登录淘宝
```

```python
    def login(self):
        # 打开网页
        self.browser.get(self.url)

        # 自适应等待，点击密码登录选项
        # 智能等待，直到网页加载完毕，最长等待时间为 30s
        self.browser.implicitly_wait(30)
        self.browser.find_element_by_xpath('//*[@class="forget-pwd
J_Quick2Static"]').click()

        # 自适应等待，点击微博登录宣传
        self.browser.implicitly_wait(30)
        self.browser.find_element_by_xpath('//*[@class=
"weibo-login"]').click()

        # 自适应等待，输入微博账号
        self.browser.implicitly_wait(30)
        self.browser.find_element_by_name('username').send_keys
(weibo_username)

        # 自适应等待，输入微博密码
        self.browser.implicitly_wait(30)
        self.browser.find_element_by_name('password').send_keys
(weibo_password)

        # 自适应等待，点击确认登录按钮
        self.browser.implicitly_wait(30)
        self.browser.find_element_by_xpath('//*[@class="btn_tip"]/
a/span').click()

        # 直到获取到淘宝会员昵称才能确定登录成功
        taobao_name = self.wait.until(EC.presence_of_element_located
((By.CSS_SELECTOR, '.site-nav-bd > ul.site-nav-bd-l > li#J_SiteNavLogin >
div.site-nav-menu-hd > div.site-nav-user > a.site-nav-login-info-nick ')))
        # 输出淘宝昵称
        print(taobao_name.text)

    # 获取天猫商品总共的页数
    def search_toal_page(self):

        # 等待本页面全部天猫商品数据加载完毕
        good_total = self.wait.until(EC.presence_of_element_located
((By.CSS_SELECTOR, '#J_ItemList > div.product > div.product-iWrap')))

        #获取天猫商品总共页数
```

```
        number_total = self.wait.until(EC.presence_of_element_located
((By.CSS_SELECTOR, '.ui-page > div.ui-page-wrap > b.ui-page-skip > form')))
        page_total = number_total.text.replace("共","").replace("页，到第页 确
定","").replace(", ","")


        return page_total

    # 翻页操作
    def next_page(self, page_number):
        # 等待该页面 input 输入框加载完毕
        input = self.wait.until(EC.presence_of_element_located
((By.CSS_SELECTOR, '.ui-page > div.ui-page-wrap > b.ui-page-skip > form >
input.ui-page-skipTo')))


        # 等待该页面的确定按钮加载完毕
        submit = self.wait.until(EC.presence_of_element_located
((By.CSS_SELECTOR, '.ui-page >  div.ui-page-wrap > b.ui-page-skip > form >
button.ui-btn-s')))


        # 清除里面的数字
        input.clear()


        # 重新输入数字
        input.send_keys(page_number)


        # 强制延迟 1 秒，防止被识别成机器人
        sleep(1)


        # 点击确定按钮
        submit.click()

    # 模拟向下滑动浏览
    def swipe_down(self,second):
        for i in range(int(second/0.1)):
            js = "var q=document.documentElement.scrollTop=" + str(300+200*i)
            self.browser.execute_script(js)
            sleep(0.1)
        js = "var q=document.documentElement.scrollTop=100000"
        self.browser.execute_script(js)
        sleep(0.2)

    # 爬取天猫商品数据
    def crawl_good_data(self):

        # 对天猫商品数据进行爬取
```

```
        self.browser.get("https://list.tmall.com/search_product.htm?q=羽毛球")
        err1 = self.browser.find_element_by_xpath("//*[@id='content']/div/
div[2]").text
        err1 = err1[:5]
        if(err1 == "喵~没找到"):
            print("找不到您要的")
            return
        try:
            self.browser.find_element_by_xpath("//*[@id='J_ComboRec']/
div[1]")
            err2 =
self.browser.find_element_by_xpath("//*[@id='J_ComboRec']/div[1]").text
            #print(err2)

            err2 = err2[:5]

            if(err2 == "我们还为您"):
                print("您要查询的商品数目太少了")
                return
        except:
            print("可以爬取这些信息")
        # 获取天猫商品总共的页数
        page_total = self.search_toal_page()
        print("总共页数" + page_total)

        # 遍历所有页数
        for page in range(2,int(page_total)):

            # 等待该页面全部商品数据加载完毕
            good_total = self.wait.until(EC.presence_of_element_located
((By.CSS_SELECTOR, '#J_ItemList > div.product > div.product-iWrap')))

            # 等待该页面 input 输入框加载完毕
            input = self.wait.until(EC.presence_of_element_located
((By.CSS_SELECTOR, '.ui-page > div.ui-page-wrap > b.ui-page-skip > form >
input.ui-page-skipTo')))

            # 获取当前页
            now_page = input.get_attribute('value')
            print("当前页数" + now_page + ",总共页数" + page_total)

            # 获取本页面源代码
            html = self.browser.page_source

            # pq 模块解析网页源代码
```

```python
            doc = pq(html)

            # 存储天猫商品数据
            good_items = doc('#J_ItemList .product').items()

            # 遍历该页的所有商品
            for item in good_items:
                good_title = item.find('.productTitle').text().
replace('\n',"").replace('\r',"")
                good_status = item.find('.productStatus').text().replace("
","").replace("笔","").replace('\n',"").replace('\r',"")
                good_price = item.find('.productPrice').text().replace("¥",
"").replace(" ", "").replace('\n',  "").replace('\r', "")
                good_url = item.find('.productImg').attr('href')
                print(good_title + "   " + good_status + "   " + good_price + "
" + good_url + '\n')

            # 精髓之处，大部分人被检测为机器人就是因为进一步模拟人工操作
            # 模拟人工向下浏览商品，即进行模拟下滑操作，防止被识别出是机器人
            self.swipe_down(2)

            # 翻页，下一页
            self.next_page(page)

            # 等待滑动验证码出现，超时时间为 5 秒，每 0.5 秒检查一次
            # 大部分情况下不会出现滑动验证码，所以如果有需要可以注释掉下面的代码
            # sleep(5)
            WebDriverWait(self.browser, 5, 0.5).until(EC.
presence_of_element_located((By.ID, "nc_1_n1z")))  # 等待滑动拖动控件出现
            try:
                # 获取滑动拖动控件
                swipe_button = self.browser.find_element_by_id('nc_1_n1z')

                # 模拟拽托
                action = ActionChains(self.browser)  # 实例化一个 action 对象
                # perform()用来执行 ActionChains 中存储的行为
                action.click_and_hold(swipe_button).perform()
                action.reset_actions()
                action.move_by_offset(580, 0).perform()  # 移动滑块

            except Exception as e:
                print ('get button failed: ', e)

    if __name__ == "__main__":
```

```
# 使用之前请先查看当前目录下的使用说明文件 README.MD

#改成你的 chromedriver 的完整路径地址
chromedriver_path = "/Users/DLG/WORK/chromedriver.exe"
weibo_username = "改成你的微博账号" #改成你的微博账号
weibo_password = "改成你的微博密码" #改成你的微博密码


a = taobao_infos()
a.login() #登录
a.crawl_good_data() #爬取天猫商品数据
```

爬虫程序具有时效性，几周或一个月都会有变化，所以针对同一个网站不同时期爬取网站数据需要根据爬取网站的变化情况，适当调整程序代码，也有可能受到反爬虫技术的限制，但是爬虫基本原理是相通的。如果读者想要深入学习爬虫技术，可以查找相关图书资料进行研究。

1.4　本章小结

本章主要从大数据的分类和采集方法等方面展开介绍，重点介绍了以 Python 为语言工具的网络爬虫的流程、原理、框架、审查元素知识、网页语言与结构、获取数据的不同方式，以及网页解析方法，最后给出一个爬虫实例。

第2章

数据预处理

数据预处理在大数据分析中大概会占用整个分析过程50%到80%的时间，良好的数据预处理会让建模结果达到事半功倍的效果。在数据分析中，需要先挖掘数据，然后对数据进行处理。正确预处理数据对模型输出结果有非常大的影响。

在实际业务处理中，数据通常是脏数据。脏数据是指数据可能存在以下几方面的问题：

- 数据缺失（Incomplete）：属性值为空的情况，如Company =" "。
- 数据噪声（Noisy）：数据值不合常理的情况，如Age ="-30"。
- 数据不一致（Inconsistent）：数据前后存在矛盾的情况，如Age="50"与Birthday ="01/09/1985"。
- 数据冗余（Redundant）：数据量或者属性数目超出数据分析需要的情况。
- 数据集不均衡（Imbalance）：各个类别的数据量相差悬殊的情况。
- 离群点/异常值（Outliers）：远离数据集中其余部分的数据。
- 数据重复（Duplicate）：在数据集中出现多次的数据。

数据预处理的字面意思就是对数据进行预先处理。数据预处理的作用就是为了提高数据的质量以及使用数据分析软件。对于数据的预处理的具体步骤就是数据清洗、数据集成、数据变换、数据规范等工作。

2.1 数据清洗

数据清洗（Data Cleaning）是对数据进行重新审查和校验的过程，目的在于删除重复信息、纠正存在的错误，并提供数据一致性。数据清洗从名字上看就是把"脏"的数据"洗掉"，发现并纠正数据文件中可识别错误，包括检查数据一致性、处理无效值和缺失值等。因为数据仓库中的数据是面向某一主题的数据的集合，这些数据从多个业务系统中抽取而来并且包含历史数据，这样就避免不了有的数据是错误数据、有的数据相互之间有冲突，这些错误或有冲突的数据显然是不想要的，称为"脏数据"。按照一定的规则把"脏数据""洗掉"就是数据清洗。数据清洗的任务是过滤那些不符合要求的数据，将过滤的结果交给业务主管部门，确认是否过滤掉或由业务单位修正之后再进行抽取。不符合要求的数据主要有不完整的数据、错误的数据、重复的数据三大类。数据清洗就是清理脏数据以及净化数据的环境。

2.1.1　缺失值处理

一般来说，脏数据就是在数据分析中数据存在乱码、无意义的字符，以及含有噪声的数据。脏数据具体表现在形式上和内容上的"脏"。形式上的脏数据有缺失值、带有特殊符号的数据，内容上的脏数据有异常值。

1. 缺失值产生的原因

- 机械原因：由于机械原因导致的数据收集或保存失败造成的数据缺失，比如数据存储的失败、存储器损坏、机械故障导致某段时间数据未能收集（对于定时数据采集而言）。
- 人为原因：由于人的主观失误、历史局限或有意隐瞒造成的数据缺失。

2. 缺失值的类型

- 完全随机缺失（Missing Completely At Random，MCAR）：指的是数据的缺失是随机的，不依赖于任何不完全变量或完全变量。
- 随机缺失（Missing At Random，MAR）：指的是数据的缺失不是完全随机的，即该类数据的缺失依赖于其他完全变量。
- 完全非随机缺失（Missing Not At Random，MNAR）：指的是数据的缺失依赖于不完全变量自身。

从缺失值的所属属性上讲，如果所有的缺失值都是同一属性，那么这种缺失称为单值缺失；如果缺失值属于不同的属性，就称为任意缺失。另外，对于时间序列类的数据，可能存在随着时间的缺失，这种缺失称为单调缺失。

3. 缺失值的处理方法

一般来说缺失值处理方法有删除、替换和插补。本节主要介绍常用的两种方法：删除缺失值和插补缺失值。

1）删除含有缺失值的数据

如果在数据集中只有几条数据的某几列中存在缺失值，那么可以直接把这几条数据删除掉。在特殊情况下，如果数据中存在缺失值，就不能直接将数据整行删除，这里需要想其他办法处理，比如填充等。

如果在数据集中有一列或者多列数据删除，可以简单地将整列删除。

通常对于高维数据，可以通过删除缺失率较高的特征来减少噪声特征对模型的干扰。某种情况下使用 xgb 和 lgb 等树模型训练数据时会发现，直接删除缺失严重的特征会稍微降低预测效果，因为树模型自己在分裂节点的时候会自动选择特征，确定特征的重要性，那些缺失严重的特征，重要性会等于 0。这就像 L2 正则化处理一样，对于一些特征进行惩罚，使其特征权重等于 0。实验表明，直接删除缺失严重的特征会误删一些对模型有些许效果的特征，不删除的话对于模型来说影响不大。

2）可能值插补缺失值

（1）均值插补

数据的属性分为定距型和非定距型。如果缺失值是定距型的，就以该属性存在值的平均值来插补缺失值；如果缺失值是非定距型的，就根据统计学中的众数原理用众数（出现频率最高的值）来补齐缺失值。

（2）利用同类均值插补

首先将样本进行分类，然后以该类中样本的均值来插补缺失值。

（3）极大似然估计（Max Likelihood Estimate，MLE）

在缺失类型为随机缺失的条件下，假设模型对于完整的样本是正确的，那么通过观测数据的边际分布可以对未知参数进行极大似然估计（Little and Rubin）。这种方法也被称为忽略缺失值的极大似然估计。对于极大似然的参数估计，实际常采用的计算方法是期望值最大化（Expectation Maximization，EM）。该方法比删除个案和单值插补更有吸引力，它的一个重要前提是适用于大样本。有效样本的数量足够保证 MLE 估计值是渐近无偏的，并服从正态分布。这种方法的缺点是可能会陷入局部极值，收敛速度不是很快，并且计算很复杂。

（4）多重插补（Multiple Imputation，MI）

多重插补的思想来源于贝叶斯估计，认为待插补的值是随机的，它的值来自于已观测到的值。具体实践上通常是先估计出待插补的值，再加上不同的噪声，形成多组可选插补值，而后根据某种选择依据选取最合适的插补值。

2.1.2 异常值处理

在数据分析工作中，面对的原始数据都是存在一些肮脏数据的，其中异常值就是肮脏数据中的一种。

1. 什么是异常值

异常值是在数据集中存在的不合理的值，又称离群点。

2. 引起异常值的原因

处理这些异常值的理想方法是找出引起这些异常值的原因。引起异常值的原因可以分为两大类：

- 人为错误
- 自然错误

1）数据输入错误

人为错误（如数据收集、记录或输入过程中导致的错误）会导致数据中的异常值。

2）测量误差

当使用的测量仪器出现故障时会引起这种情况。这是异常值最常见的来源。

3）实验误差

异常值的另一个原因是实验误差。

4）故意异常值

通常在自我报告的措施中涉及敏感数据，比如房产中介故意把房价调整的非常低，用以吸引购房者。

5）数据处理错误

执行数据挖掘时，提取数据涉及多个数据源，某些操作或提取错误可能会导致数据集中出现异常值。

6）抽样错误

错误地在样品中包括其他类别的值，这种包含可能会导致数据集中的异常值。

7）自然异常值

异常值若不是人为的（由于错误），则是自然的。

3. 判别方法

数据挖掘分析前判别异常值会直接影响数据分析结果，常用的判别方法有如下几种。

1）简单统计分析

对属性值进行一个描述性的统计，从而查看哪些值是不合理的。

2）3δ 原则

①数据服从正态分布：根据正态分布的定义可知，距离平均值 3δ 之外的概率为 $P(|x-\mu|>3\delta)<=0.003$，这属于极小概率事件，在默认情况下可以认定，距离超过平均值 3δ 的样本是不存在的。因此，当样本距离平均值大于 3δ 时，就认定该样本为异常值。

②数据不服从正态分布：可以通过远离平均距离多少倍的标准差来判定，多少倍的取值需要根据经验和实际情况来决定。

3）箱线图分析

箱线图（Boxplot）也称箱须图（Box-Whisker Plot），是利用数据中的五个统计量（最小值、第一四分位数、中位数、第三四分位数与最大值）来描述数据的一种方法，从中可以粗略地看出数据是否具有对称性、分布的分散程度等信息，特别适用于对几个样本的比较。

首先计算出第一四分位数（Q1）、中位数、第三四分位数（Q3）。中位数就是将一组数字按从小到大的顺序排序后，处于中间位置（也就是 50%位置）的数字。同理，第一四分位数、第三四分位数是按从小到大的顺序排序后处于 25%、75%的数字。令 IQR=Q3-Q1，那么Q3+1.5(IQR) 和 Q1-1.5(IQR) 之间的值就是可接受范围内的数值，这两个值之外的数认为是异常值。在 Q3＋1.5IQR（四分位距）和 Q1−1.5IQR 处画两条与中位线一样的线段，这两条线段为异常值截断点，称其为内限；在 Q3＋3IQR 和 Q1−3IQR 画两条线段，称其为外限。处于内限以外位置的点表示的数据都是异常值，其中在内限与外限之间的异常值为温和的异常值（Mild Outliers），在外限以外的为极端的异常值，称为 Extreme Outliers。这种异常值的检测方法叫作 Tukey's Method。

从矩形盒两端边向外各画一条线段直到不是异常值的最远点，表示该批数据正常值的分布区间点，即是该批数据正常值的分布区间。

4. 异常值的处理方法

异常值的处理方法常用的有四种：

- 删除含有异常值的记录。
- 将异常值视为缺失值，交给缺失值处理方法来处理。
- 用平均值来修正。
- 不处理。

2.2　数据集成

在很多应用场合下，需要整合不同来源的数据才能获取正确有效的分析结果，否则不完整的数据将导致不准确的分析结果。数据集成是把不同来源、格式、特点、性质的数据在逻辑上或物理上有机地集中，从而为企业提供全面的数据共享。

1. 数据集成难点

①异构性：被集成的数据源通常是独立开发的，数据模型异构给集成带来很大的困难。这些异构性主要表现在数据语义、相同语义数据的表达形式、数据源的使用环境等方面。

②分布性：数据源是异地分布的，依赖网络传输数据，这就存在网络传输的性能和安全性等问题。

③自治性：各个数据源有很强的自治性，它们可以在不通知集成系统的前提下改变自身的结构和数据，给数据集成系统的鲁棒性提出挑战。

2. 数据集成的模式

目前有三种基本的策略进行数据的集成，分别是联邦数据库（Federated Database）、数据仓库（Data Warehousing）、中介者（Mediation）。

1）联邦数据库模式

联邦数据库是最简单的数据集成模式（见图 2.1），需要在每对数据源之间创建映射（Mapping）和转换（Transform）的软件，该软件称为包装器（Wrapper）。当数据源 X 需要和数据源 Y 进行通信和数据集成时，才需要建立 X 和 Y 之间的包装器。

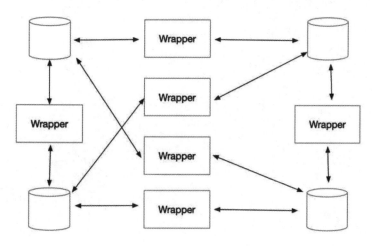

图 2.1　联邦数据库模式

优点：如果有很多数据源，但是仅仅需要在少数几个数据源之间进行通信和集成，联邦数据库是最合算的一种模式。

缺点：如果需要在很多数据源之间进行通信和数据交换，就需要建立大量的 Wrapper，在 n 个数据源的情况下，最多需要建立(n(n-1))/2 个 Wrapper，这将是非常繁重的工作。如果有数据源变化，就需要修改映射和转换机制，对大量的 Wrapper 进行更新，会变得非常困难。

2）数据仓库模式

数据仓库是最通用的一种数据集成模式。在数据仓库模式中，数据从各个数据源复制过来，经过转换存储到一个目标数据库中，如图 2.2 所示。

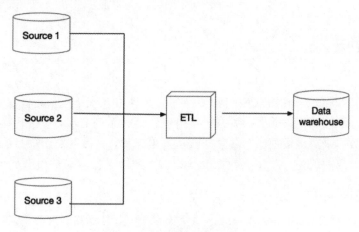

图 2.2　数据仓库模式

ETL（Extract，Transform，Load）过程在数据仓库之外完成，数据仓库负责存储数据，以备查询。在数据仓库模式下，数据集成过程即是一个 ETL 过程，需要解决各个数据源之间的异构性、不一致性。

3）中介者模式

数据集成的中介者模式如图 2.3 所示。

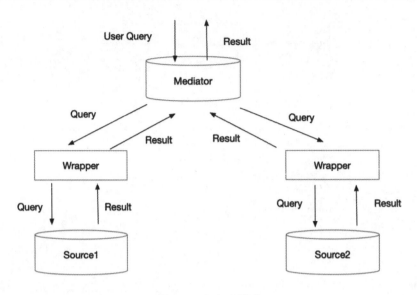

图 2.3 中介者模式

中介者（Mediator）扮演的是数据源的虚拟视图（Virtual View）角色，中介者本身不保存数据，数据仍然保存在数据源中。中介者维护一个虚拟的数据模式（Virtual Schema），把各个数据源的数据模式组合起来。数据映射和传输在查询时刻（Query Time）才真正发生。当用户提交查询时，查询被转换成对各个数据源的若干查询。这些查询分别发送到各个数据源，由各个数据源执行这些查询并返回结果。各个数据源返回的结果经过合并（Merge）后返回给最终用户。

2.3 数据转换

数据转换是将数据从一种格式或结构转换为另一种格式或结构的过程。数据转换对于数据集成和数据管理等活动至关重要。数据转换可以包括一系列活动，包括转换数据类型、通过删除空值或重复数据来清理数据、丰富数据或执行聚合等，具体取决于项目的需要。数据转换就是通过标准化、离散化与分层化让数据变得更加一致，更加容易被模型处理。

1. 数据转换的方法

- 数据标准化（Data Standardization）：将数据按比例缩放，使数据都落在一个特定的区间。
- 数据离散化（Data Discretization）：将数据用区间或者类别的概念替换。
- 数据泛化（Data Generalization）：将底层数据抽象到更高的概念层。

2. 数据标准化

数据标准化的目的是避免数据量级对模型的训练造成影响，其应用较多的方法有以下三种：

1）最大最小标准化

找出变量的最大值与最小值,最大值定义为 max,最小值定义为 min。假设希望将变量中的所有值 x 转换到 0 与 1 之间,则转换公式为:

$$X^* = (x - x.min)/(x.max - x.min) \qquad （公式 2.1）$$

2）Z-Score 标准化

将总体数据的均值（μ）、总体数据的标准差（σ）以及个体的观测值（x）代入 Z-Score 的公式即可实现标准化,即:

$$X^* = (x - \mu)/\delta \qquad （公式 2.2）$$

3）小数定标标准化

小数定标法通过整体移动变量的小数点位置达到标准化。移动的位数取决于变量的最大值。比如说,变量的最大值为 78,则需要移动的位数是 100,那么就把变量中所有的数据除以 100,全部数据被规范到 1 以内。

3. 数据离散化

数据离散化的方法与数据清理、数据规约的方法有重合之处,毕竟在数据预处理中很多理念是相通的。数据离散化中较常用的方法有如下几个:

1）分箱离散化

分箱就是将数据排序,依次将数据分入等频的箱中,将箱中的值统一替换成同样的指标值。分箱方法对箱子的个数很敏感,同时,当数据中的 outlier 很多时,也容易影响分箱结果。

2）直方图离散化

直方图离散化与分箱离散化是很相似的。它与分箱都是无监督技术。它通过将值分为相等的分区,把值离散化到不同的柱中,保证直方图每个柱中的数据相同或者直方图的每个柱子相隔同等距离。

3）聚类分类离散化

聚类分类离散化是将变量的值分为簇或组。簇或组内的值用统一的属性代替,由此实现离散化。

4）相关度离散化

ChiMerge 方法是相关度离散化的一种手段。它采取自下而上的方式,通过递归找到邻近的区间,通过不断的合并形成大区间。ChiMerge 的合并依据是卡方检验值,具有较小卡方值的数据会被合并在一起,之后不断循环递归。

4. 数据泛化

数据泛化起源于属性的概念分层。数据泛化就是将数据的分层结构进行定义,把最底层粒度的数据不断抽象化。

5. 转换数据工具

- 脚本：一些公司使用SQL或Python脚本执行数据转换，以编写代码来提取和转换数据。
- 内部ETL工具：ETL工具可以通过自动化流程来完成脚本转换的大部分工作。这些工具通常托管在某些公司的站点上，可能需要大量的专业知识和基础架构成本。
- 基于云的ETL工具：这些ETL工具托管在云中，可以利用该供应商的专业知识和基础架构。

2.4　数据规约

对数据的描述、特征的挑选、归约或转换是决定数据挖掘方案质量的最重要问题。对于小型或中型数据集，一般的数据预处理步骤已经足够。对于真正大型的数据集来讲，在应用数据挖掘技术以前，更可能采取一个中间的、额外的步骤——数据归约。

数据归约是指在对挖掘任务和数据本身内容理解的基础上寻找依赖于发现目标的数据的有用特征，以缩减数据规模，从而在尽可能保持数据原貌的前提下最大限度地精简数据量。

1. 数据归约的途径

数据归约主要有两个途径：属性选择和数据采样，分别针对原始数据集中的属性和记录。假定在公司的数据仓库选择了数据，用于分析，这样数据集将非常大。在海量数据上进行复杂的数据分析和挖掘将需要很长时间，使得这种分析不现实或不可行。数据归约技术可以用来得到数据集的归约表示，它虽然小，但是仍大致保持原数据的完整性。这样，在归约后的数据集上挖掘将更有效，并产生相同（或几乎相同）的分析结果。

2. 标准数据归约操作计算参数

在进行数据挖掘准备时进行标准数据归约操作，需要知道从这些操作中会得到和失去什么，全面的比较和分析涉及如下几个方面的参数：

- 计算时间：较简单的数据，即经过数据归约后的结果，可减少数据挖掘消耗的时间。
- 预测/描述精度：估量了数据归纳和概括为模型的好坏。
- 数据挖掘模型的描述：简单的描述通常来自数据归约，这样模型能得到更好的理解。

3. 数据归约的类型

1）特征归约

特征归约是从原有的特征中删除不重要或不相关的特征，或者通过对特征进行重组来减少特征的个数。其原则是在保留甚至提高原有判别能力的同时减少特征向量的维度。特征归约算法的输入是一组特征，输出是它的一个子集。在领域知识缺乏的情况下进行特征归约时一般包括3个步骤：

- 搜索过程：在特征空间中搜索特征子集，每个子集称为一个状态，由选中的特征构成。

- 评估过程：输入一个状态，通过评估函数或预先设定的阈值输出一个评估值，搜索算法的目的是使评估值达到最优。
- 分类过程：使用最终的特征集完成最后的算法。

2）样本归约

样本都是已知的，通常数目很大，质量或高或低，或者有或者没有关于实际问题的先验知识。

样本归约就是从数据集中选出一个有代表性的样本的子集。子集大小的确定要考虑计算成本、存储要求、估计量的精度以及其他一些与算法和数据特性有关的因素。

初始数据集中最大和最关键的维度数就是样本的数目，也就是数据表中的记录数。数据挖掘处理的初始数据集描述了一个极大的总体，对数据的分析只基于样本的一个子集。获得数据的子集后，用它来提供整个数据集的一些信息，这个子集通常叫作估计量，它的质量依赖于所选子集中的元素。取样过程总会造成取样误差，取样误差对所有的方法和策略来讲都是固有的、不可避免的，当子集的规模变大时取样误差一般会降低。一个完整的数据集在理论上是不存在取样误差的。与针对整个数据集的数据挖掘相比较，样本归约具有的优点是减少成本、速度更快、范围更广，有时甚至能获得更高的精度。

3）特征值归约

特征值归约是特征值离散化技术，它将连续型特征的值离散化，使之成为少量的区间，每个区间映射到一个离散符号。这种技术的好处在于简化了数据描述，并易于理解数据和最终的挖掘结果。

特征值归约分为有参和无参方法。有参方法使用一个模型来评估数据，只需存放参数，而不需要存放实际数据。有参的特征值归约有以下两种：

- 回归：包括线性回归和多元回归。
- 对数线性模型：近似离散多维概率分布。

无参的特征值归约有以下 3 种：

- 直方图：采用分箱近似数据分布，其中V-最优和MaxDiff直方图是最精确和最实用的直方图。
- 聚类：将数据元组视为对象，将对象划分为群或聚类，使得在一个聚类中的对象"类似"而与其他聚类中的对象"不类似"，在数据归约时用数据的聚类代替实际数据。
- 选样：用数据的较小随机样本表示大的数据集，如简单选择n个样本（类似样本归约）、聚类选样和分层选样等。

2.5 Python 主要数据预处理函数

表 2.1 给出了本节要介绍的 Python 中的插值、数据归一化、主成分分析等数据预处理相关的函数。

表 2.1　Python 主要数据预处理函数

函数名	函数功能	所属扩展库
interpolate	一维、高维数据插值	SciPy
unique	去除数据中的重复元素，得到单值元素列表，它是对象的方法名	Pandas/NumPy
isnull	判断是否空值	Pandas
notnull	判断是否非空值	Pandas
PCA	对指标变量矩阵进行主成分分析	Scikit-Leam
random	生成随机矩阵	NumPy

1. interpolate

①功能：interpolate 是 SciPy 的一个子库，包含了大量的插值函数，如拉格朗日插值、样条插值、高维插值等。使用前需要用 from scipy.interpolate import * 引入相应的插值函数，具体函数名可以根据需要到官网查找对应的函数名。

②使用格式：f = scipy.interpolate.lagrange(x, y)。这里仅仅展示了一维数据的拉格朗日插值的命令，其中，x 和 y 为对应的自变量和因变量数据。插值完成后，可以通过 f(a) 计算新的插值结果。类似的还有样条插值、多维数据插值等。

2. unique

①功能：去除数据中的重复元素，得到单值元素列表。它既是 NumPy 库的一个函数 (np.unique())，也是 Series 对象的一个方法。

②使用格式：

- np.unique(D)，D是一维数据，可以是list、array、Series。
- D.unique()，D是Pandas的Series对象。

【例 2.1】求向量 A 中的单值元素，并返回相关索引。

```
import pandas as pd
import numpy as np
D=pd.Series([1,1,2,3,5])
print(D.unique())
print(np.unique(D))
```

结果输出：

```
[1 2 3 5]
[1 2 3 5]
```

3. isnull/ notnull

①功能：判断每个元素是空值/非空值。

②使用格式：D.isnull()/D.notnull()。这里的 D 要求是 Series 对象，返回一个布尔 Series。可以通过 D[D.isnull()]或 D[D.notnull()]找出 D 中的空值/非空值。

4. random

①功能：random 是 NumPy 的一个子库（Python 本身自带了 random 库，但 NumPy 更加强大），可以用该库下的各种函数生成服从特定分布的随机矩阵，抽样时可使用。

②使用格式：

- np.random.rand(k,m,n,...)：生成一个随机矩阵，其元素均匀分布在区间(0,1)上。
- np.random.randn(k,m,n,...)：生成一个随机矩阵，其元素服从标准正态分布。

5. PCA

①功能：对指标变量矩阵进行主成分分析。使用前需要用 from sklearn.decomposition import PCA 引入该函数。

②使用格式：model=PCA()。注意，Scikit-Learn 下的 PCA 是一个建模对象。也就是说，一般的流程是建模，然后是训练 model.fit(D)，其中 D 为要进行主成分分析的数据矩阵，训练结束后获取模型的参数，比如.components_获取特征向量、.explained_variance_ratio_获取各个属性的贡献率等。

【例 2.2】使用 PCA()对一个 10×4 维的随机矩阵进行主成分分析。

```
from sklearn.decomposition import PCA
import numpy as np
D = np. random. rand (10,4)
pca = PCA()
pca. fit (D)
print("模型的各个特征向量:")
print(pca.components_)  #返回模型的各个特征向量
print("各个成分各自的方差百分比:")
print(pca.explained_variance_ratio_)   #返回各个成分各自的方差百分比
```

输出结果：

```
模型的各个特征向量:
[ [ 0.50042417 - 0.6079845   0.61176199 - 0.07535096]
  [ 0.39817272  0.31681548 - 0.11591523 - 0.85302409]
  [ 0.61762962 - 0.22484537 - 0.691877    0.298805  ]
  [-0.45778574 - 0.69240693 - 0.36553679 - 0.42117421] ]
各个成分各自的方差百分比:
[0.49313791 0.21774177 0.18458969 0.10453062]
```

2.6 本章小结

本章介绍了数据预处理的 4 个主要任务：数据清洗、数据集成、数据转换和数据规约。通过对原始数据进行相应的处理，将为后续挖掘建模提供良好的数据基础。

第3章

探索性数据分析

探索性数据分析（Exploratory Data Analysis，EDA）是指对已有数据在尽量少的先验假设下，通过作图、制表、方程拟合、计算特征量等手段探索数据的结构和规律的一种数据分析方法。该方法在 20 世纪 70 年代由美国统计学家 J.K.Tukey 提出。传统的统计分析方法常常先假设数据符合一种统计模型，然后依据数据样本来估计模型的一些参数及统计量，以此了解数据的特征，实际上往往有很多数据并不符合假设的统计模型分布，这导致数据分析结果不理想。EDA 是一种更加贴合实际情况的分析方法，强调让数据自身"说话"，通过 EDA 可以最真实、直接地观察到数据的结构及特征。

3.1　异常值分析

异常值指的是样本中的一些数值明显偏离其余数值的样本点，所以也称为离群点。异常值分析就是要将这些离群点找出来，然后进行分析。常见的异常值分析方法有三种：简单统计量分析、3σ 原则、箱线图分析。

本节简单介绍一下简单统计量分析和 3σ 原则，重点介绍箱线图分析，这是一个比较通用的方法。

1. 简单统计量分析

简单统计量分析主要是检测最大值和最小值，判断其是否超出了范围和有无明显的错误。

2. 3σ原则

3σ 原则在数据服从正态分布的情况下用得比较多，异常值被定义为一组测定值中与平均值的偏差超过 3 倍标准差的值。

3. 箱线图

箱线图是根据实际的数据绘制的，没有什么限制性要求，比较通用。异常值被定义为小于（$Q_L-1.5IQR$）或大于 $Q_U+1.5IQR$ 的值。其中，Q_L 为下四分位数，即有 25% 的数值比它小，Q_U 为上四分位数，$IQR=Q_U-Q_L$。这个必须利用作图函数来绘制图形才容易观察数据集中存在的一些异常值。

1）箱线图的作图方法

```
DataFrame.boxplot(column=None,by=None,ax=None,fontsize=None,rot=0,grid=True,
figsize=None, layout=None, return_type=None, **kwds)
```

- column：选择多少列来作图，主要是以 list of str 的形式呈现。
- by：主要用来指定分组情况，可以借用第三个变量，第三个变量也是 list of str 形式。
- layout：这个参数主要进行显示时的布局，以元组的形式呈现，例如(2,1)。
- rot：斜度，让坐标倾斜。
- grid：想对箱线图进行其他格式化的时候，可以令 grid=False。
- return_type：返回的类型，当想在图画出来后调整外观时，如 fliers、caps、boxes、medians、whiskers 将会在 dict 中，则令 return_type='dict'。

2）对图中的点进行注释

```
plt.annotate(s, xy, *args, **kwargs)
```

- s：注释的内容。
- xy：注释点（箭头指向）的位置。
- xytext：注释内容的位置。
- arrowprops：通过 arrowstyle 表明箭头的风格或种类。

【例 3.1】以一个餐饮销量的数据集来进行异常值分析（箱线图）。

餐饮销量 catering_sale.xls 数据集的样例（数据集在本书源代码中提供）：

日期	销量
2015/3/1	51
2015/2/28	2618.2
2015/2/27	2608.4
2015/2/26	2651.9
2015/2/25	3442.1
2015/2/24	3393.1
2015/2/23	3136.6
2015/2/22	3744.1
2015/2/21	6607.4
2015/2/20	4060.3
2015/2/19	3614.7

2015/2/18	3295.5
2015/2/16	2332.1
2015/2/15	2699.3

源代码：

```
# -*- coding: utf-8 -*-
import pandas as pd
import matplotlib.pyplot as plt
#餐饮数据
catering_sale = 'D:\my work\python 数据分析与挖掘-清华大学出版社-约稿\第三章源代码
\catering_sale.xls'
data = pd.read_excel(catering_sale,index_col = u'日期')
# print(data.head())
plt.rcParams['font.sans-serif'] = ['SimHei']
#正常显示负号
plt.rcParams['axes.unicode_minus'] = False
plt.figure()
#箱线图
p = data.boxplot(return_type='dict')
#异常值坐标
x = p['fliers'][0].get_xdata()
y = p['fliers'][0].get_ydata()
y.sort()
print(x)
print(len(x))
print(y)
#用 annotate 添加注释
for i in range(len(x)):
    if i > 0:
        plt.annotate(y[i],xy=(x[i],y[i]), xytext=(x[i]+0.05 -
0.8/(y[i]-y[i-1]),y[i]))
    else:
        plt.annotate(y[i],xy=(x[i],y[i]), xytext=(x[i]+0.08,y[i]))
#展示图
plt.show()
```

运行结果输出如图 3.1 所示。

从图 3.1 中可以清楚地看到，有些值偏离了很多，例如 22、51、60、6607.4、9106.44 等，这些归为异常值，从而可以确定过滤规则为销量在 400 以下、5000 以上的为异常数据。

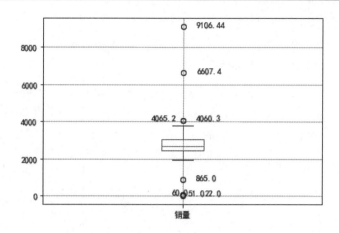

图 3.1　餐饮销量 catering_sale.xls 数据集异常值分析箱线图

3.2　缺失值分析

在进行数据分析时，当遇到离散数据回归或者分类时经常碰到数据丢失的情况，这些丢失的数据对模型的建立会有很大的影响。没有高质量的数据，就没有高质量的分析结果。当缺失比例很小时，可直接对缺失记录进行舍弃或手工处理。在实际数据中，往往缺失数据占有相当的比重，这时如果手工处理非常低效，舍弃缺失记录，则会丢失大量信息，使不完全观测数据与完全观测数据间产生系统差异。对这样的数据进行分析，很可能会得出错误的结论。

1. 缺失值类型

在对缺失数据进行处理前，了解数据缺失的机制和形式是十分必要的。将数据集中不含缺失值的变量称为完全变量，将数据集中含有缺失值的变量称为不完全变量。从缺失的分布来划定缺失，可以分为完全随机缺失、随机缺失和完全非随机缺失。

- 完全随机缺失（Missing Completely At Random，MCAR）：数据的缺失是完全随机的，不依赖于任何不完全变量或完全变量，不影响样本的无偏性，如个人籍贯缺失。
- 随机缺失（Missing At Random，MAR）：数据的缺失不是完全随机的，即该类数据的缺失依赖于其他完全变量，如财务数据缺失情况与企业的大小有关。
- 完全非随机缺失（Missing Not At Random，MNAR）：数据的缺失与不完全变量自身的取值有关，如高收入人群不愿意提供家庭收入。

对于随机缺失和非随机缺失，直接删除记录是不合适的，原因上面已经给出。随机缺失可以通过已知变量对缺失值进行估计，而非随机缺失的非随机性还没有很好的解决办法。

2. 缺失值处理的必要性

数据缺失在许多研究领域都是一个复杂的问题。对数据挖掘来说，缺失值的存在造成了以下影响：

- 系统丢失了大量的有用信息。
- 系统中所表现出的不确定性更加显著，系统中蕴涵的确定性成分更难把握。
- 包含空值的数据会使挖掘过程陷入混乱，导致不可靠的输出。

数据挖掘算法本身更致力于避免数据过分拟合所建的模型，这一特性使得它难以通过自身的算法去很好地处理不完整数据。因此，缺失值需要通过专门的方法进行推导、填充等，以减少数据挖掘算法与实际应用之间的差距。

3. 缺失值处理方法的分析与比较

处理不完整数据集的方法主要有三大类：删除元组、数据补齐、不处理。

1）删除元组

删除元组就是将存在遗漏信息属性值的对象（元组，记录）删除，从而得到一个完备的信息表。这种方法简单易行，在对象有多个属性缺失值、被删除的含缺失值的对象与初始数据集的数据量相比非常小的情况下，这个方法非常有效。像标号缺失时通常也会使用该方法。

然而，这种方法有很大的局限性。它以减少历史数据来换取信息的完备，会丢弃大量隐藏在这些对象中的信息。在初始数据集包含的对象很少的情况下，删除少量对象足以严重影响信息的客观性和结果的正确性。因此，当缺失数据所占比例较大，特别是当遗漏数据非随机分布时，这种方法可能导致数据发生偏离，从而引出错误的结论。

Python 中使用 pandas 库的 dropna 来直接删除有缺失值的特征。

```
#删除数据表中含有空值的行
df.dropna(how='any')
```

2）数据补齐

数据补齐是用一定的值去填充空值，从而使信息表完备化。通常基于统计学原理，根据初始数据集中其余对象取值的分布情况，来对一个缺失值进行填充。数据挖掘中常用的有以下几种补齐方法：

（1）人工填写（Filling Manually）

由于最了解数据的还是用户自己，因此这个方法产生数据偏离最小，可能是填充效果最好的一种。然而，该方法很费时，当数据规模很大、空值很多时，该方法是不可行的。

（2）特殊值填充（Treating Missing Attribute values as Special values）

将空值作为一种特殊的属性值来处理，它不同于其他的任何属性值。如所有的空值都用"unknown"填充，这样将可能导致严重的数据偏离，一般不推荐使用。

（3）平均值填充（Mean/Mode Completer）

这种方法将初始数据集中的属性分为数值属性和非数值属性来分别进行处理。

如果空值是数值型的，可以使用该属性在其他所有对象的取值的平均值，来填充该缺失的属性值。如果空值是非数值型的，可以根据统计学中的众数原理，使用该属性在其他所有对象的取值次数最多的值（出现频率最高的值），来补齐该缺失的属性值。与其他方法相比，它用现存数据的多数信息来推测缺失值。

（4）热卡填充（Hot Deck Imputation）

对于一个包含空值的对象，热卡填充法在完整数据中找到一个与它最相似的对象，然后用这个相似对象的值来进行填充。不同的问题可能会选用不同的标准来对相似进行判定。该方法在概念上很简单，并且利用了数据间的关系来进行空值估计。这个方法的缺点在于难以定义相似标准，主观因素较多。

（5）K 均值聚类（K-Means Clustering）

这种方法先根据欧式距离或相关分析，来确定距离具有缺失数据样本最近的 K 个样本，将这 K 个值加权平均来估计该样本的缺失数据。

（6）组合完整化方法（Combinatorial Completer）

这种方法用空缺属性值的所有可能的属性取值来试，并从最终属性的约简结果中，选择最好的一个作为填补的属性值。当数据量很大或者遗漏的属性值较多时，其计算的代价很大。

（7）回归（Regression）

基于完整的数据集建立回归方程。对于包含空值的对象，将已知属性值代入方程来估计未知属性值，以此估计值来进行填充。当变量不是线性相关时会导致有偏差的估计。

（8）期望值最大化方法（Expectation Maximization，EM）

EM 算法是一种在不完全数据情况下计算极大似然估计或者后验分布的迭代算法。该方法可能会陷入局部极值，收敛速度也不是很快，并且计算很复杂。

还有一些其他的方法，如多重填补（Multiple Imputation，MI）、使用所有可能的值填充（Assigning All Possible Values Of The Attribute）、极大似然估计（Maximum Likelyhood）和 C4.5 方法等。

3）不处理

补齐处理只是将未知值补以主观估计值，不一定完全符合客观事实，在对不完备信息进行补齐处理的同时或多或少地改变了原始的信息系统。而且，对空值不正确的填充往往会将新的噪声引入数据中，使挖掘任务产生错误的结果。因此，在许多情况下，还是希望在保持原始信息不发生变化的前提下对信息系统进行处理。

总而言之，大部分数据预处理都会使用比较方便的方法来处理缺失值，比如均值法，但是效果上并不一定好。因此，并没有一个解决所有问题的万能方法，还是需要根据不同的需要选择合适的方法。

3.3　分布分析

在数据质量得到保证的前提下，通过绘制图表、计算某些统计量等手段能够揭示数据的分布特征和分布类型，对于定量数据，可以做出频率分布表、绘制频率分布直方图显示分布特征；对于定性数据，可用饼图和条形图显示分布情况。

1. 定量数据的分布分析

对于定量数据，做频率分布表，绘制频率分布直方图。选择"组数"和"组宽"是做频率分布分析时遇到的主要问题，一般按照以下 5 个步骤来实现：

- 求值域（range）：值域=最大值-最小值。
- 决定组距和组数：组距是每个区间的长度，组数=值域/组距。
- 决定组限：组限是指每个区间的端点，这一步是要确定每组的起点和终点。
- 列出频率分布表。
- 绘制频率分布直方图。

在进行分组时，应遵循的主要原则有：

- 各组之间是互斥的。
- 各组的组距相等。

在项目前期经常要看一下数据的分布情况，这对于探究数据规律非常有用。使用 Python 绘制频率分布直方图非常简洁。

如果数据取值的范围跨度不大，可以使用等宽区间来展示直方图，这也是最常见的一种；如果数据取值范围比较大，也可以自定义区间端点，绘制图像。下面例 3.2 是区间长度相同绘制直方图展示的例子。plt.hist 函数中有一个参数 normed，默认是 None，表示不对数据进行归一化，这个情况绘制出来的就是频次直方图，加了 normed=True 之后就是标准的频率直方图。

【例 3.2】区间长度相同时绘制的直方图。

```
# -*- coding: utf-8 -*-
"""
Spyder 编辑器
这是一个临时脚本文件
"""
import datetime
import numpy as np
import matplotlib.pyplot as plt
import matplotlib
zhfont1 = matplotlib.font_manager.FontProperties(fname=
'C:\Windows\Fonts\simsun.ttc')


# 按照固定区间长度绘制频率分布直方图
# bins_interval 区间的长度
# margin 是设定的左边和右边空留的大小
def probability_distribution(data, bins_interval=1, margin=1):
    bins = range(min(data), max(data) + bins_interval - 1, bins_interval)
    print(len(bins))
    for i in range(0, len(bins)):
        print(bins[i])
    plt.xlim(min(data) - margin, max(data) + margin)
    plt.title("Probability-distribution")
    plt.xlabel('Interval')
    plt.ylabel('Probability')
    # 频率分布 normed=True，频次分布 normed=False
```

```
    prob,left,rectangle = plt.hist(x=data, bins=bins, normed=True,
histtype='bar', color=['r'])
    for x, y in zip(left, prob):
        # 字体上边文字
        # 频率分布数据 normed=True
        plt.text(x + bins_interval / 2, y + 0.003, '%.2f' % y, ha='center',
va='top')
        # 频次分布数据 normed=False
        # plt.text(x + bins_interval / 2, y + 0.25, '%.2f' % y, ha='center',
va='top')
    plt.show()

if __name__ == '__main__':
    data = [1,4,6,7,8,9,11,11,12,12,13,13,16,17,18,22,25]
    probability_distribution(data=data, bins_interval=5,margin=0)
```

输出如图 3.2 所示。

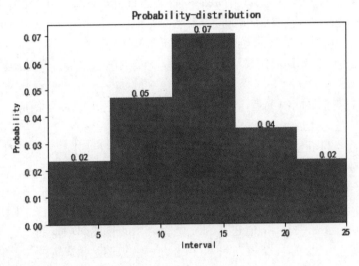

图 3.2　频率分布直方图

2. 定性数据的分布分析

对于定性变量，通常根据分类来分组，然后统计分组的频数或频率，可以采用饼图或条形图来描述定性数据的分布：

- 饼图的每一个扇形部分代表每一类型的百分比或频数，根据定性变量的类型把饼图分成几个部分，每一个部分的大小与每一个类型的频数成正比。
- 条形图的高度代表每一类型的百分比或频数，条形图的宽度没有意义。

3. 分布分析场景

分布分析主要能够提供（维度指标化）之后的数据分解能力，将原有维度按照一定的数值区间进行维度划分，进而分析每个维度区间的分布情况，以下场景常见分布分析：

- 分析订单的金额分布。
- 分析某类特殊事件的发生时段分布。
- 分析某类特殊事件的发生次数分布。
- 分析触发某类事件的用户年龄分布。

由此可见，分布分析主要针对的是数值型和日期型这两类属性，比如金额、年龄、时间、频次。因此，当用户打点上传的数据中包括这两类属性时，在日常的分析中就有可能会使用分布分析来解决一些特定问题。

同时，在分布分析中，支持日、周、月三种时间粒度的数据统计，并可以在分布图和表格之间进行展现方式的切换。

3.4 相关性分析

相关性分析就是对总体中确实具有联系的标志进行分析，其主体是对总体中具有因果关系标志的分析。它是描述客观事物相互间关系的密切程度，并用适当的统计指标表示出来的过程。相关性分析用于研究定量数据之间的关系情况，包括是否有关系以及关系紧密程度等，通常用于回归分析之前，比如研究网购满意度和重复购买意愿之间是否有关系、关系紧密程度如何？

为了确定相关变量之间的关系，首先应该收集一些数据，这些数据应该是成对的，例如每个人的身高和体重。然后在直角坐标系上描述这些点，这一组点集称为"散点图"。

根据散点图，当自变量取某一值时，因变量对应为一概率分布，如果对于所有的自变量取值的概率分布都相同，则说明因变量和自变量是没有相关关系的；反之，如果自变量的取值不同，因变量的分布也不同，则说明两者是存在相关关系的。

两个变量之间的相关程度通过相关系数 r 来表示。相关系数 r 的值在–1 和 1 之间，可以是此范围内的任何值。正相关时，r 值在 0 和 1 之间，散点图是斜向上的，这时一个变量增加，另一个变量也增加；负相关时，r 值在–1 和 0 之间，散点图是斜向下的，此时一个变量增加，另一个变量将减少。r 的绝对值越接近 1，两个变量的关联程度越强，r 的绝对值越接近 0，两个变量的关联程度越弱。

一般采用相关系数来描述两组数据的相关性，相关系数则是由协方差除以两个变量的标准差而得到的，相关系数的取值在[–1, 1]之间，–1 表示完全负相关，1 表示完全相关。

相关系数：

$$\eta = \frac{\text{cov}(X,Y)}{\sqrt{\text{var}(X) \cdot \text{var}(Y)}}$$
（公式 3.1）

【例 3.3】使用 NumPy 进行相关性分析。

```
# -*- coding: utf-8 -*-
import numpy as np # 导入库
import matplotlib.pyplot as plt
data = np.loadtxt('data5.txt', delimiter='\t') # 读取数据文件
```

```
x = data[:, :-1] # 切分自变量
correlation_matrix = np.corrcoef(x, rowvar=0) # 相关性分析
print(correlation_matrix.round(2)) # 打印输出相关性结果
fig = plt.figure() # 调用 figure 创建一个绘图对象
ax = fig.add_subplot(111) # 设置 1 个子网格并添加子网格对象
hot_img = ax.matshow(np.abs(correlation_matrix), vmin=0, vmax=1)
 # 绘制热力图，值域从 0 到 1
fig.colorbar(hot_img) # 为热力图生成颜色渐变条
ticks = np.arange(0, 9, 1) # 生成 0～9，步长为 1
ax.set_xticks(ticks) # 生成 x 轴刻度
ax.set_yticks(ticks) # 设置 y 轴刻度
names = ['x' + str(i) for i in range(x.shape[1])] # 生成坐标轴标签文字
ax.set_xticklabels(names) # 生成 x 轴标签
ax.set_yticklabels(names) # 生成 y 轴标签
```

结果输出：

```
[[ 1.   -0.04  0.27 -0.05  0.21 -0.05  0.19 -0.03 -0.02]
 [-0.04  1.   -0.01  0.73 -0.01  0.62  0.    0.48  0.51]
 [ 0.27 -0.01  1.   -0.01  0.72 -0.    0.65  0.01  0.02]
 [-0.05  0.73 -0.01  1.    0.01  0.88  0.01  0.7   0.72]
 [ 0.21 -0.01  0.72  0.01  1.    0.02  0.91  0.03  0.03]
 [-0.05  0.62 -0.    0.88  0.02  1.    0.03  0.83  0.82]
 [ 0.19  0.    0.65  0.01  0.91  0.03  1.    0.03  0.03]
 [-0.03  0.48  0.01  0.7   0.03  0.83  0.03  1.    0.71]
 [-0.02  0.51  0.02  0.72  0.03  0.82  0.03  0.71  1.  ]]
```

相关性矩阵的左侧和顶部都是相对的变量，从左到右、从上到下依次是列 1 到列 9。由于相关性结果中看的是绝对值的大小，因此需要对 correlation_matrix 做取绝对值操作，其对应的值域会变为[0, 1]。

原始数据中由于没有列标题，因此这里使用列表推导式生成 x0 到 x8，代表原始的 9 个特征。从图像（见图 3.3）中配合颜色可以看出：颜色越亮（彩色颜色为越黄，参见下载资源中的彩图），则相关性结果越高，因此从左上角到右下角呈现一条黄色斜线；而颜色较亮的第 5 列和第 7 列、第 4 列和第 6 列及第 8 列和第 6 列分别对应 x4 和 x6、x3 和 x5、x7 和 x5。

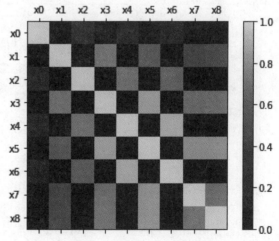

图 3.3　Matplotlib 展示结果

3.5　对比分析

对比分析在于看出基于相同数据标准下由其他影响因素所导致的数据差异。对比分析的目的在于找出差异后进一步挖掘差异背后的原因，从而找到优化的方法。

对比分析法的维度可以分为同比、环比、定基比等不同的对比方法。

（1）同比

同比一般被看作是基于相同数据维度的时间同期对比，例如去年 10 月与今年 10 月的对比；也可以看作基于时间维度的影响因素对比，例如相同的营销活动在不同的渠道投放所带来的转化数据。

（2）环比

环比是与当前时间范围相邻的上一个时间范围对比。环比适合分析短期内具备连续性数据的业务场景。例如，日环比是拿当前日的数据与上一日的数据比；周环比是拿本周的数据和上一周的数据对比；月环比是拿本月的数据与上一个月的数据对比。

（3）定基比

定基比是指针对一个基准数据的对比。

对比分析需要谨记三个要点：对比建立在同一标准维度上、拆分出相关影响因素和各项数据对比需要建立数据标准。

3.6　统计量分析

对于成功的数据分析而言，把握数据整体的性质至关重要。使用统计量来检查数据特征，主要是检查数据的集中程度、离散程度和分布形状，通过这些统计量可以识别数据集整体上的一些重要性质，对后续的数据分析有很大的参考作用。

用于描述数据的基本统计量主要分为三类，分别是中心趋势统计量、散布程度统计量和分布形状统计量。

1. 中心趋势统度量

中心趋势统度量是指表示位置的统计量，它的值分布状态。

（1）均值

均值（Mean）又称算术平均数，统计学术语，是表示一组数据集中趋势的量数，用一组数据中所有数据之和除以这组数据的个数。它是反映数据集中趋势的一项指标，数学表达式为：

$$均值 = \sum x / n \qquad\qquad （公式 3.2）$$

（2）中位数

中位数（Median）又称中值，是统计学中的专有名词，是按顺序排列的一组数据中居于中间位置的数，代表一个样本、种群或概率分布中的一个数值，其可将数值集合划分为相等的上下两部分。对于有限的数集，可以通过把所有观察值按高低排序后，找出正中间的一个作为中位数。观察值有偶数个时，通常取最中间的两个数值的平均数作为中位数。

（3）众数

众数（Mode）是变量中出现频率最大的值，通常用于对定性数据确定众数。

2．表示数据离散程度的统计量

度量数据离散程度的统计量主要是标准差和四分位差。

（1）标准差（或方差）

标准差用于度量数据分布的离散程度，低标准差意味着数据观测趋向于靠近均值，高标准差表示数据散布在一个大的值域中。

（2）四分位差

四分位差（Quartile Deviation）是上四分位数（Q3，位于 75%）与下四分位数（Q1，位于 25%）的差，计算公式为：

$$Q = Q3 - Q1 \qquad\qquad （公式 3.3）$$

四分位差反映了中间 50%数据的离散程度，其数值越小，说明中间的数据越集中；其数值越大，说明中间的数据越分散。四分位差不受极值的影响。此外，由于中位数处于数据的中间位置，因此四分位差的大小在一定程度上也说明了中位数对一组数据的代表程度。四分位差主要用于测度顺序数据的离散程度。对于数值型数据也可以计算四分位差，但不适合分类数据。

3．表示分布形状的统计量

分布形状使用偏度系数和峰度系数来度量。偏度是用于衡量数据分布对称性的统计量，峰度是用于衡量数据分布陡峭或平滑的统计量。

（1）偏度系数

偏度系数是描述分布偏离对称性程度的一个特征数。当分布左右对称时，偏度系数为 0。当偏度系数大于 0 时，即重尾在右侧时，该分布为右偏。当偏度系数小于 0 时，即重尾在左侧时，该分布左偏。使用标准差为单位计量的偏度系数：

$$SK = \frac{\bar{X} - M_0}{\sigma} \qquad\qquad （公式 3.4）$$

其中，X 是随机变量的三阶矩，M_0 是众数，σ 是标准偏差。

（2）峰度系数

峰度（Peakedness，Kurtosis）又称峰态系数，正态分布的峰度值为 3，称作常峰态，对应 I (beta=0)；峰度值大于 3 被称作尖峰态，对应 II (beta>0)；峰度值小于 3 被称作低峰态，对应 III (beta<0)。峰度系数越大，数据越集中。峰度系数公式是：

$$K = \frac{\sum_{i=1}^{k}(x_i - x)^4 f_i}{ns^4}$$ （公式 3.5）

【例 3.4】Python 实现数据统计计量。

```
# -*- coding: utf-8 -*-

from __future__ import print_function
import pandas as pd

catering_sale = 'catering_sale.xls'
#读取数据，指定'日期'为索引列
data = pd.read_excel(catering_sale, index_col = u'日期')
#过滤异常数据，只获取 400~5000 的值，其他值抛弃
data = data[(data[u'销量'] > 400)&(data[u'销量'] < 5000)]
#保存基本统计量 dataFrame 对象的 describute 给出了基本统计量
statistics = data.describe()

#极差
statistics.loc['range'] = statistics.loc['max']-statistics.loc['min']
#变异系数
#标准差相对于均值的离中趋势 CV= s/x
#用来比较多个不同单位或不同波动幅度的数据集的离中趋势
statistics.loc['var'] = statistics.loc['std']/statistics.loc['mean']
#四分位数间距
statistics.loc['dis'] = statistics.loc['75%'] - statistics.loc['25%']

print(statistics)
```

结果输出：

```
            销量
count   195.000000
mean    2744.595385
std      424.739407
min      865.000000
25%     2460.600000
50%     2655.900000
75%     3023.200000
max     4065.200000
range   3200.200000
var        0.154755
dis      562.600000
```

3.7 周期性分析

　　周期性分析是探索某个变量是否随着时间变化而呈现出某种周期性变化的趋势，时间尺度的选择有年度、季度、月份、周度、天和小时等时间周期。

　　在进行周期性分析时，不能简单地以天或月来对数据进行分析，因为在大多数情况下人们都是在周一到周五工作，在周六和周日休息，所以应该根据用户的行为习惯和业务场景选择合适的时间尺度。

　　对于消费行业数据，节假日是一个必须考虑的时间点，比如，法定节假日、双 11、618 等，还有周末，对于这样的时间点，数据量会增加很多，没有节假日和有节假日，数据的差距是非常大的。

　　对于某些数据，这些特殊的时间点不一定带来数据的暴增。例如，对于一些技术类网站，由于人们只在工作日访问，因此访问量在工作日明显增大，而在周末或节假日则会明显降低。对于这些特殊的时间点，在分析数据时，应考虑周全，特殊处理。

3.8 贡献度分析

　　贡献度分析又称帕累托分析，它的原理是帕累托法则（又称 20/80 定律，即百分之八十的问题是百分之二十的原因所造成的）。同样的投入放在不同的地方会产生不同的效益。例如，对一个公司来讲，80%的利润常常来自于 20%最畅销的产品，而其他 80%的产品只产生了 20% 的利润。

　　帕累托图又叫排列图或主次图，是按照发生频率大小顺序绘制的直方图，表示有多少结果是由已确认类型或范畴的原因所造成的。它是将出现的质量问题和质量改进项目按照重要程度依次排列而采用的一种图表。可以用来分析质量问题，确定产生质量问题的主要因素。从概念上说，帕累托图与帕累托法则一脉相承，该法则认为相对来说数量较少的原因往往造成绝大多数的问题或缺陷。

　　排列图用双直角坐标系表示，左边纵坐标表示频数，右边纵坐标表示频率。分析线表示累积频率，横坐标表示影响质量的各项因素，按影响程度的大小（出现频数多少）从左到右排列，通过对排列图的观察分析可以抓住影响质量的主要因素。

　　【例 3.5】贡献度分析——帕累托图。

```
# -*- coding: utf-8 -*-
#菜品盈利数据 帕累托图
import pandas as pd
#初始化参数
dish_profit = 'D:\my work\python 数据分析与挖掘-清华大学出版社-约稿\第三章源代码
```

```
\catering_dish_profit.xls'  #餐饮菜品盈利数据
    data = pd.read_excel(dish_profit, index_col = '菜品名')
    data = data['盈利'].copy()
    data.sort_values(ascending = False)
    import matplotlib.pyplot as plt  #导入图像库
    plt.rcParams['font.sans-serif'] = ['SimHei']  #用来正常显示中文标签
    plt.figure()
    data.plot(kind='bar')
    plt.ylabel('盈利（元）')
    p = 1.0*data.cumsum()/data.sum()
    p.plot(color = 'r', secondary_y = True, style = '-o',linewidth = 2)
    #添加注释，即85%处的标记。这里包括了指定箭头样式
    plt.annotate(format(p[6], '.4%'), xy = (6, p[6]), xytext=(6*0.9, p[6]*0.9),
arrowprops=dict(arrowstyle="->", connectionstyle="arc3,rad=.2"))
    plt.ylabel('盈利（比例）')
    plt.show()
```

输出如图 3.4 所示。

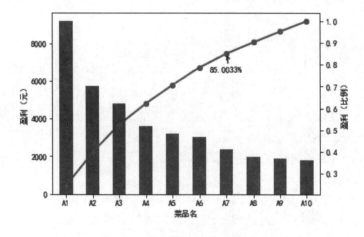

图 3.4　贡献度分析——帕累托图

3.9　Python 主要数据探索函数

　　Python 中用于数据探索的库主要是 Pandas（数据分析）和 Matplotlib（数据可视化）。数据探索函数可大致分为统计特征函数和统计作图函数。

　　1. Pandas的主要统计特征函数

- Sum()：列总和。
- mean()：平均数。
- var()：方差。

- std()：标准差。
- corr()：Spearman相关系数矩阵。
- cov()：协方差矩阵。
- skew()：偏度（3阶矩阵）。
- Kurt()：峰度（4阶矩阵）。
- describe()：给出样本的基本描述。

2. 扩展统计特征函数

cum 累积计算和 pd.rolling_ 滚动计算：

- cumsum()：依次给出前1,2,...,n个数的和。
- cumprod()：依次给出前1,2,...,n个数的积。
- cummax()：依次给出前1,2,...,n个数的最大值。
- cummin()：依次给出前1,2,...,n个数的最小值。

3. 统计作图函数

- plot()：折线图。
- pei()：饼图。
- hist()：直方图。
- boxplot()：箱形图。
- plot(logy=True)：y轴的对数图。
- plot(yerr=error)：误差条形图。

3.10　本章小结

　　EDA（探索性数据分析）出现之后，数据分析的过程就分为两步了，即探索阶段和验证阶段。探索阶段侧重于发现数据中包含的模式或模型，验证阶段侧重于评估所发现的模式或模型。很多机器学习算法（分为训练和测试两步）都是遵循这种思想的。拿到一份数据时，如果做数据分析的目的不是非常明确、有针对性时，可能会对数据分析目的性感到茫然，所以就更加有必要进行 EDA 了，它能帮助我们初步地了解数据的结构及特征，甚至发现一些模式或模型，再结合行业背景知识，也许就能直接得到一些有用的结论。本章介绍了一些经典、常用的探索性数据分析方法。

第4章

Sklearn 估计器

Sklearn（Scikit-learn）是机器学习中常用的第三方模块，对常用的机器学习方法进行了封装，包括回归（Regression）、降维（Dimensionality Reduction）、分类（Classfication）、聚类（Clustering）等方法。

4.1 Sklearn 概述

1. Sklearn的特点

- 简单高效的数据挖掘和数据分析工具。
- 让每个人都能够在复杂环境中重复使用。
- 建立在NumPy、SciPy、MatPlotLib之上。

2. Sklearn安装

Sklearn 安装要求 Python >=2.7 或者>=3.3、NumPy >=1.8.2、SciPy >= 0.13.3。如果已经安装 NumPy 和 SciPy，那么可以直接使用 pip install -U Sklearn 命令来安装 Sklearn。

3. Sklearn学习模式

Sklearn 中包含众多的机器学习方法，在这里介绍 Sklearn 通用学习模式。首先引入需要训练的数据，Sklearn 自带部分训练数据集（Sklearn datasets 中有数据集），也可以通过相应方法进行构造。然后选择相应的机器学习方法进行训练，训练过程中可以通过一些技巧调整参数，使得学习准确率更高。模型训练完成之后便可预测新数据，通过 Matplotlib 等方法来直观地展示数据。另外，还可以将已训练好的模型进行保存，方便移动到其他平台，不必重新训练。

4. Sklearn datasets

Sklearn 提供一些标准数据集，不必再从其他网站寻找数据集进行训练。例如，用来训练的 load_iris 数据集可以用 datasets.load_iris()引入。可以很方便地返回数据特征变量和目标值。除了引入数据集之外，还可以通过 load_sample_images()来引入图片集。除了 Sklearn 提供的一些数据之外，还可以自己来构造一些数据辅助学习。

【例 4.1】Sklearn 构造数据。

```
# -*- coding: utf-8 -*-
from sklearn import datasets#引入数据集
#构造的各种参数可以根据自己的需要调整
X,y=datasets.make_regression(n_samples=100,n_features=1,n_targets=1,noise=
1)


###绘制构造的数据###
import matplotlib.pyplot as plt
plt.figure()
plt.scatter(X,y)
plt.show()
```

结果输出如图 4.1 所示。

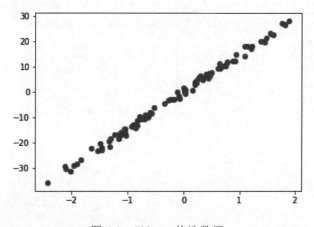

图 4.1　Sklearn 构造数据

1）Sklearn 的数据集有多种
- 自带的小数据集（packaged dataset）：sklearn.datasets.load_<name>。
- 在线下载数据集（Downloaded Dataset）：sklearn.datasets.fetch_<name>。
- 计算机生成的数据集（Generated Dataset）：sklearn.datasets.make_<name>。
- svmlight/libsvm格式的数据集：sklearn.datasets.load_svmlight_file(...)。
- 购买data.org在线数据集：sklearn.datasets.fetch_mldata(...)。

2）Sklearn 数据集列表
Sklearn 数据集列表如表 4.1 所示。

表 4.1 Sklearn 数据集列表

数据集引入方法	数据集类别解释
datasets.dump_svmlight_file(X,y,f,*[,...])	Dump the dataset in svmlight / libsvm file format.
datasets.fetch_20newsgroups(*[,data_home,...])	Load the filenames and data from the 20 newsgroups dataset (classification).
datasets.fetch_20newsgroups_vectorized(*[, ...])	Load the 20 newsgroups dataset and vectorize it into token counts (classification).
datasets.fetch_california_housing(*[,...])	Load the California housing dataset (regression).
datasets.fetch_covtype(*[,data_home,...])	Load the covertype dataset (classification).
datasets.fetch_kddcup99(*[,subset,...])	Load the kddcup99 dataset (classification).
datasets.fetch_lfw_pairs(*[,subset,...])	Load the Labeled Faces in the Wild (LFW) pairs dataset (classification).
datasets.fetch_lfw_people(*[,data_home,...])	Load the Labeled Faces in the Wild (LFW) people dataset (classification).
datasets.fetch_olivetti_faces(*[,...])	Load the Olivetti faces data-set from AT&T (classification).
datasets.fetch_openml([name,version,...])	Fetch dataset from openml by name or dataset id.
datasets.fetch_rcv1(*[,data_home,subset,...])	Load the RCV1 multilabel dataset (classification).
datasets.fetch_species_distributions(*[,...])	Loader for species distribution dataset from Phillips et.
datasets.get_data_home([data_home])	Return the path of the Sklearn data dir.
datasets.load_boston(*[,return_X_y])	Load and return the boston house-prices dataset (regression).
datasets.load_breast_cancer(*[,...])	Load and return the breast cancer wisconsin dataset (classification).
datasets.load_diabetes(*[,return_X_y,...])	Load and return the diabetes dataset (regression).
datasets.load_digits(*[,n_class,...])	Load and return the digits dataset (classification).
datasets.load_files(container_path,*[,...])	Load text files with categories as subfolder names.
datasets.load_iris(*[,return_X_y,as_frame])	Load and return the iris dataset (classification).
datasets.load_linnerud(*[,return_X_y,...])	Load and return the physical excercise linnerud dataset.
datasets.load_sample_image(image_name)	Load the numpy array of a single sample image
datasets.load_sample_images()	Load sample images for image manipulation.
datasets.load_svmlight_file(f,*[,...])	Load datasets in the svmlight / libsvm format into sparse CSR matrix
datasets.load_svmlight_files(files,*[,...])	Load dataset from multiple files in SVMlight format
datasets.load_wine(*[,return_X_y,as_frame])	Load and return the wine dataset (classification).

5. Sklearn Model的属性和功能

数据训练完成之后得到模型，可以根据不同的模型得到相应的属性和功能，并将其输出得到直观结果。假如通过线性回归训练之后得到线性函数 $y=0.3x+1$，可通过_coef 得到模型的系数为 0.3、通过_intercept 得到模型的截距为 1。

【例 4.2】根据模型得到 Sklearn Model 的属性和功能。

```
# -*- coding: utf-8 -*-
"""
Created on Thu Jun  4 21:00:38 2020

@author: liguo
"""
from sklearn import datasets
from sklearn.linear_model import LinearRegression#引入线性回归模型

###引入数据###
load_data=datasets.load_boston()
data_X=load_data.data
data_y=load_data.target
print(data_X.shape)
#(506, 13)data_X共13个特征变量

###训练数据###
model=LinearRegression()
model.fit(data_X,data_y)
model.predict(data_X[:4,:])#预测前4个数据

###属性和功能###
print(model.coef_)
'''
[ -1.07170557e-01   4.63952195e-02   2.08602395e-02   2.68856140e+00
  -1.77957587e+01   3.80475246e+00   7.51061703e-04  -1.47575880e+00
   3.05655038e-01  -1.23293463e-02  -9.53463555e-01   9.39251272e-03
  -5.25466633e-01]
'''
print(model.intercept_)
#36.4911032804
print(model.get_params())#得到模型的参数
#{'copy_X': True, 'normalize': False, 'n_jobs': 1, 'fit_intercept': True}
print(model.score(data_X,data_y))#对训练情况进行打分
#0.740607742865
```

6. Sklearn数据预处理

对大部分机器学习算法来说，数据集的标准化都是一种常规要求。如果单个特征没有或多或少地接近于标准正态分布，那么它可能并不能在项目中表现出很好的性能。在实际情况中，经常忽略特征的分布形状，直接用均值来对某个特征进行中心化，再通过除以非常量特征（Non-Constant Features）的标准差进行缩放。

7. 交叉验证

交叉验证的基本思想是将原始数据进行分组，一部分作为训练集来训练模型，另一部分作为测试集来评价模型。交叉验证用于评估模型的预测性能，尤其是训练好的模型在新数据上的表现，可以在一定程度上减小过拟合，还可以从有限的数据中获取尽可能多的有效信息。

在机器学习任务中拿到数据后，首先会将原始数据集分为三部分：训练集、验证集和测试集。训练集用于训练模型，验证集用于模型的参数选择配置，测试集对于模型来说是未知数据，用于评估模型的泛化能力。不同的划分会得到不同的最终模型。

以前是直接将数据分割成70%的训练数据和30%的测试数据，现在利用K折交叉验证分割数据，首先将数据分为5组，然后从5组数据中选择不同的数据进行训练。

4.2　使用 Sklearn 估计器分类

在 Sklearn 中，估计器（Estimator）是一个重要的角色。分类器和回归器都属于估计器，是一类实现了算法的 API。

- fit：此方法用于从训练集中学习模型参数。
- transform：此方法用学习到的参数转换数据。

用于分类的估计器有以下几种：

- sklearn.neighbors k：k近邻算法。
- sklearn.naive_bayes：贝叶斯。
- sklearn.linear_model.LogisticRegression：逻辑回归。

用于回归的估计器有以下两种：

- sklearn.linear_model.LinearRegression：线性回归。
- sklearn.linear_model.Ridge：岭回归。

用 Sklearn 估计值分类有以下三个方面：

- 估计器（Estimator）：用于分类、聚类和回归分析。
- 转换器（Transformer）：用于数据的预处理和数据的转换。
- 流水线（Pipeline）：组合数据挖掘流程，便于再次使用。

接下来分别介绍 k 近邻算法、管道机制和 Sklearn 比较分类器。

4.2.1　k 近邻算法

用 Sklearn 估计值分类主要是为数据挖掘搭建通用的框架。有了这个框架之后，增加了算法的泛化性，减少了数据挖掘的复杂性。

本节用于分类的估计器只介绍 sklearn.neighbors k 近邻算法，其他算法可参照网站 http://www.scikitlearn.com.cn/。

sklearn.neighbors 提供了 Neighbors-Based（近邻）无监督学习以及监督学习方法的功能。无监督的最近邻是许多其他学习方法的基础，尤其是 Manifold Learning（流形学习）和 Spectral Clustering（谱聚类）。Neighbors-Based（近邻）监督学习分为两种：Classification（分类）针对的是具有离散标签的数据，Regression（回归）针对的是具有连续标签的数据。

最近邻方法原理是从训练样本中找到与新点在距离上最近的预定数量的几个点，然后从这些点中预测标签。这些点的数量可以是用户自定义的常量（k 近邻），也可以根据不同的点的局部密度（基于半径的最近邻学习）确定。

k 近邻分类是 KNeighborsClassifier 技术中比较常用的一种。几乎可以对任何数据进行分类，值的最佳选择是高度依赖数据，但是要计算数据集中每两个个体之间的距离，计算量会很大。通常较大的 K 会抑制噪声影响，使得分类界限不明显。

【例 4.3】利用电离层的数据集（http://archive.ics.uci.edu/ml/machine-learning-databases/ionosphere/）来分析近邻算法的运用（见图 4.2）。在这个网站里点击 ionosphere.data，下载这个数据，并保存在本地。

```
# -*- coding: utf-8 -*-
import csv
import numpy as np
# 创建两个数组，分别存放特征值和类别
x = np.zeros((351, 34), dtype="float")
y = np.zeros((351, ), dtype="bool")
'''
with open("ionosphere.data", 'r') as input_file:
    reader = csv.reader(input_file)
'''
input_file = open('D:\my work\python 数据分析与挖掘-清华大学出版社-约稿\第 4 章源代码\ionosphere.data', 'r')
reader = csv.reader(input_file)
'''
# 遍历文件中每一行数据，每一行数据相当于一个个体，用枚举函数来获取每一行的索引值，更新数据集 x
'''
for i, row in enumerate(reader):
    data = [float(datum) for datum in row[:-1]]
    x[i] = data
```

```
        y[i] = row[-1] == "g"

# 建立测试集和训练集
from sklearn.model_selection import train_test_split
x_train, x_test, y_train, y_test = train_test_split(x, y, random_state=14)
# print "There are {0} samples in training dataset".format(x_train.shape[0])
# print "There are {0} samples in testing dataset".format(x_test.shape[0])
# print "Each sample has {0} features".format(x_train.shape[1])

# 然后导入 k 近邻分类器这个类，并为其初始化一个实例
from sklearn.neighbors import KNeighborsClassifier
# 创建一个估计器
estimator = KNeighborsClassifier()
'''
# 创建好之后，开始用训练数据进行训练。k 近邻估计器会分析训练集中的数据，通过比较待分类的新
数据点和训练集中的数据，找到新数据点的近邻
'''
estimator.fit(x_train, y_train)
# 接着用测试集测试算法
y_predicted = estimator.predict(x_test)
accuracy = np.mean(y_test == y_predicted) * 100
print ("The accuracy is {0:.1f}%".format(accuracy))
'''
# The accuracy is 86.4%
'''
# 正确率很高，但是仅仅是使用默认的参数，在某些具体的情况下是不能通用的，所以要学着根据实验
的实际情况尽可能选用合适的参数值，争取达到最佳效果

# 我们通常用训练集训练算法，然后在测试集上评估效果。当测试集很简单时，我们就会认为算法表现
很出色。反之，我们可能会认为算法很糟糕。其实，只凭一次测试或一次训练是很难真正决定一个算法好坏
的。所以，此时我们就要用到交叉检验了(将数据分割成很多部分，多次测试)。
'''
'''
交叉检验:
1.将整个大数据集分成几个部分。
2.对于每一部分执行以下操作:
将其中一部分作为当前测试集;
用剩余部分去训练算法;
在当前测试集上测试算法。
3.记录每一次得分及平均得分。
4.在上述过程中，每条数据只能在测试集中出现一次，以减少运气成分。
'''
# 导入 cross_val_score 交叉检验方式
from sklearn.model_selection import cross_val_score
scores = cross_val_score(estimator, x, y, scoring="accuracy")
```

```
average_accuracy = np.mean(scores) * 100
print ("The average accuracy is {0:.1f}%".format(average_accuracy))
'''
```

\# The average accuracy is 86.4%

\# 设置参数。参数设置对于一个算法很重要，灵活的设置参数能大大提高算法的泛化能力，所以选取好的参数值跟数据集的特征息息相关。

\# 在近邻算法中，最重要的参数（n_neighbors）是选取多少个近邻作为预测依据，过大或过小都会造成不同的分类结果。

\# 下面我们测试 n_neighbors 的值，比如 1 到 20，可以重复进行多次实验，观察不同参数所带来的结果之间的差异。

```
'''
from collections import defaultdict
avg_scores = []
all_scores = defaultdict(list)
for n_neighbors in range(1,21):
    estimator_ = KNeighborsClassifier(n_neighbors=n_neighbors)
    scores = cross_val_score(estimator_, x, y, scoring="accuracy")
    avg_scores.append(np.mean(scores))
    all_scores[n_neighbors].append(scores)


# 为了更直观地观察差异，我们可以用图来表示
from matplotlib import pyplot as plt
parameter_values = list(range(1,21))
#plt.plot(parameter_values, avg_scores, "-o")
#plt.show()
plt.figure(figsize=(10,6))
plt.plot(parameter_values, avg_scores, '-o', linewidth=5, markersize=16)
plt.axis([0, max(parameter_values), 0.78, 0.90])
#设置 x 轴标签及其字号
plt.xlabel(' ',fontsize=24)
#设置 y 轴标签及其字号
plt.ylabel(' ',fontsize=24)
plt.show()
# 可以看出随着近邻数的增加正确率不断下降


# 对数据预处理
'''
```

对于不同特征的取值范围千差万别，常见的解决方法是对不同的特征进行规范化，使它们的特征值落在相同的值域或从属于某几个确定的类别。

```
'''
# 选择最具区分度的特征、创建新特征等都属于预处理的范畴
# 预处理示例
x_broken = np.array(x)
# 对数据的第三个特征的值除以 10
x_broken[:,::2] /= 10
```

```python
# print x_broken
# 再来计算正确率
original_scores = cross_val_score(estimator, x, y, scoring='accuracy')
print ("The original average accuracy for is
{0:.1f}%".format(np.mean(original_scores) * 100))
# The original average accuracy for is 86.4%
broken_scores = cross_val_score(estimator, x_broken, y, scoring="accuracy")
print ("The broken average accuracy for is
{0:.1f}%".format(np.mean(broken_scores) * 100))
'''
# The broken average accuracy for is 73.8%
# 这次跌到73.8%。把特征值转变为 0 到 1 之间就能解决这个问题。将特征值规范化，使用
minmaxscaler 类
'''
from sklearn.preprocessing import MinMaxScaler
# 不需要单独进行训练，直接调用 fit_transform() 函数即可完成训练和转换
# x_transformed = MinMaxScaler().fit_transform(x)
# 接下来将前面的 broken 数据拿来测试
x_transformed = MinMaxScaler().fit_transform(x_broken)
transformed_scores = cross_val_score(estimator, x_transformed, y,
scoring="accuracy")
print ("The average accuracy for is
{0:.1f}%".format(np.mean(transformed_scores) * 100))
# The average accuracy for is 82.6%
# 正确率再次升到82.6%，说明将特征值规范化有利于减少异常值对近邻算法的影响


# 流水线
# 实现一个数据挖掘流水线，能大大提高效率。它就好比一个框架，能够有效地将转换器和估计器结合
from sklearn.pipeline import Pipeline
# 流水线的核心是元素为元组的列表：第一个元组规范特征取值范围，第二个元组实现预测功能
scaling_pipeline = Pipeline([("scale", MinMaxScaler()), ("predict",
KNeighborsClassifier())])
scores_1 = cross_val_score(scaling_pipeline, x_broken, y, scoring="accuracy")
print ("The pipeline scored_1 an average accuracy for is
{0:.1f}%".format(np.mean(scores_1) * 100))
# The pipeline scored_1 an average accuracy for is 82.9%
# 运行结果与之前的一样，说明设置流水线很有用，因为它能确保代码的复杂程度不超出掌控范围
# 将数据规范化应用到原始数据集上，看看能不能使准确率上升，以说明数据集规范化能提升
# 没有异常值的数据
scores_2 = cross_val_score(scaling_pipeline, x, y, scoring="accuracy")
print ("The pipeline scored_2 an average accuracy for is
{0:.1f}%".format(np.mean(scores_2) * 100))
# The pipeline scored_2 an average accuracy for is 82.9%
# 这个结果说明，数据规范化只能将含有异常值的数据集的准确率提高
```

结果输出：

```
The accuracy is 86.4%
The average accuracy is 82.6%
The original average accuracy for is 82.6%
The broken average accuracy for is 73.8%
The average accuracy for is 82.9%
The pipeline scored_1 an average accuracy for is 82.9%
The pipeline scored_2 an average accuracy for is 82.9%
```

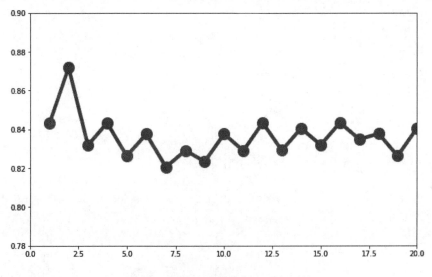

图 4.2　电离层的数据集 k 近邻运算

4.2.2　管道机制

管道机制（Pipeline）在机器学习算法中得以应用的根源在于参数集在新数据集（比如测试集）上的重复使用。管道机制实现了对全部步骤的流式化封装和管理（Streaming Workflows With Pipelines）。Pipeline 经常与 FeatureUnion 结合起来使用。FeatureUnion 用于将变换器（Transformers）的输出串联到复合特征空间（Composite Feature Space）中。TransformedTargetRegressor 用来处理变换 Target（对数变化 y）。作为对比，Pipelines 类只用来变换（Transform）观测数据（X）。

1. Pipeline：链式评估器

Pipeline 可以把多个评估器链接成一个。这种操作很有用，因为处理数据的步骤一般都是固定的，例如特征选择、标准化和分类。Pipeline 有多种用途：

- 便捷性和封装性：只需要对数据调用 fit 和 predict 一次来适配一系列评估器。
- 联合的参数选择：可以一次 grid search 管道中所有评估器的参数。
- 安全性：训练转换器和预测器使用的是相同样本，管道有助于防止来自测试数据的统计数据泄露到交叉验证的训练模型中。

除了最后一个评估器，管道中的所有评估器必须是转换器。例如，必须有 Transform 方法。最后一个评估器的类型不限（转换器、分类器等）。

2. Pipeline执行流程的分析

管道机制更像是编程技巧的创新，而非算法的创新。接下来我们以一个具体的例子来演示 Sklearn 库中强大的 Pipeline 用法。

【例 4.4】Pipeline 执行流程的分析。

1）加载数据集

```
import pandas as pd
from sklearn.model_selection import train_test_split
from sklearn.preprocessing import LabelEncoder
df = pd.read_csv('https://archive.ics.uci.edu/ml/
machine-learning-databases/'
                'breast-cancer-wisconsin/wdbc.data', header=None)
                            # Breast Cancer Wisconsin dataset
X, y = df.values[:, 2:], df.values[:, 1]
                        # y 为字符型标签
                        # 使用 LabelEncoder 类将其转换为 0 开始的数值型
encoder = LabelEncoder()
y = encoder.fit_transform(y)
X_train, X_test, y_train, y_test = train_test_split(X, y, test_size=.2,
random_state=0)
```

2）构思算法的流程
可放在 Pipeline 中的步骤可能有：

- 特征标准化作为第一个环节。
- 中间可加上数据规范化步骤，比如数据降维（PCA）。
- 既然是分类器，Classifier也是少不了的，自然是最后一个环节。

```
from sklearn.preprocessing import StandardScaler
from sklearn.decomposition import PCA
from sklearn.linear_model import LogisticRegression

from sklearn.pipeline import Pipeline

pipe_lr = Pipeline([('sc', StandardScaler()),
                ('pca', PCA(n_components=2)),
                ('clf', LogisticRegression(random_state=1))
                ])
pipe_lr.fit(X_train, y_train)
print('Test accuracy: %.3f' % pipe_lr.score(X_test, y_test))
```

结果输出：

```
Test accuracy: 0.921
```

Pipeline 对象接受二元 tuple 构成的 list，每一个二元 tuple 中的第一个元素为 arbitrary identifier string，用以获取（access）Pipeline object 中的 individual elements，二元 tuple 中的第二个元素是 Sklearn 与之相适配的 transformer 或者 estimator。

```
Pipeline([('sc', StandardScaler()), ('pca', PCA(n_components=2)), ('clf',
LogisticRegression(random_state=1))])
```

3）Pipeline 执行流程的分析

Pipeline 的中间过程由 Sklearn 相适配的转换器（Transformer）构成，最后一步是一个 Estimator。比如上述代码中，StandardScaler 和 PCA Transformer 构成 Intermediate Steps，LogisticRegression 作为最终的 Estimator。

当执行 pipe_lr.fit（X_train,y_train）时，首先由 StandardScaler 在训练集上执行 fit 和 transform 方法，Transformed 后的数据又被传递给 Pipeline 对象的下一步，即 PCA()。和 StandardScaler 一样，PCA 也是执行 fit 和 transform 方法，最终将转换后的数据传递给 LosigsticRegression。整个流程如图 4.3 所示。

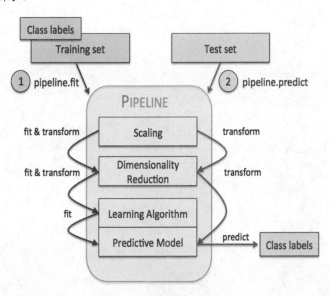

图 4.3　Pipeline 执行流程

4.2.3　Sklearn 比较分类器

Sklearn 常用的分类器有 SVM、KNN、贝叶斯、线性回归、逻辑回归、决策树、随机森林、xgboost、GBDT、boosting、神经网络 NN 等。

```
### KNN Classifier
from sklearn.neighbors import KNeighborsClassifier
clf = KNeighborsClassifier()
clf.fit(train_x, train_y)
```

```
### Logistic Regression Classifier
from sklearn.linear_model import LogisticRegression
clf = LogisticRegression(penalty='l2')
clf.fit(train_x, train_y)


### Random Forest Classifier
from sklearn.ensemble import RandomForestClassifier
clf = RandomForestClassifier(n_estimators=8)
clf.fit(train_x, train_y)


### Decision Tree Classifier
from sklearn import tree
clf = tree.DecisionTreeClassifier()
clf.fit(train_x, train_y)


### GBDT(Gradient Boosting Decision Tree) Classifier
from sklearn.ensemble import GradientBoostingClassifier
clf = GradientBoostingClassifier(n_estimators=200)
clf.fit(train_x, train_y)


###AdaBoost Classifier
from sklearn.ensemble import  AdaBoostClassifier
clf = AdaBoostClassifier()
clf.fit(train_x, train_y)


### GaussianNB
from sklearn.naive_bayes import GaussianNB
clf = GaussianNB()
clf.fit(train_x, train_y)


### Linear Discriminant Analysis
from sklearn.discriminant_analysis import LinearDiscriminantAnalysis
clf = LinearDiscriminantAnalysis()
clf.fit(train_x, train_y)


### Quadratic Discriminant Analysis
from sklearn.discriminant_analysis import QuadraticDiscriminantAnalysis
clf = QuadraticDiscriminantAnalysis()
clf.fit(train_x, train_y)


### SVM Classifier
from sklearn.svm import SVC
clf = SVC(kernel='rbf', probability=True)
clf.fit(train_x, train_y)
```

```
### Multinomial Naive Bayes Classifier
from sklearn.naive_bayes import MultinomialNB
clf = MultinomialNB(alpha=0.01)
clf.fit(train_x, train_y)
```

【例 4.5】比较几种分类器的效果。

```
import numpy as np
import matplotlib.pyplot as plt
from matplotlib.colors import ListedColormap
from sklearn.model_selection import train_test_split
from sklearn.preprocessing import StandardScaler
from sklearn.datasets import make_moons, make_circles, make_classification
from sklearn.neural_network import BernoulliRBM
from sklearn.neighbors import KNeighborsClassifier
from sklearn.svm import SVC
# from sklearn.gaussian_process import GaussianProcess
from sklearn.tree import DecisionTreeClassifier
from sklearn.ensemble import RandomForestClassifier, AdaBoostClassifier
from sklearn.naive_bayes import GaussianNB
from sklearn.discriminant_analysis import QuadraticDiscriminantAnalysis
h = .02  # step size in the mesh
names = ["Nearest Neighbors", "Linear SVM", "RBF SVM",
        "Decision Tree", "Random Forest", "AdaBoost",
        "Naive Bayes", "QDA", "Gaussian Process","Neural Net", ]
classifiers = [
    KNeighborsClassifier(3),
    SVC(kernel="linear", C=0.025),
    SVC(gamma=2, C=1),
    DecisionTreeClassifier(max_depth=5),
    RandomForestClassifier(max_depth=5, n_estimators=10, max_features=1),
    AdaBoostClassifier(),
    GaussianNB(),
    QuadraticDiscriminantAnalysis(),
    #GaussianProcess(),
    #BernoulliRBM(),]
X, y = make_classification(n_features=2, n_redundant=0, n_informative=2,
                    random_state=1, n_clusters_per_class=1)
rng = np.random.RandomState(2)
X += 2 * rng.uniform(size=X.shape)
linearly_separable = (X, y)
datasets = [make_moons(noise=0.3, random_state=0),
        make_circles(noise=0.2, factor=0.5, random_state=1),
        linearly_separable]
figure = plt.figure(figsize=(14, 7))
```

```python
i = 1
# iterate over datasets
for ds_cnt, ds in enumerate(datasets):
    # preprocess dataset, split into training and test part
    X, y = ds
    X = StandardScaler().fit_transform(X)
    X_train, X_test, y_train, y_test = \
        train_test_split(X, y, test_size=.4, random_state=42)
    x_min, x_max = X[:, 0].min() - .5, X[:, 0].max() + .5
    y_min, y_max = X[:, 1].min() - .5, X[:, 1].max() + .5
    xx, yy = np.meshgrid(np.arange(x_min, x_max, h),
                         np.arange(y_min, y_max, h))
    # just plot the dataset first
    cm = plt.cm.RdBu
    cm_bright = ListedColormap(['#FF0000', '#0000FF'])
    ax = plt.subplot(len(datasets), len(classifiers) + 1, i)
    if ds_cnt == 0:
        ax.set_title("Input data")
    # Plot the training points
    ax.scatter(X_train[:, 0], X_train[:, 1], c=y_train, cmap=cm_bright)
    # and testing points
    ax.scatter(X_test[:, 0], X_test[:, 1], c=y_test, cmap=cm_bright,
alpha=0.6)
    ax.set_xlim(xx.min(), xx.max())
    ax.set_ylim(yy.min(), yy.max())
    ax.set_xticks(())
    ax.set_yticks(())
    i += 1
    # iterate over classifiers
    for name, clf in zip(names, classifiers):
        ax = plt.subplot(len(datasets), len(classifiers) + 1, i)
        clf.fit(X_train, y_train)
        score = clf.score(X_test, y_test)
        # Plot the decision boundary. For that, we will assign a color to each
        # point in the mesh [x_min, m_max]x[y_min, y_max].
        if hasattr(clf, "decision_function"):
            Z = clf.decision_function(np.c_[xx.ravel(), yy.ravel()])
        else:
            Z = clf.predict_proba(np.c_[xx.ravel(), yy.ravel()])[:, 1]
        # Put the result into a color plot
        Z = Z.reshape(xx.shape)
        ax.contourf(xx, yy, Z, cmap=cm, alpha=.8)
        # Plot also the training points
        ax.scatter(X_train[:, 0], X_train[:, 1], c=y_train, cmap=cm_bright)
        # and testing points
```

```
        ax.scatter(X_test[:, 0], X_test[:, 1], c=y_test, cmap=cm_bright,
                alpha=0.6)
        ax.set_xlim(xx.min(), xx.max())
        ax.set_ylim(yy.min(), yy.max())
        ax.set_xticks(())
        ax.set_yticks(())
        if ds_cnt == 0:
            ax.set_title(name)
        ax.text(xx.max() - .3, yy.min() + .3, ('%.2f' % score).lstrip('0'),
                size=15, horizontalalignment='right')
        i += 1
plt.tight_layout()
plt.show()
```

代码执行结果如图 4.4 所示。

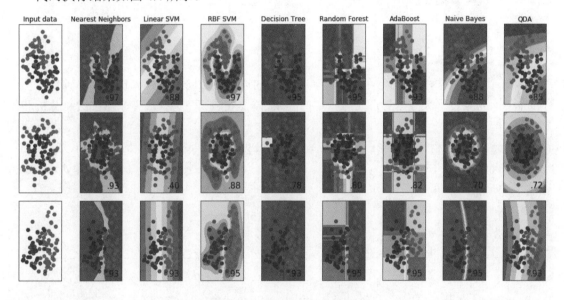

图 4.4　比较了几种分类器的效果

4.3　本章小结

　　本章主要是大数据的分类处理方法介绍，主要内容围绕 Sklearn 估计器分类的算法，重点介绍了分类器的常用算法 k 近邻定义、参数、属性和应用，管道机制（Pipeline）数据加载、封装、执行等操作，以及 Sklearn 常见比较器。

第 **5** 章

主流数据分析库

Python 作为数据处理的常用工具，具有较强的通用性和跨平台性，但是其单纯地依赖本身自带的库函数进行大数据处理具有一定局限性，需要安装第三方扩展库来增强数据分析和挖掘能力。

Python 数据分析常用的第三方扩展库有 NumPy、Pandas、SciPy、Matplotlib、Sklearn、Keras、Gensim 等。限于篇幅，本章只介绍大数据分析挖掘应用频率较高的 NumPy、Pandas、SciPy 和 Matplotlib 库。

5.1 NumPy

NumPy 是 Python 的一个科学计算库，提供了矩阵运算的功能，一般与 SciPy、Matplotlib 一起使用。NumPy 是一个由多维数组对象和用于处理数组的例程集合组成的库。NumPy 的前身是 Numeric，由 Jim Hugunin 开发的。2005 年，Travis Oliphant 将 Numarray 的功能集成到 Numeric 包，创建了 NumPy 开源包。

使用 NumPy，开发人员可以执行以下操作：

- 数组的算数和逻辑运算。
- 傅里叶变换和用于图形操作的例程。
- 与线性代数有关的操作。

NumPy 通常与 SciPy 和 Matplotlib 搭配使用，广泛应用于替代 MatLab（一个流行的科学计算库扩展组合）。不过，Python 作为 MatLab 的替代方案，现在被视为一种更加现代和完整的编程语言。

1. NumPy环境安装配置

标准的 Python 发行版不与 NumPy 模块捆绑。安装 NumPy 最简单的方法就是使用 pip 工具：

```
pip install numpy
```

1）使用已有的发行版本

对于大多数用户，尤其是 Windows 用户，最简单的方法是下载以下 Python 发行版，它们包含了所有的关键包（包括 NumPy、SciPy、Matplotlib、Ipython、SymPy，以及 Python 核心自带的其他包）：

- Anaconda：免费Python发行版，用于进行大规模数据处理、预测分析和科学计算，致力于简化包的管理和部署；支持Linux、Windows和Mac系统。
- Enthought Canopy：提供了免费和商业发行版；支持Linux、Windows和Mac系统。
- Python(x,y)：免费的Python发行版，包含了完整的Python语言开发包及Spyder IDE；支持Windows，仅限Python 2版本。
- WinPython：另一个免费的Python发行版，包含科学计算包与Spyder IDE；支持Windows。
- Pyzo：基于Anaconda的免费发行版本及IEP的交互开发环境，超轻量级；支持Linux、Windows和Mac系统。

2）NumPy 安装

（1）Windows 系统

```
python -m pip install --user numpy scipy matplotlib ipython jupyter pandas sympy
nose
```

（2）Ubuntu & Debian 系统

```
sudo apt-get install python-numpy python-scipy python-matplotlib ipython
ipython-notebook python-pandas python-sympy python-nose
```

（3）CentOS/Fedora 系统

```
sudo dnf install numpy scipy python-matplotlib ipython python-pandas sympy
python-nose atlas-devel
```

（4）Mac OS 系统

Mac OS 系统的 Homebrew 不包含 NumPy 或其他一些科学计算包，所以可以使用下面的方式来安装：

```
python -m pip install numpy scipy matplotlib
```

3）安装验证

```
>>> from numpy import *
>>> eye(4)
array([[1., 0., 0., 0.],
```

```
        [0., 1., 0., 0.],
        [0., 0., 1., 0.],
        [0., 0., 0., 1.]])
```

其中，from numpy import *导入 NumPy 库，eye(4)生成对角矩阵。

2. NumPy的ndarray对象

NumPy 中定义的最重要的对象是称为 ndarray 的 N 维数组类型。它描述相同类型的元素集合。可以使用基于零的索引访问集合中的项目。ndarray 中的每个元素在内存中使用相同大小的块。ndarray 中的每个元素是数据类型对象的对象（称为 dtype）。从 ndarray 对象提取的任何元素（通过切片）都用一个数组标量类型的 Python 对象来表示。

ndarray 类的实例可以通过不同的数组创建例程来构造。基本的 ndarray 是使用 NumPy 中的数组函数创建的，语法如下：

```
numpy.array(object, dtype = None, copy = True, order = None, subok = False,
ndmin = 0)
```

构造器接受以下参数：

- object：任何暴露数组接口方法的对象都会返回一个数组或任何（嵌套）序列。
- dtype：数组所需的数据类型，可选。
- copy：默认为true，对象是否被复制，可选。
- order：C（按行）、F（按列）或A（任意，默认）。
- subok：默认情况下，返回的数组被强制为基类数组。如果为true，则返回子类。
- ndimin：指定返回数组的最小维数。

【例 5.1】NumPy 举例。

```
import numpy as np
a = np.array([1,2,3])
print (a)
```

输出如下：

```
[1, 2, 3]
```

3. NumPy的数组创建例程

新的 ndarray 对象可以通过任何数组创建例程或使用低级 ndarray 构造函数构造。构造函数语法：

```
numpy.empty(shape, dtype = float, order = 'C')
```

创建指定形状和 dtype 的未初始化数组，参数含义如下：

- shape：空数组的形状，整数或整数元组。
- dtype：所需的输出数组类型，可选。
- order：'C'为按行的C风格数组，'F'为按列的Fortran风格数组。

4. NumPy的切片和索引

ndarray 对象的内容可以通过索引或切片来访问和修改，就像 Python 的内置容器对象一样。如前所述，ndarray 对象中的元素遵循基于 0 的索引。有三种可用的索引方法类型：字段访问、基本切片和高级索引。下面主要介绍基本切片和高级索引。

1）基本切片

基本切片是 Python 中的基本切片概念到 n 维的扩展，通过将 start、stop 和 step 参数提供给内置的 slice 函数来构造一个 Python slice 对象。此 slice 对象被传递给数组，以提取数组的一部分。

【例 5.2】切片举例。

```
import numpy as np
a = np.arange(10)
s = slice(2,7,2)
print (a[s])
```

输出如下：

```
[2  4  6]
```

2）高级索引

如果一个 ndarray 是非元组序列，数据类型为整数或布尔值，或者至少有一个元素为序列对象的元组，就能够用它来索引 ndarray。高级索引始终返回数据的副本，基本切片只是提供了一个视图。高级索引有以下两种类型：

（1）整数索引

这种机制有助于基于 n 维索引来获取数组中的任意元素。每个整数数组表示该维度的下标值，当索引的元素个数就是目标 ndarray 的维度时会变得相当直接。

【例 5.3】整数索引。

```
import numpy as np
x = np.array([[1,  2],  [3,  4],  [5,  6]])
y = x[[0,1,2],  [0,1,0]]
print (y)
```

输出如下：

```
[1  4  5]
```

（2）布尔值索引

当结果对象是布尔运算（例如比较运算符）的结果时，将使用此类型的高级索引。

【例 5.4】大于 5 的元素会作为布尔值索引的结果返回。

```
import numpy as np
x = np.array([[ 0,  1,  2],[ 3,  4,  5],[ 6,  7,  8],[ 9,  10,  11]])
print ('我们的数组是：')
```

```
print (x)
print ( '\n' )
# 现在我们会打印出大于 5 的元素
print ( '大于 5 的元素是: ' )
print (x[x > 5])
```

输出如下:

```
我们的数组是:
[[ 0  1  2]
 [ 3  4  5]
 [ 6  7  8]
 [ 9 10 11]]
大于 5 的元素是:
[ 6  7  8  9 10 11]
```

5. NumPy的矩阵库

NumPy 包包含一个 Matrix 库 numpy.matlib。此模块的函数返回矩阵，而不是返回 ndarray 对象。

- matlib.empty()函数：返回一个新的矩阵，而不初始化元素。
- numpy.matlib.zeros()函数：返回以零填充的矩阵。
- numpy.matlib.ones()函数：返回以1填充的矩阵。
- numpy.matlib.eye()函数：返回一个矩阵，对角线元素为1，其他位置为零。
- numpy.matlib.identity()函数：返回给定大小的单位矩阵，即矩阵主对角线元素都为1的方阵。
- numpy.matlib.rand()函数：返回给定大小的、填充随机值的矩阵。

【例 5.5】填充随机值。

```
import numpy.matlib
import numpy as np
print (np.matlib.rand(3,3))
```

输出如下:

```
[[ 0.82674464  0.57206837  0.15497519]
 [ 0.33857374  0.35742401  0.90895076]
 [ 0.03968467  0.13962089  0.39665201]]
```

注意：矩阵总是二维的，而 ndarray 是一个 *n* 维数组。两个对象都是可互换的。

6. NumPy的线性代数

NumPy 包包含 numpy.linalg 模块，提供线性代数所需的所有功能。此模块中的一些重要功能如下所述。

- dot：两个数组的点积。

- vdot：两个向量的点积。
- inner：两个数组的内积。
- matmul：两个数组的矩阵积。
- determinant：数组的行列式。
- solve：求解线性矩阵方程。
- inv：寻找矩阵的乘法逆矩阵。

7. NumPy的IO文件操作

ndarray 对象可以保存到磁盘文件并从磁盘文件加载。可用的 IO 功能有：

- load()和save()函数：处理NumPy二进制文件（带npy扩展名）。
- loadtxt()和savetxt()函数：处理正常的文本文件。

NumPy 为 ndarray 对象引入了一个简单的文件格式。这个 npy 文件保存在磁盘文件中，存储重建 ndarray 所需的数据、图形、dtype 和其他信息，以便正确获取数组，即使该文件在具有不同架构的另一台机器上。

【例 5.6】.npy 文件格式。

```
import numpy as np
a = np.array([1,2,3,4,5])
np.save('outfile',a)
b = np.load('outfile.npy')
print (b)
```

输出如下：

```
array([1, 2, 3, 4, 5])
```

注意：为了从 outfile.npy 重建数组，请使用 load()函数。

Python 没有提供数组功能，NumPy 可以提供数组支持以及相应的高效处理函数，是 Python 数据分析的基础，也是 SciPy、Pandas 等数据处理和科学计算库最基本的函数功能库，且其数据类型对 Python 数据分析十分有用。本节只介绍了常用的 NumPy 知识点，详细的 NumPy 的语法及操作请参照 https://www.numpy.org.cn/。

5.2　Pandas

Pandas 是 Python 的一个数据分析包，最初由 AQR Capital Management 于 2008 年 4 月开发，并于 2009 年底开源，目前由专注于 Python 数据包开发的 PyData 开发团队继续开发和维护，属于 PyData 项目的一部分。标准的 Python 发行版并没有将 Pandas 模块捆绑在一起发布。Pandas 在 Python 上的安装同样使用 pip 命令：

```
pip install pandas
```

Pandas 处理以下三个数据结构：

- 系列（Series）。
- 数据帧（DataFrame）。
- 面板（Panel）。

5.2.1 Pandas 系列

系列是具有均匀数据的一维数组结构，与 Python 中的数据 list 一样，每个数据都有自己的索引。

使用以下构造函数创建系列：

```
pandas.Series( data, index, dtype, copy)
```

- data：数据采取的形式，如ndarray、list、constants。
- index：索引值必须是唯一和散列的，与数据的长度相同。如果没有索引被传递，默认为np.arange(n)。
- dtype：数据类型。如果没有给出该参数，将推断数据类型。
- copy：复制数据，默认为false。

可以使用数组、字典、标量值或常数等输入创建一个系列。

1. 创建一个空的系列

【例 5.7】创建空系列。

```
import pandas as pd
s = pd.Series()
print (s)
```

结果输出：

```
Series([], dtype: float64)
```

2. 从ndarray创建一个系列

如果数据是 ndarray，则传递的索引必须具有相同的长度。如果没有传递索引值，那么默认的索引将是范围(n)，其中 n 是数组长度，即[0,1,2,3,..., range(len(array))–1] –1]。

【例 5.8】从 ndarray 创建系列。

```
import pandas as pd
import numpy as np
data = np.array(['a','b','c','d'])
s = pd.Series(data)
print (s)
```

结果输出：

```
0    a
```

```
1    b
2    c
3    d
dtype: object
```

这里没有传递任何索引，因此默认分配从 0 到 len(data)-1 的索引，即 0 到 3。

3. 从字典创建一个系列

字典（dict）可以作为输入传递，如果没有指定索引，则按排序顺序取得字典键以构造索引。如果传递了索引，索引中与标签对应的数据中的值将被拉出。

【例 5.9】从字典创建系列。

```
import pandas as pd
import numpy as np
data = {'a' : 0., 'b' : 1., 'c' : 2.}
s = pd.Series(data)
print (s)
```

结果输出：

```
a    0.0
b    1.0
c    2.0
dtype: float64
```

4. 从标量创建一个系列

如果数据是标量值，则必须提供索引。

【例 5.10】将重复该值以匹配索引的长度。

```
import pandas as pd
import numpy as np
s = pd.Series(5, index=[0, 1, 2, 3])
print (s)
```

结果输出：

```
0    5
1    5
2    5
3    5
dtype: int64
```

5. 从具有位置的系列中访问数据

可以使用类似于访问 ndarray 中的指令访问系列中的数据。

【例 5.11】检索系列中的前三个元素。如果 a 被插入到其前面，则提取从该索引向前的所有项目。如果使用两个参数，则提取两个索引之间的项目（不包括停止索引）。

```
import pandas as pd
s = pd.Series([1,2,3,4,5],index = ['a','b','c','d','e'])
#retrieve the first three element
print (s[:3])
```

结果输出：

```
a    1
b    2
c    3
dtype: int64
```

6. 使用标签检索数据（索引）

一个系列就像一个固定大小的字典，可以通过索引标签获取和设置值。

【例 5.12】使用索引标签值列表检索多个元素。

```
import pandas as pd
s = pd.Series([1,2,3,4,5],index = ['a','b','c','d','e'])
#retrieve multiple elements
print (s[['a','c','d']])
```

结果输出：

```
a    1
c    3
d    4
dtype: int64
```

5.2.2　Pandas 数据帧

数据帧（DataFrame）是二维数据结构，即数据以行和列的表格方式排列，功能特点如下：

- 潜在的列是不同的类型。
- 大小可变。
- 标记轴（行和列）。
- 可以对行和列执行算术运算。

pandas 中的 DataFrame 可以使用以下构造函数创建：

```
pandas.DataFrame( data, index, columns, dtype, copy)
```

- data：数据采取的形式，如 ndarray、series、map、lists、dict、constant 和另一个 DataFrame。
- index：对于行标签，如果没有传递索引值，要用于结果帧的索引是可选默认值 np.arrange(n)。
- columns：对于列标签，可选的默认语法是-np.arange(n)（只在没有索引传递的情况下采用）。
- dtype：每列的数据类型。

- copy：如果默认值为False，则此命令用于复制数据。

1. 创建一个空的DataFrame

【例 5.13】创建基本数据帧是空数据帧。

```
import pandas as pd
df = pd.DataFrame()
print (df)
```

结果输出：

```
Empty DataFrame
Columns: []
Index: []
```

2. 从列表创建DataFrame

可以使用单个列表或嵌套列表创建数据帧（DataFrame）。

【例 5.14】从列表创建数据帧。

```
import pandas as pd
data = [['Alex',10],['Bob',12],['Clarke',13]]
df = pd.DataFrame(data,columns=['Name','Age'])
print (df)
```

结果输出：

```
     Name  Age
0    Alex   10
1     Bob   12
2  Clarke   13
```

3. 从ndarrays/lists的字典来创建DataFrame

所有的 ndarrays 必须具有相同的长度。如果传递了索引（index），则索引的长度应等于数组的长度。如果没有传递索引，则默认情况下索引为 range(n)，其中 n 为数组长度。

【例 5.15】使用数组创建一个索引的数据帧。

```
import pandas as pd
data = {'Name':['Tom', 'Jack', 'Steve', 'Ricky'],'Age':[28,34,29,42]}
df = pd.DataFrame(data, index=['rank1','rank2','rank3','rank4'])
print (df)
结果输出：
        Name  Age
rank1    Tom   28
rank2   Jack   34
rank3  Steve   29
rank4  Ricky   42
```

4. 从列表创建DataFrame

字典列表可作为输入数据来创建数据帧，字典键默认为列名。

【例 5.16】通过传递字典列表和行索引来创建 DataFrame。

```python
import pandas as pd
data = [{'a': 1, 'b': 2},{'a': 5, 'b': 10, 'c': 20}]
df = pd.DataFrame(data, index=['first', 'second'])
print (df)
```

结果输出：

```
        a   b    c
first   1   2   NaN
second  5  10   20.0
```

5. 从系列的字典来创建DataFrame

可以传递字典的系列以形成一个 DataFrame，所得到的索引是通过的所有系列索引的并集。

【例 5.17】从字典系列来创建 DataFrame。

```python
import pandas as pd
d = {'one' : pd.Series([1, 2, 3], index=['a', 'b', 'c']),
     'two' : pd.Series([1, 2, 3, 4], index=['a', 'b', 'c', 'd'])}
df = pd.DataFrame(d)
print (df)
```

结果输出：

```
   one  two
a  1.0   1
b  2.0   2
c  3.0   3
d  NaN   4
```

6. 选择列

【例 5.18】从数据帧中选择一列。

```python
import pandas as pd
d = {'one' : pd.Series([1, 2, 3], index=['a', 'b', 'c']),
     'two' : pd.Series([1, 2, 3, 4], index=['a', 'b', 'c', 'd'])}
df = pd.DataFrame(d)
print (df ['one'])
```

结果输出：

```
a    1.0
b    2.0
c    3.0
```

```
d    NaN
Name: one, dtype: float64
```

7. 添加列

【例 5.19】向现有数据框中添加一个新列。

```
import pandas as pd
d = {'one' : pd.Series([1, 2, 3], index=['a', 'b', 'c']),
     'two' : pd.Series([1, 2, 3, 4], index=['a', 'b', 'c', 'd'])}
df = pd.DataFrame(d)
# Adding a new column to an existing DataFrame object with column label by passing
new series
print ("Adding a new column by passing as Series:")
df['three']=pd.Series([10,20,30],index=['a','b','c'])
print (df)
print ("Adding a new column using the existing columns in DataFrame:")
df['four']=df['one']+df['three']
print (df)
```

结果输出：

```
Adding a new column by passing as Series:
   one  two  three
a  1.0    1   10.0
b  2.0    2   20.0
c  3.0    3   30.0
d  NaN    4   NaN
Adding a new column using the existing columns in DataFrame:
   one  two  three  four
a  1.0    1   10.0  11.0
b  2.0    2   20.0  22.0
c  3.0    3   30.0  33.0
d  NaN    4   NaN   NaN
```

8. 删除列

列可以删除或弹出。

【例 5.20】删除列。

```
# Using the previous DataFrame, we will delete a column
# using del function
import pandas as pd
d = {'one' : pd.Series([1, 2, 3], index=['a', 'b', 'c']),
     'two' : pd.Series([1, 2, 3, 4], index=['a', 'b', 'c', 'd']),
     'three' : pd.Series([10,20,30], index=['a','b','c'])}
df = pd.DataFrame(d)
print ("Our dataframe is:")
```

```
print (df)
# using del function
print ("Deleting the first column using DEL function:")
del df['one']
print (df)
# using pop function
print ("Deleting another column using POP function:")
df.pop('two')
print (df)
```

结果输出：

```
Our dataframe is:
   one  two  three
a  1.0    1   10.0
b  2.0    2   20.0
c  3.0    3   30.0
d  NaN    4   NaN
Deleting the first column using DEL function:
   two  three
a    1   10.0
b    2   20.0
c    3   30.0
d    4   NaN
Deleting another column using POP function:
   three
a   10.0
b   20.0
c   30.0
d   NaN
```

9. 选择行

1）标签选择

【例 5.21】通过将行标签传递给 loc() 函数来选择行。

```
import pandas as pd
d = {'one' : pd.Series([1, 2, 3], index=['a', 'b', 'c']),
     'two' : pd.Series([1, 2, 3, 4], index=['a', 'b', 'c', 'd'])}
df = pd.DataFrame(d)
print(df.loc['b'])
```

结果输出：

```
one    2.0
two    2.0
Name: b, dtype: float64
```

2）按整数位置选择

【例 5.22】通过将整数位置传递给 iloc()函数来选择行。

```
import pandas as pd
d = {'one' : pd.Series([1, 2, 3], index=['a', 'b', 'c']),
     'two' : pd.Series([1, 2, 3, 4], index=['a', 'b', 'c', 'd'])}
df = pd.DataFrame(d)
print (df.iloc[2])
```

结果输出：

```
one    3.0
two    3.0
Name: c, dtype: float64
```

10. 行切片

1）选择行

【5.23】使用:运算符选择多行。

```
import pandas as pd
d = {'one' : pd.Series([1, 2, 3], index=['a', 'b', 'c']),
     'two' : pd.Series([1, 2, 3, 4], index=['a', 'b', 'c', 'd'])}
df = pd.DataFrame(d)
print (df[2:4])
```

结果输出：

```
one  two
c 3.0    3
d NaN    4
```

2）附加行

【例 5.24】使用 append()函数将新行添加到 DataFrame。

```
import pandas as pd
df = pd.DataFrame([[1, 2], [3, 4]], columns = ['a','b'])
df2 = pd.DataFrame([[5, 6], [7, 8]], columns = ['a','b'])
df = df.append(df2)
print (df)
```

结果输出：

```
  a  b
0 1  2
1 3  4
0 5  6
1 7  8
```

3）删除行

【例 5.25】使用索引标签从 DataFrame 中删除行。如果标签重复，则会删除多行。

```
import pandas as pd
df = pd.DataFrame([[1, 2], [3, 4]], columns = ['a','b'])
df2 = pd.DataFrame([[5, 6], [7, 8]], columns = ['a','b'])
df = df.append(df2)
# Drop rows with label 0
df = df.drop(0)
print (df)
```

结果输出：

```
   a  b
1  3  4
1  7  8
```

在上面的例子中一共有两行被删除，因为这两行包含相同的标签 0。

5.2.3 Pandas 面板

面板（Panel）是 3D 容器的数据。面板数据一词来源于计量经济学，部分源于名称 Pandas - pan(el)-da(ta)-s。

3 轴（axis）旨在给出描述涉及面板数据的操作的一些语义：

- items - axis 0：*每个项目对应于内部包含的数据帧。*
- major_axis - axis 1：*每个数据帧的索引（行）。*
- minor_axis - axis 2：*每个数据帧的列。*

1. pandas.Panel()构造函数语法

```
pandas.Panel(data, items, major_axis, minor_axis, dtype, copy)
```

构造函数的参数如下：

- data：*数据采取各种形式，如*ndarray、series、map、lists、dict、constant*和另一个数据帧。*
- items：axis=0。
- major_axis：axis=1。
- minor_axis：axis=2。
- dtype：*每列的数据类型。*
- copy：*复制数据，默认为*false。

2. 创建面板

新版的 pandas 库已经移除了数据结构 Panel，解决办法是使用 MultiIndex 的 DataFrame 结构替代或在 python2 中使用。

可以使用以下两种方式创建面板：

- 从ndarrays创建。
- 从DataFrames的dict创建。

【例 5.26】从 3D ndarray 创建。

```
# creating an empty panel
import pandas as pd
import numpy as np
data = np.random.rand(2,4,5)
p = pd.Panel(data)
print p
```

结果输出：

```
<class 'pandas.core.panel.Panel'>
Dimensions: 2 (items) x 4 (major_axis) x 5 (minor_axis)
Items axis: 0 to 1
Major_axis axis: 0 to 3
Minor_axis axis: 0 to 4
```

注意： 观察空面板和上面板的尺寸大小，所有对象都不同。

3. 从面板中选择数据

要从面板中选择数据，可以使用以下方式：

1）使用 Items

【例 5.27】使用 Items。

```
# creating an empty panel
import pandas as pd
import numpy as np
data = {'Item1' : pd.DataFrame(np.random.randn(4, 3)),
        'Item2' : pd.DataFrame(np.random.randn(4, 2))}
p = pd.Panel(data)
print p['Item1']
```

结果输出：

```
          0          1          2
0   0.488224  -0.128637   0.930817
1   0.417497   0.896681   0.576657
2  -2.775266   0.571668   0.290082
3  -0.400538 - 0.144234   1.110535
```

示例中有两个数据项，这里只检索 item1。结果是具有 4 行和 3 列的数据帧（DataFrame），Major_axis 表示行和 Minor_axis 表示列。

2）使用 major_axis

【例 5.28】可以使用 panel.major_axis（index）方法访问数据。

```python
# creating an empty panel
import pandas as pd
import numpy as np
data = {'Item1' : pd.DataFrame(np.random.randn(4, 3)),
        'Item2' : pd.DataFrame(np.random.randn(4, 2))}
p = pd.Panel(data)
print p.major_xs(1)
```

结果输出：

```
    Item1      Item2
0   0.417497   0.748412
1   0.896681  - 0.557322
2   0.576657   NaN
```

3）使用 minor_axis

【例 5.29】使用 panel.minor_axis（index）方法访问数据。

```python
# creating an empty panel
import pandas as pd
import numpy as np
data = {'Item1' : pd.DataFrame(np.random.randn(4, 3)),
        'Item2' : pd.DataFrame(np.random.randn(4, 2))}
p = pd.Panel(data)
print p.minor_xs(1)
```

结果输出：

```
    Item1      Item2
0  -0.128637  -1.047032
1   0.896681  -0.557322
2   0.571668   0.431953
3  -0.144234   1.302466
```

5.3 SciPy

SciPy 库提供了一个用于在 Python 中进行科学计算的工具集，如数值计算的算法和一些功能函数，可以方便地处理数据。SciPy 是一个高级的科学计算库，和 NumPy 密切配合。SciPy 一般都是通过操控 NumPy 数组来进行科学计算，所以可以说 SciPy 是基于 NumPy 之上的。本节只介绍几个常用子模块的用法。

1. SciPy特定功能的子模块

SciPy 是一款方便、易于使用、专为科学和工程设计的 Python 工具包，包括了统计、优化、整合以及线性代数模块、傅里叶变换、信号和图像图例、常微分方差的求解等。

SciPy 由一些特定功能的子模块组成：

- scipy.cluster：向量量化。
- scipy.constants：数学常量。
- scipy.fftpack：快速傅里叶变换。
- scipy.integrate：积分。
- scipy.interpolate：插值。
- scipy.io：数据输入输出。
- scipy.linalg：线性代数。
- scipy.ndimage：N维图像。
- scipy.odr：正交距离回归。
- scipy.optimize：优化算法。
- scipy.signal：信号处理。
- scipy.sparse：稀疏矩阵。
- scipy.spatial：空间数据结构和算法。
- scipy.special：特殊数学函数。
- scipy.stats：统计函数。

它们全依赖 NumPy，但是每个又基本独立。导入 NumPy 和这些 SciPy 模块的语法如下：

```
import numpy as np
from scipy import stats   # 其他子模块相同
```

2. 文件输入和输出：scipy.io

1）载入和保存 Matlab 文件

```
from scipy import io as spio
from numpy as np
x = np.ones((3,3))
spio.savemat('f.mat',{'a':a})
data = spio.loadmat('f.mat',struct_as_record=True)
data['a']
```

2）读取图片

```
from scipy import misc
misc.imread('picture')
```

3）载入 txt 文件

```
numpy.loadtxt()
numpy.savetxt()
```

4）智能导入文本/csv 文件

```
numpy.genfromtxt()
numpy.recfromcsv()
```

5）高速、有效率、NumPy 特有的二进制格式

```
numpy.save()
numpy.load()
```

3. 特殊函数：scipy.special

特殊函数是先验函数，常用的有：

- 贝塞尔函数：scipy.special.jn()（整数n阶贝塞尔函数）。
- 椭圆函数：scipy.special.ellipj()（雅可比椭圆函数）。
- 伽马函数：scipy.special.gamma()，给出对数坐标，因此有更高的数值精度。

4. 线性代数操作：scipy.linalg

- scipy.linalg.det()：计算方阵的行列式。
- scipy.linalg.inv()：计算方阵的逆。
- scipy.linalg.svd()：奇异值分解。

5. 快速傅里叶变换：scipy.fftpack

快速傅里叶变换（FFT）是快速计算序列的离散傅里叶变换（DFT）或其逆变换的方法。scipy.fftpack 使用以下两种方法：

- scipy.fftpack.fftfreq()：生成样本序列。
- scipy.fftpack.fft()：计算快速傅里叶变换。

6. 优化器：scipy.optimize

scipy.optimize 模块提供了函数最值、曲线拟合和求根的算法。

下面以寻找以下函数的最小值为例进行说明：

$$f(x) = x^2 + 10\sin(x) \tag{公式 5.1}$$

【例 5.30】利用目标函数图形求解（见图 5.1）。

```
from scipy import optimize
import numpy as np
import matplotlib.pyplot as plt
#定义目标函数
def f(x):
    return x**2+10*np.sin(x)
#绘制目标函数的图形
```

```
plt.figure(figsize=(10,5))
x = np.arange(-10,10,0.1)
plt.xlabel('x')
plt.ylabel('y')
plt.title('optimize')
plt.plot(x,f(x),'r-',label='$f(x)=x^2+10sin(x)$')
#图像中的最低点函数值
a = f(-1.3)
plt.annotate('min',xy=(-1.3,a),xytext=(3,40),arrowprops=dict(facecolor='bl
ack',shrink=0.05))
plt.legend()
plt.show()
```

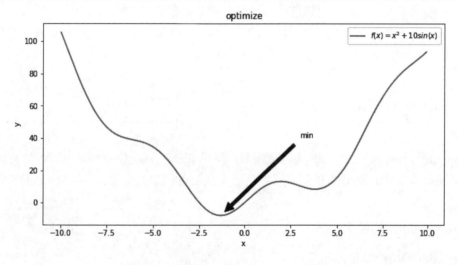

图 5.1　图形输出

　　显然这是一个非凸优化问题。对于这类函数的最小值问题，一般是从给定的初始值开始进行一个梯度下降，在 optimize 中一般使用 bfgs 算法：

```
optimize.fmin_bfgs(f,0)
```

结果输出：

```
Optimization terminated successfully.
        Current function value: -7.945823
        Iterations: 5
        Function evaluations: 18
        Gradient evaluations: 6
```

　　结果显示在经过五次迭代之后，找到了一个局部最低点−7.945823，显然这并不是函数的全局最小值，只是一个局部最小值。这是拟牛顿算法（BFGS）的局限性：如果一个函数有多个局部最小值，拟牛顿算法可能找到这些局部最小值，而不是全局最小值，这取决于初始点的选取。在不知道全局最低点并且使用一些临近点作为初始点，将需要花费大量的时间来获得全局最优。此时可以采用暴力搜寻算法，它会评估范围网格内的每一个点。

```
grid = (-10, 10, 0.1)
xmin_global = optimize.brute(f, (grid,))
print(xmin_global)
```

搜寻结果：

```
[-1.30641113]
```

当函数的定义域大到一定程度时，scipy.optimize.brute()将变得非常慢。scipy.optimize.anneal()提供了一个解决思路，使用模拟退火算法。

7. 统计工具：scipy.stats

Python 有一个很好的统计推断包，就是 SciPy 里面的 stats。SciPy 中的 stats 模块包含了多种概率分布的随机变量（分为连续的和离散的两种）。所有的连续随机变量都是 rv_continuous 的派生类对象，而所有的离散随机变量都是 rv_discrete 派生类的对象。各个随机过程的随机数生成器可以从 numpy.random 中找到。

5.4 Matplotlib

Matplotlib 是 Python 2D 绘图领域使用最广泛的套件。它能让使用者很轻松地将数据图形化，并且提供多样化的输出格式。本节将介绍 Matplotlib 的常见用法。在 Matplotlib 中使用最多的模块就是 Pyplot。

1. Matplotlib库的绘图步骤

Matplotlib 库的绘图步骤如下：

- 创建一个图纸（figure）。
- 在图纸上创建一个或多个绘图（plotting）区域（也叫子图，坐标系/轴，axes）。
- 在plotting区域上描绘点、线等各种marker。
- 为plotting添加修饰标签（绘图线上或坐标轴上的）。

1）Matplotlib 库绘图的关键元素
Matplotlib 库绘图有三个关键元素：变量、函数、图纸和子图。其中，变量和函数通过改变 figure 和 axes 中的元素（例如标题、标签、点和线等）一起描述 figure 和 axes，也就是在画布上绘图。

在绘图结构中，figure 创建窗口，subplot 创建子图，所有的绘画只能在子图上进行。plt 表示当前子图，若没有就创建一个。

2）Figure：面板
Matplotlib 中的所有图像都是位于 figure 对象中的，一个图像只能有一个 figure 对象。

3）Subplot：子图
在 figure 对象下创建一个或多个 subplot 对象（axes），用于绘制图像。

2. 配置参数

- axex：设置坐标轴边界和表面的颜色、坐标刻度值大小和网格的显示。
- figure：控制dpi、边界颜色、图形大小和子区（subplot）设置。
- font：字体集（font family）、字体大小和样式设置。
- grid：设置网格颜色和线性。
- legend：设置图例和其中的文本显示。
- line：设置线条（颜色、线型、宽度等）和标记。
- patch：填充2D空间的图形对象，如多边形和圆，控制线宽、颜色和抗锯齿设置等。
- savefig：对保存的图形进行单独设置，例如设置渲染的文件的背景为白色。
- verbose：设置Matplotlib在执行期间的信息输出，比如silent、helpful、debug和debug-annoying。
- xticks和yticks：为x和y轴的主刻度和次刻度设置颜色、大小、方向，以及标签大小。

3. plot时可以设置的属性

plot 时可以设置的属性如表 5.1 所示。

表 5.1　plot 时的属性说明

属性	值类型
alpha	浮点值
animated	[true / false]
antialiased or aa	[true / false]
clip_box	matplotlib.transform.Bbox 实例
clip_on	[true / false]
clip_path	Path 实例，Transform，以及 Patch 实例
color or c	任何 Matplotlib 颜色
contains	命中测试函数
dash_capstyle	['butt' / 'round' / 'projecting']
dash_joinstyle	['miter' / 'round' / 'bevel']
dashes	以点为单位的连接/断开墨水序列
data	(np.array xdata, np.array ydata)
figure	matplotlib.figure.Figure 实例
label	任何字符串
linestyle or ls	['-' / '--' / '-.' / ':' / 'steps' / ...]
linewidth or lw	以点为单位的浮点值
lod	[true / false]
marker	['+' / ',' / '.' / '1' / '2' / '3' / '4']
markeredgecolor or mec	任何 Matplotlib 颜色

（续表）

属性	值类型
markeredgewidth or mew	以点为单位的浮点值
markerfacecolor or mfc	任何 Matplotlib 颜色
markersize or ms	浮点值
markevery	[none/整数值/(startind,stride)]
picker	用于交互式线条选择
pickradius	线条的拾取选择半径
solid_capstyle	['butt' / 'round' / 'projecting']
solid_joinstyle	['miter' / 'round' / 'bevel']
transform	matplotlib.transforms.Transform 实例
visible	[true / false]
xdata	np.array
ydata	np.array
zorder	任何数值

4. 典型示例

【例 5.31】极坐标。

```python
# -*- coding: utf-8 -*-
import numpy as np
#import pandas as pd
import matplotlib.pyplot as plt
#from matplotlib.ticker import MultipleLocator
fig = plt.figure(2)                              #新开一个窗口
ax1 = fig.add_subplot(1,2,1,polar=True)          #启动一个极坐标子图
theta=np.arange(0,2*np.pi,0.02)                  #角度数列值
ax1.plot(theta,2*np.ones_like(theta),lw=2)       #画图，参数：角度，半径，lw 线宽
#画图，参数：角度，半径，linestyle 样式，lw 线宽
ax1.plot(theta,theta/6,linestyle='--',lw=2)
ax2 = fig.add_subplot(1,2,2,polar=True)          #启动一个极坐标子图
ax2.plot(theta,np.cos(5*theta),linestyle='--',lw=2)
ax2.plot(theta,2*np.cos(4*theta),lw=2)
ax2.set_rgrids(np.arange(0.2,2,0.2),angle=45)    #距离网格轴，轴线刻度和显示位置
ax2.set_thetagrids([0,45,90])                    #角度网格轴，范围为 0~360 度
plt.show()
```

上面代码运行结果如图 5.2 所示。

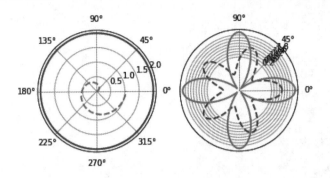

图 5.2　Matplotlib 极坐标图

5.5　本章小结

　　本章主要介绍了 Python 数据分析常用的第三方扩展库：NumPy、Pandas、SciPy 和 Matplotlib。在实际数据分析运用中，可能还会涉及系统（OS）、文件、正则、数学、数据压缩、性能度量等库的应用，要根据应用场景和任务酌情采用不同的库。

第6章

大数据：数据库类型

数据库（Database）是按照数据结构来组织、存储和管理数据的仓库。数据库技术是管理信息系统、办公自动化系统、决策支持系统等各类信息系统的核心部分，是进行科学研究和决策管理的重要技术手段。随着信息技术和市场的发展，特别是 Web 2.0 时代以后，数据管理不再仅仅是存储和管理数据，而转变成用户所需要的各种数据的管理。传统的关系型数据库在一些传统领域依然保持了强大的生命力。随着云计算的发展和大数据时代的到来，关系型数据库越来越无法满足需要，这主要是由于越来越多的半关系型和非关系型数据需要用数据库进行存储管理。与此同时，分布式技术等新技术的出现也对数据库的技术提出了新的要求，于是越来越多的非关系型数据库就开始出现了，这类数据库与传统的关系型数据库在设计和数据结构上有很大的不同，它们更强调数据库数据的高并发读写和存储大数据，这类数据库一般被称为NoSQL（Not Only SQL）数据库。

6.1 关系型数据库

关系型数据库是指采用关系模型来组织数据的数据库，其以行和列的形式存储数据。关系型数据库这一系列的行和列被称为表，一组表组成了数据库。用户通过查询来检索数据库中的数据，而查询是一个用于限定数据库中某些区域的执行代码。关系模型可以简单理解为二维表格模型，而一个关系型数据库就是由二维表及其之间的关系组成的一个数据组织。

1. 数据库管理系统

数据库管理系统是为管理数据库而设计的软件系统，一般具有存储、截取、安全保障、备份等基础功能。数据库管理系统可以依据它所支持的数据库模型来分类，例如关系式、XML；

或依据所支持的计算机类型来分类，例如服务器群集、移动；或依据所用查询语言来分类，例如 SQL、XQuery 等；或依据性能冲量重点来分类，例如最大规模、最高运行速度；亦或其他的分类方式。不论使用哪种分类方式，一些 DBMS 都能够跨类别，例如同时支持多种查询语言。

数据库管理系统是数据库系统的核心组成部分，主要完成对数据库的操纵与管理功能，实现数据库对象的创建、数据库存储数据的查询、添加、修改与删除操作和数据库的用户管理、权限管理等。

2. 常用关系型数据库

主流的关系型数据库有 Oracle、DB2、MySQL、Microsoft SQL Server、Microsoft Access 等多个品种，每种数据库的语法、功能和特性也各具特色。下面是三款具有代表性的产品。

Oracle 数据库由甲骨文公司开发，并于 1989 年正式进入中国市场的。Oracle 产品除了数据库系统外，还有应用系统、开发工具等。在数据库可操作平台上，Oracle 可在所有主流平台上运行，因而可通过运行于较高稳定性的操作系统平台提高整个数据库系统的稳定性。

MySQL 数据库是一种开放源代码的关系型数据库管理系统（RDBMS），可以使用最常用的结构化查询语言进行数据库操作。

Microsoft SQL Server 数据库最初是由 Microsoft、Sybase 和 Ashton-Tate 三家公司共同开发的，于 1988 年推出了第一个操作系统版本。在 Windows NT 推出后，Microsoft 将 SQL Server 移植到 Windows NT 系统上，因而 SQL Server 数据库伴随着 Windows 操作系统发展壮大，其用户界面的友好和部署的简洁都与其运行平台息息相关，通过 Microsoft 的不断推广，SQL Server 数据库的占有率随着 Windows 操作系统的推广而不断攀升。

DB2 是 IBM 著名的关系型数据库产品，DB2 系统在企业级的应用中十分广泛，用户遍布各个行业。

美国 Sybase 公司研制的 Sybase SQL Server 是一种关系型数据库系统，它也是一种典型的、运行在 UNIX 或 Windows NT 平台上的、支持客户机/服务器环境的大型数据库系统。

6.2　关系型数据库与非关系型数据库的关系

非关系型数据库是指非关系型的、分布式且一般不保证遵循 ACID 原则的数据存储系统。非关系型数据库以键值对存储，且结构不固定，每一个元组可以有不一样的字段，每个元组可以根据需要增加一些自己的键值对，不局限于固定的结构，可以减少一些时间和空间的开销。

关系型数据库是建立在关系模型基础上的数据库，借助于集合代数等数学概念和方法来处理数据库中的数据，支持复杂的事物处理和结构化查询，代表实现有 MySQL、Oracle、PostGreSQL、MariaDB、SQL Server 等。

非关系型数据库是新兴的数据库技术，它放弃了传统关系型数据库的部分强一致性限制，带来性能上的提升，使其更适用于需要大规模并行处理的场景。非关系型数据库是关系型数据库的良好补充，代表产品有 MongoDB、Memcached、CouchDB、Cassandra 等。

6.3 SQLite

SQLite 是一个进程内的库，实现了自给自足、无服务器、零配置、事务性的 SQL 数据库引擎。SQLite 是一款轻型的数据库，是遵守 ACID 的关系型数据库管理系统，是一个零配置的数据库，这意味着与其他数据库一样，你不需要在系统中配置。就像其他数据库，SQLite 引擎不是一个独立的进程，可以按应用程序需求进行静态或动态连接。SQLite 直接访问其存储文件。SQLite 是在世界上最广泛部署的 SQL 数据库引擎。SQLite 源代码不受版权限制。

6.3.1 SQLite 安装与配置

1. SQLite DBMS线上编译/执行SQL程序

如果想要通过 SQLite DBMS 编译/执行 SQL 程序，但是没有相关设置，那么可以访问 compileonline.com。只需进行简单的点击动作，即可在高端的服务器上体验真实的编程经验。这是完全免费的在线工具。

2. SQLite安装

1）在 Windows 上安装 SQLite

以 32 位系统为例，需要下载 sqlite-tools-win32-*.zip 和 sqlite-dll-win32-*.zip 压缩文件。

创建文件夹 C:\sqlite，并在此文件夹下解压上面的两个压缩文件，将得到 sqlite3.def、sqlite3.dll 和 sqlite3.exe 文件。

添加 C:\sqlite 到 PATH 环境变量，最后在命令提示符下使用 sqlite3 命令，将显示如下结果。

```
C:\>sqlite3
SQLite version 3.32.3 2020-06-18 14:00:33
Enter ".help" for usage hints.
Connected to a transient in-memory database.
Use ".open FILENAME" to reopen on a persistent database.
sqlite>
```

2）在 Linux 上安装 SQLite

目前，几乎所有版本的 Linux 操作系统都附带 SQLite。所以，只要使用下面的命令来检查你的机器上是否已经安装了 SQLite。

```
$ sqlite3
```

如果没有安装，则从源代码区下载 sqlite-autoconf-*.tar.gz。按照下面的步骤安装 SQLite：

```
$ tar xvzf sqlite-autoconf-3320300.tar.gz
$ cd sqlite-autoconf-3320300
$ ./configure --prefix=/usr/local
```

```
$ make
$ make install
```

3）在 Mac OS X 上安装 SQLite

最新版本的 Mac OS X 会预安装 SQLite，如果没有可用的安装，可访问 https://www.sqlite.org/download.html，从源代码区下载 sqlite-autoconf-*.tar.gz。

```
$ tar xvzf sqlite-autoconf-3320300.tar.gz
$ cd sqlite-autoconf-3320300
$ ./configure --prefix=/usr/local
$ make
$ make install
```

6.3.2　SQLite 命令

获取可用的点命令的清单，可以在任何时候输入".help"：

```
sqlite>.help
```

SQLite 命令列表如表 6.1 所示。

表 6.1　命令列表

命令	描述
.backup ?DB? FILE	备份 DB 数据库（默认是"main"）到 FILE 文件
.bail ON|OFF	发生错误后停止，默认为 OFF
.databases	列出数据库的名称及其所依附的文件
.dump ?TABLE?	以 SQL 文本格式转储数据库。如果指定了 TABLE 表，则只转储匹配 LIKE 模式的 TABLE 表
.echo ON|OFF	开启或关闭 echo 命令
.exit	退出 SQLite 提示符
.explain ON|OFF	开启或关闭适合于 EXPLAIN 的输出模式。如果没有带参数，则为 EXPLAIN on，即开启 EXPLAIN
.header(s) ON|OFF	开启或关闭头部显示
.help	显示消息
.import FILE TABLE	导入来自 FILE 文件的数据到 TABLE 表中
.indices ?TABLE?	显示所有索引的名称。如果指定了 TABLE 表，则只显示匹配 LIKE 模式的 TABLE 表的索引
.load FILE ?ENTRY?	加载一个扩展库
.log FILE|off	开启或关闭日志。FILE 文件可以是 stderr（标准错误）/stdout（标准输出）

（续表）

命令	描述
.mode MODE	设置输出模式，MODE 可以是下列之一： csv：号分隔的值； column：左对齐的列； html：HTML 的\<table\>代码； insert：TABLE 表的 SQL 插入（insert）语句； line：每行一个值； list：由.separator 字符串分隔的值； tabs：由 Tab 分隔的值； tclTCL：列表元素
.nullvalue STRING	在 NULL 值的地方输出 STRING 字符串
.output FILENAME	发送输出到 FILENAME 文件
.output stdout	发送输出到屏幕
.print STRING...	逐字输出 STRING 字符串
.prompt MAIN CONTINUE	替换标准提示符
.quit	退出 SQLite 提示符
.read FILENAME	执行 FILENAME 文件中的 SQL
.schema ?TABLE?	显示 CREATE 语句，如果指定了 TABLE 表，则只显示匹配 LIKE 模式的 TABLE 表
.separator STRING	改变输出模式和.import 所使用的分隔符
.show	显示各种设置的当前值
.stats ON|OFF	开启或关闭统计
.tables ?PATTERN?	列出匹配 LIKE 模式的表的名称
.timeout MS	尝试打开锁定的表延迟 MS（毫秒）
.width NUM NUM	为"column"模式设置列宽度
.timer ON|OFF	开启或关闭 CPU 定时器

【例 6.1】使用.show 命令来查看 SQLite 命令提示符的默认设置。

```
sqlite> .show
        echo: off
         eqp: off
     explain: auto
     headers: off
        mode: list
   nullvalue: ""
      output: stdout
```

```
colseparator: "|"
rowseparator: "\n"
       stats: off
       width:
    filename: :memory:
sqlite>
```

确保 sqlite>提示符与点命令之间没有空格，否则将无法正常工作。

【例 6.2】利用点命令来格式化输出。

```
sqlite>.header on
sqlite>.mode column
sqlite>.timer on
```

上面的设置将产生如下格式的输出：

```
ID      NAME        AGE      ADDRESS       SALARY
-----   ----------  -------  ----------    ----------
1       Paul        32       California    20000.0
2       Allen       25       Texas         15000.0
3       Teddy       23       Norway        20000.0
4       Mark        25       Rich-Mond     65000.0
5       David       27       Texas         85000.0
6       Kim         22       South-Hall    45000.0
7       James       24       Houston       10000.0
CPU Time: user 0.000000 sys 0.000000
```

【例 6.3】sqlite_master 表格。

主表中保存数据库表的关键信息，并把它命名为 sqlite_master。如果要查看表概要，可按如下操作：

```
sqlite>.schema sqlite_master
CREATE TABLE sqlite_master (
  type text,
  name text,
  tbl_name text,
  rootpage integer,
  sql text
);
```

6.3.3　SQLite 语法

SQLite 遵循一套独特的语法规则和准则。下面列出基本的 SQLite 语法规则。

1. 大小写敏感性

SQLite 是不区分大小写的,但也有一些命令是大小写敏感的,比如 GLOB 和 glob 在 SQLite

语句中有不同的含义。

2. 注释

SQLite 注释是附加的注释，以增加可读性，可以出现在任何空白处，包括在表达式内和其他 SQL 语句的中间，但不能嵌套。

SQL 注释以两个连续的"-"字符（ASCII 0x2d）开始，并扩展至下一个换行符（ASCII 0x0a）或直到输入结束，以先到者为准。

也可以使用 C 风格的注释，以"/*"开始，并扩展至下一个"*/"字符对或直到输入结束，以先到者为准。SQLite 的注释可以跨越多行。

```
sqlite>.help  --获取命令清单help指令的注释
```

3. SQLite语句

所有的 SQLite 语句以任何关键字开始，如 SELECT、INSERT、UPDATE、DELETE、ALTER、DROP 等，所有的语句以分号（;）结束。

1）SQLite ANALYZE 语句

ANALYZE 命令收集有关表和索引的统计信息，并将收集的信息存储在数据库的内部表中。查询优化器可以访问信息并使用它来帮助做出更好的查询计划。

```
ANALYZE;
or
ANALYZE database_name;
or
ANALYZE database_name.table_name;
```

2）SQLite AND/OR 子句

```
SELECT column1, column2,...,columnN
FROM   table_name
WHERE  CONDITION-1 {AND|OR} CONDITION-2;
```

3）SQLite ALTER TABLE 语句（ADD）

```
ALTER TABLE table_name ADD COLUMN column_def...;
```

4）SQLite ALTER TABLE 语句（RENAME）

```
ALTER TABLE table_name RENAME TO new_table_name;
```

5）SQLite ATTACH DATABASE 语句

```
ATTACH DATABASE 'DatabaseName' As 'Alias-Name';
```

6）SQLite BEGIN TRANSACTION 语句

```
BEGIN;
or
BEGIN EXCLUSIVE TRANSACTION;
```

7）SQLite BETWEEN 子句

```
SELECT column1, column2,...,columnN
FROM   table_name
WHERE  column_name BETWEEN val-1 AND val-2;
```

8）SQLite COMMIT 语句

```
COMMIT;
```

9）SQLite CREATE INDEX 语句

```
CREATE INDEX index_name
ON table_name ( column_name COLLATE NOCASE );
```

10）SQLite CREATE UNIQUE INDEX 语句

```
CREATE UNIQUE INDEX index_name
ON table_name ( column1, column2,...columnN);
```

11）SQLite CREATE TABLE 语句

```
CREATE TABLE table_name(
   column1 datatype,
   column2 datatype,
   column3 datatype,
   ...
   columnN datatype,
   PRIMARY KEY( one or more columns )
);
```

12）SQLite CREATE TRIGGER 语句

```
CREATE TRIGGER database_name.trigger_name
BEFORE INSERT ON table_name FOR EACH ROW
BEGIN
   stmt1;
   stmt2;
   ...
END;
```

13）SQLite CREATE VIEW 语句

```
CREATE VIEW database_name.view_name  AS
SELECT statement...;
```

14）SQLite CREATE VIRTUAL TABLE 语句

```
CREATE VIRTUAL TABLE database_name.table_name USING weblog( access.log );
or
CREATE VIRTUAL TABLE database_name.table_name USING fts3( );
```

15）SQLite COMMIT TRANSACTION 语句

```
COMMIT;
```

16）SQLite COUNT 子句

```
SELECT COUNT(column_name)
FROM   table_name
WHERE  CONDITION;
```

17）SQLite DELETE 语句

```
DELETE FROM table_name
WHERE  {CONDITION};
```

18）SQLite DETACH DATABASE 语句

```
DETACH DATABASE 'Alias-Name';
```

19）SQLite DISTINCT 子句

```
SELECT DISTINCT column1, column2,...,columnN
FROM   table_name;
```

20）SQLite DROP INDEX 语句

```
DROP INDEX database_name.index_name;
```

21）SQLite DROP TABLE 语句

```
DROP TABLE database_name.table_name;
```

22）SQLite DROP VIEW 语句

```
DROP VIEW view_name;
```

23）SQLite DROP TRIGGER 语句

```
DROP TRIGGER trigger_name
```

24）SQLite EXISTS 子句

```
SELECT column1, column2,...,columnN
FROM   table_name
WHERE  column_name EXISTS (SELECT * FROM  table_name );
```

25）SQLite EXPLAIN 语句

```
EXPLAIN INSERT statement...;
or
EXPLAIN QUERY PLAN SELECT statement...;
```

26）SQLite GLOB 子句

```
SELECT column1, column2,...,columnN
FROM   table_name
```

```
WHERE  column_name GLOB { PATTERN };
```

27）SQLite GROUP BY 子句

```
SELECT  SUM(column_name)
FROM   table_name
WHERE  CONDITION
GROUP BY column_name;
```

28）SQLite HAVING 子句

```
SELECT  SUM(column_name)
FROM   table_name
WHERE  CONDITION
GROUP BY column_name
HAVING (arithematic function condition);
```

29）SQLite INSERT INTO 语句

```
INSERT INTO table_name( column1, column2,...,columnN)
VALUES ( value1, value2,...,valueN);
```

30）SQLite IN 子句

```
SELECT column1, column2,...,columnN
FROM   table_name
WHERE  column_name IN (val-1, val-2,...,val-N);
```

31）SQLite Like 子句

```
SELECT column1, column2,...,columnN
FROM   table_name
WHERE  column_name LIKE { PATTERN };
```

32）SQLite NOT IN 子句

```
SELECT column1, column2,...,columnN
FROM   table_name
WHERE  column_name NOT IN (val-1, val-2,...,val-N);
```

33）SQLite ORDER BY 子句

```
SELECT column1, column2,...,columnN
FROM   table_name
WHERE  CONDITION
ORDER BY column_name {ASC|DESC};
```

34）SQLite PRAGMA 语句

```
PRAGMA pragma_name;
For example:
PRAGMA page_size;
PRAGMA cache_size = 1024;
```

```
PRAGMA table_info(table_name);
```

35）SQLite RELEASE SAVEPOINT 语句

```
RELEASE savepoint_name;
```

36）SQLite REINDEX 语句

```
REINDEX collation_name;
REINDEX database_name.index_name;
REINDEX database_name.table_name;
```

37）SQLite ROLLBACK 语句

```
ROLLBACK;
or
ROLLBACK TO SAVEPOINT savepoint_name;
```

38）SQLite SAVEPOINT 语句

```
SAVEPOINT savepoint_name;
```

39）SQLite SELECT 语句

```
SELECT column1, column2,...,columnN
FROM   table_name;
```

40）SQLite UPDATE 语句

```
UPDATE table_name
SET column1 = value1, column2 = value2,...,columnN=valueN
[ WHERE  CONDITION ];
```

41）SQLite VACUUM 语句

```
VACUUM;
```

42）SQLite WHERE 子句

```
SELECT column1, column2,...,columnN
FROM   table_name
WHERE  CONDITION;
```

6.3.4　SQLite - Python

SQLite3 可使用 sqlite3 模块与 Python 进行集成。sqlite3 模块是由 Gerhard Haring 编写的。它提供了一个与 PEP 249 描述的 DB-API2.0 规范兼容的 SQL 接口。不需要单独安装该模块，因为 Python 2.5.x 以上版本默认自带了该模块。

为了使用 sqlite3 模块，首先必须创建一个表示数据库的连接对象，然后可以有选择地创建光标对象，这将帮助执行所有的 SQL 语句。

1. Python sqlite3模块API

Python sqlite3 模块 API 如表 6.2 所示。

表 6.2 Python sqlite3 模块 API

序号	API &描述
1	sqlite3.connect(database [,timeout ,other optional arguments]) 该 API 打开一个到 SQLite 数据库文件 database 的链接。可以使用":memory:"在 RAM 中打开一个到 database 的数据库连接，而不是在磁盘上打开。如果数据库成功打开，则返回一个连接对象。 当一个数据库被多个连接访问，且其中一个修改了数据库，此时 SQLite 数据库被锁定，直到事务提交。timeout 参数表示连接等待锁定的持续时间，直到发生异常断开连接。timeout 参数默认是 5.0（5 秒）。 如果给定的数据库名称 filename 不存在，则该调用将创建一个数据库。如果不想在当前目录中创建数据库，那么可以指定带有路径的文件名，这样就能在任意地方创建数据库
2	connection.cursor([cursorClass]) 该例程创建一个 cursor，将在 Python 数据库编程中用到。该方法接受一个单一、可选的参数 cursorClass。如果提供了该参数，则它必须是一个扩展自 sqlite3.Cursor 的自定义的 cursor 类
3	cursor.execute(sql [, optional parameters]) 该例程执行一个 SQL 语句。该 SQL 语句可以被参数化（即使用占位符代替 SQL 文本）。sqlite3 模块支持两种类型的占位符：问号和命名占位符（命名样式）。例如： cursor.execute("insert into people values (?, ?)", (who, age))
4	connection.execute(sql [, optional parameters]) 该例程是上面执行的由光标（cursor）对象提供的方法的快捷方式，通过调用光标（cursor）方法创建了一个中间的光标对象，然后通过给定的参数调用光标的 execute 方法
5	cursor.executemany(sql, seq_of_parameters) 该例程对 seq_of_parameters 中的所有参数或映射执行一个 SQL 命令
6	connection.executemany(sql[, parameters]) 该例程是一个由调用光标（cursor）方法创建的中间的光标对象的快捷方式，然后通过给定的参数调用光标的 executemany 方法
7	cursor.executescript(sql_script) 该例程一旦接收到脚本，就会执行多个 SQL 语句。它首先执行 COMMIT 语句，然后执行作为参数传入的 SQL 脚本。所有的 SQL 语句应该用分号;分隔
8	connection.executescript(sql_script) 该例程是一个由调用光标（cursor）方法创建的中间的光标对象的快捷方式，然后通过给定的参数调用光标的 executescript 方法

（续表）

序号	API &描述
9	connection.total_changes() 该例程返回自数据库连接打开以来被修改、插入或删除的数据库总行数
10	connection.commit() 该方法提交当前的事务。如果你未调用该方法，那么自你上一次调用 commit()以来所做的任何动作对其他数据库连接来说是不可见的
11	connection.rollback() 该方法回滚自上一次调用 commit()以来对数据库所做的更改
12	connection.close() 该方法关闭数据库连接。注意，这不会自动调用 commit()。如果你之前未调用 commit()方法，就直接关闭数据库连接，你所做的所有更改将全部丢失
13	cursor.fetchone() 该方法获取查询结果集中的下一行，返回一个单一的序列，当没有更多可用的数据时，返回None
14	cursor.fetchmany([size=cursor.arraysize]) 该方法获取查询结果集中的下一行组，返回一个列表。当没有更多可用的行时，返回一个空的列表。该方法尝试获取由 size 参数指定的尽可能多的行
15	cursor.fetchall() 该例程获取查询结果集中所有（剩余）的行，返回一个列表。当没有可用的行时，返回一个空的列表

2. 连接数据库

下面的 Python 代码显示如何连接到一个现有的数据库，如果数据库不存在，就创建一个，最后将返回一个数据库对象。

【例 6.4】Python 连接数据库。

```
# -*- coding: utf-8 -*-
#!/usr/bin/python
import sqlite3
conn = sqlite3.connect('test.db')
print("Opened database successfully")
```

在这里，也可以把数据库名称复制为特定的名称:memory:，这样就会在 RAM 中创建一个数据库。运行上面的程序，在当前目录中创建数据库 test.db。可以根据需要改变路径。保存上面的代码到【例 6.4.py】文件中并运行。如果数据库成功创建，就会显示下面所示的消息：

```
Opened database successfully
```

3. 创建表

【例 6.5】在【例 6.4】创建的数据库中创建一个表。

```python
# -*- coding: utf-8 -*-
#!/usr/bin/python
import sqlite3
conn = sqlite3.connect('test.db')
print "Opened database successfully"
c = conn.cursor()
c.execute('''CREATE TABLE COMPANY
      (ID INT PRIMARY KEY     NOT NULL,
     NAME          TEXT    NOT NULL,
     AGE           INT     NOT NULL,
     ADDRESS       CHAR(50),
     SALARY        REAL);''')
print ("Table created successfully")
conn.commit()
conn.close()
```

上述程序执行时，它会在 test.db 中创建 COMPANY 表，并显示如下消息：

```
Opened database successfully
Table created successfully
```

4. INSERT操作

【例 6.6】在【例 6.5】创建的 COMPANY 表中创建记录。

```python
#!/usr/bin/python
import sqlite3
conn = sqlite3.connect('test.db')
c = conn.cursor()
print ("Opened database successfully")
c.execute("INSERT INTO COMPANY (ID,NAME,AGE,ADDRESS,SALARY) \
     VALUES (1, 'Paul', 32, 'California', 20000.00 )")
c.execute("INSERT INTO COMPANY (ID,NAME,AGE,ADDRESS,SALARY) \
     VALUES (2, 'Allen', 25, 'Texas', 15000.00 )")
c.execute("INSERT INTO COMPANY (ID,NAME,AGE,ADDRESS,SALARY) \
     VALUES (3, 'Teddy', 23, 'Norway', 20000.00 )")
c.execute("INSERT INTO COMPANY (ID,NAME,AGE,ADDRESS,SALARY) \
     VALUES (4, 'Mark', 25, 'Rich-Mond ', 65000.00 )")
conn.commit()
print ("Records created successfully")
conn.close()
```

上述程序执行时，它会在 COMPANY 表中创建给定记录，并会显示以下两行：

```
Opened database successfully
Records created successfully
```

5. SELECT操作

【例 6.7】从【例 6.5】创建的 COMPANY 表中获取并显示记录。

```python
#!/usr/bin/python
import sqlite3
conn = sqlite3.connect('test.db')
c = conn.cursor()
print ("Opened database successfully")
cursor = c.execute("SELECT id, name, address, salary  from COMPANY")
for row in cursor:
   print ("ID = ", row[0])
   print ("NAME = ", row[1])
   print ("ADDRESS = ", row[2])
   print ("SALARY = ", row[3], "\n")
print ("Operation done successfully")
conn.close()
```

上述程序执行时产生以下结果：

```
Opened database successfully
ID =  1
NAME =  Paul
ADDRESS =  California
SALARY =  20000.0

ID =  2
NAME =  Allen
ADDRESS =  Texas
SALARY =  15000.0

ID =  3
NAME =  Teddy
ADDRESS =  Norway
SALARY =  20000.0

ID =  4
NAME =  Mark
ADDRESS =  Rich-Mond
SALARY =  65000.0

Operation done successfully
```

6. UPDATE操作

【例 6.8】使用 UPDATE 语句来更新任何记录，然后从 COMPANY 表中获取并显示更新的记录。

```python
#!/usr/bin/python
import sqlite3
conn = sqlite3.connect('test.db')
c = conn.cursor()
print ("Opened database successfully")
c.execute("UPDATE COMPANY set SALARY = 25000.00 where ID=1")
conn.commit()
print ("Total number of rows updated :", conn.total_changes)
cursor = conn.execute("SELECT id, name, address, salary  from COMPANY")
for row in cursor:
   print ("ID = ", row[0])
   print ("NAME = ", row[1])
   print ("ADDRESS = ", row[2])
   print ("SALARY = ", row[3], "\n")
print ("Operation done successfully")
conn.close()
```

上述程序执行会产生以下结果：

```
Opened database successfully
Total number of rows updated : 1
ID =  1
NAME =  Paul
ADDRESS =  California
SALARY =  25000.0


ID =  2
NAME =  Allen
ADDRESS =  Texas
SALARY =  15000.0


ID =  3
NAME =  Teddy
ADDRESS =  Norway
SALARY =  20000.0


ID =  4
NAME =  Mark
ADDRESS =  Rich-Mond
SALARY =  65000.0


Operation done successfully
```

7. DELETE操作

【例 6.9】使用 DELETE 语句删除记录，然后从 COMPANY 表中获取并显示剩余的记录。

```python
#!/usr/bin/python
import sqlite3
conn = sqlite3.connect('test.db')
c = conn.cursor()
print ("Opened database successfully")
c.execute("DELETE from COMPANY where ID=2;")
conn.commit()
print ("Total number of rows deleted :", conn.total_changes)
cursor = conn.execute("SELECT id, name, address, salary  from COMPANY")
for row in cursor:
   print ("ID = ", row[0])
   print ("NAME = ", row[1])
   print ("ADDRESS = ", row[2])
   print ("SALARY = ", row[3], "\n")
print ("Operation done successfully")
conn.close()
```

上述程序执行会产生以下结果：

```
Opened database successfully
Total number of rows deleted : 1
ID = 1
NAME = Paul
ADDRESS = California
SALARY = 25000.0

ID = 3
NAME = Teddy
ADDRESS = Norway
SALARY = 20000.0

ID = 4
NAME = Mark
ADDRESS = Rich-Mond
SALARY = 65000.0

Operation done successfully
```

6.4　MySQL

MySQL 是最流行的关系型数据库管理系统，在 Web 应用方面，MySQL 是最好的 RDBMS（Relational Database Management System，关系数据库管理系统）应用软件之一。

- MySQL是开源的，所以不需要支付额外的费用。
- MySQL可以处理拥有上千万条记录的大型数据库。
- MySQL使用标准的SQL数据语言形式。
- MySQL可以运行于多个系统上，并且支持多种语言，包括C、C++、Python、Java、Perl、PHP、Eiffel、Ruby和Tcl等。
- MySQL对PHP有很好的支持，PHP是目前流行的Web开发语言。
- MySQL支持大型数据库，支持5000万条记录的数据仓库，32位系统表文件最大可支持4GB，64位系统表文件最大支持8TB。
- MySQL是可以定制的，采用了GPL协议。你可以修改源码来开发自己的MySQL系统。

6.4.1　MySQL 安装

MySQL 是一个关系型数据库管理系统，由瑞典的 MySQL AB 公司开发，目前属于 Oracle公司。MySQL 是一种关联数据库管理系统，关联数据库将数据保存在不同的表中，而不是将所有数据放在一个大仓库内，这样就增加了访问速度并提高了灵活性。

所有平台的 MySQL 下载地址为 https://dev.mysql.com/downloads/mysql/。挑选你需要的MySQL Community Server 版本及对应的平台。

1. 在Linux/UNIX上安装MySQL

Linux 平台上推荐使用 RPM 包来安装 MySQL，MySQL AB 提供 RPM 包的下载地址。安装前，可以检测系统是否自带安装 MySQL：

```
rpm -qa | grep mysql
```

如果系统中已安装，那么可以选择进行卸载：

```
rpm -e mysql //普通删除模式
rpm -e --nodeps mysql // 强力删除模式
```

1）安装 MySQL

接下来我们在 CentOS 7 系统下使用 yum 命令安装 MySQL。需要注意的是，CentOS 7 版本中的 MySQL 数据库已从默认的程序列表中移除，所以在安装前需要先去官网下载 Yum 资源包，下载地址为 https://dev.mysql.com/downloads/repo/yum/。

```
wget http://repo.mysql.com/mysql-community-release-el7-5.noarch.rpm
rpm -ivh mysql-community-release-el7-5.noarch.rpm
```

```
yum update
yum install mysql-server
```

2）权限设置

```
chown mysql:mysql -R /var/lib/mysql
```

3）初始化 MySQL

```
mysqld --initialize
```

4）启动 MySQL

```
systemctl start mysqld
```

5）查看 MySQL 运行状态

```
systemctl status mysqld
```

注意：如果是第一次启动 MySQL 服务，MySQL 服务器首先会进行初始化的配置。

6）验证 MySQL 安装

在成功安装 MySQL 后，一些基础表会被初始化，在服务器启动后，可以通过简单的测试来验证 MySQL 是否工作正常。使用 mysqladmin 工具来获取服务器状态与版本，在 Linux 上该二进制文件位于/usr/bin 目录，在 Windows 上该二进制文件位于 C:\mysql\bin 目录。

```
[root@host]# mysqladmin --version
```

7）MySQL 安装后创建 root 用户的密码

MySQL 安装成功后，默认的 root 用户密码为空，使用以下命令来创建 root 用户的密码：

```
[root@host]# mysqladmin -u root password "new_password";
```

现在可以通过以下命令来连接到 MySQL 服务器：

```
[root@host]# mysql -u root -p
Enter password:*******
```

注意：在输入密码时，密码是不会显示的，正确输入即可。

2. 在Windows上安装MySQL

在 Windows 上安装 MySQL 相对来说比较简单，从 https://dev.mysql.com/downloads/ mysql/ 中下载中查看最新版本。下载完成后，将 zip 包解压到相应的目录，这里将解压后的文件夹放在 D:\mysql-8.0.20 下。

1）配置 MySQL 的配置文件

打开刚刚解压的文件夹 D:\mysql-8.0.20，在该文件夹下创建 my.ini 配置文件，编辑 my.ini，配置以下基本信息：

```
[client]
# 设置 MySQL 客户端默认字符集
default-character-set=utf8
```

```
[mysqld]
# 设置 3306 端口
port = 3306
# 设置 MySQL 的安装目录
basedir=D:\\mysql-8.0.20
# 设置 MySQL 数据库的数据存放目录，MySQL 8+ 不需要以下配置，系统自动生成，否则可能报错
# datadir=D:\\mysql-8.0.20\\sqldata
# 允许最大连接数
max_connections=20
# 服务端使用的字符集默认为 8 比特编码的 latin1 字符集
character-set-server=utf8
# 创建新表时将使用的默认存储引擎
default-storage-engine=INNODB
```

2）启动 MySQL 数据库

以管理员身份打开 cmd 命令行工具，切换目录：

```
C:\WINDOWS\system32>cd d:\mysql-8.0.20\bin
```

3）初始化数据库

```
mysqld --initialize --console
```

执行完成后，会输出 root 用户的初始默认密码，例如：

```
2020-06-28T04:27:37.737497Z 6 [Note] [MY-010454] [Server] A temporary password
is generated for root@localhost: UPwaR%wHi8px
```

UPwaR%wHi8px 就是初始密码，后续登录需要用到，可以在登录后修改密码。

4）MySQL 安装命令

```
mysqld install
```

5）启动

```
net start mysql
```

注意： MySQL 5.7 需要初始化 data 目录。

```
cd D:\mysql-8.0.20\bin
mysqld --initialize-insecure
```

初始化后再运行 net start mysql 即可启动 MySQL。

6）登录 MySQL

```
mysql -h 主机名 -u 用户名 -p
```

参数说明：

- -h：指定客户端所要登录的 MySQL 主机名，登录本机（localhost 或 127.0.0.1）该参数可以省略。

- -u：登录的用户名。
- -p：告诉服务器将会使用一个密码来登录。如果所要登录的用户名密码为空，就可以忽略此选项。

若要登录本机的 MySQL 数据库，只需要输入以下命令即可：

```
mysql -u root -p
```

按回车键确认，如果安装正确且 MySQL 正在运行，就会得到以下响应：

```
Enter password:
```

然后命令提示符会一直以 mysq>加一个闪烁的光标等待命令的输入，输入 exit 或 quit 退出登录。

7）修改 root 用户登录密码

```
mysqladmin -uroot -p旧密码 password 新密码;
```

或

```
set password for 用户名@localhost = password('新密码');
```

客户端工具可以用 workbench 或第三方工具，如 Navicat 和 SQLyog 等。

6.4.2　MySQL 管理

1. MySQL用户设置

如果你需要添加 MySQL 用户，只需要在 MySQL 数据库中的 user 表中添加新用户即可。以下为添加用户的实例，用户名为 guest，密码为 guest123，并授权此用户可进行 SELECT、INSERT 和 UPDATE 操作权限：

```
root@host# mysql -u root -p
Enter password:*******
mysql> use mysql;
Database changed

mysql> INSERT INTO user
        (host, user, password,
         select_priv, insert_priv, update_priv)
        VALUES ('localhost', 'guest',
        PASSWORD('guest123'), 'Y', 'Y', 'Y');
Query OK, 1 row affected (0.20 sec)

mysql> FLUSH PRIVILEGES;
Query OK, 1 row affected (0.01 sec)

mysql> SELECT host, user, password FROM user WHERE user = 'guest';
```

```
+-----------+---------+------------------+
| host      | user    | password         |
+-----------+---------+------------------+
| localhost | guest   | 6f8c114b58f2ce9e |
+-----------+---------+------------------+
1 row in set (0.00 sec)
```

2. 管理MySQL的命令

1）USE 数据库名

选择要操作的 MySQL 数据库，使用该命令后，所有 MySQL 命令都只针对该数据库。

```
mysql> use RUNOOB;
Database changed
```

2）SHOW DATABASES

列出 MySQL 数据库管理系统的数据库列表。

```
mysql> SHOW DATABASES;
+------------------------+
| Database               |
+------------------------+
| information_schema     |
| RUNOOB                 |
| cdcol                  |
| mysql                  |
| onethink               |
| performance_schema     |
| phpmyadmin             |
| test                   |
| wecenter               |
| wordpress              |
+------------------------+
10 rows in set (0.02 sec)
```

3）SHOW TABLES

显示指定数据库的所有表，使用该命令前需要使用 use 命令来选择要操作的数据库。

```
mysql> use RUNOOB;
Database changed
mysql> SHOW TABLES;
+---------------------+
| Tables_in_runoob    |
+---------------------+
| employee_tbl        |
| runoob_tbl          |
| tcount_tbl          |
+---------------------+
```

```
3 rows in set (0.00 sec)
```

4）SHOW COLUMNS FROM 数据表

显示数据表的属性、属性类型、主键信息、是否为 NULL、默认值等其他信息。

5）HOW INDEX FROM 数据表

显示数据表的详细索引信息。

6）SHOW TABLE STATUS LIKE [FROM db_name] [LIKE 'pattern'] \G:

将输出 MySQL 数据库管理系统的性能及统计信息。

6.4.3　MySQL PHP 语法

MySQL 可集成多种语言，包括 PERL、C、C++、Java 和 PHP。在这些语言中，MySQL 集成 PHP 在 Web 开发中是应用最广泛的组合。

从 https://www.runoob.com/php/php-mysql-intro.html 网站可以了解更多 PHP 中使用 MySQL 的介绍。PHP 提供了多种方式来访问和操作 MySQL 数据库记录。PHP mysqli 函数格式如下：

```
mysqli_function(value,value,...);
```

以上格式中 function 部分描述了 mysql 函数的功能，例如：

```
mysqli_connect($connect);
mysqli_query($connect,"SQL 语句");
mysqli_fetch_array();
mysqli_close();
```

以下实例展示了 PHP 调用 MySQL 函数的语法：

```
<?php
$retval = mysqli_function(value, [value,...]);
if( !$retval )
{
   die ( "相关错误信息" );
}
// 其他 MySQL 或 PHP 语句
?>
```

6.4.4　PHP 脚本连接 MySQL

PHP 提供了 mysqli_connect()函数来连接数据库。该函数有 6 个参数，在成功链接到 MySQL 后返回连接标识，失败时返回 FALSE。

语法：

```
mysqli_connect(host, username, password, dbname,port, socket);
```

参数说明如表 6.3 所示。

表 6.3　参数说明

参数	描述
host	可选，规定主机名或 IP 地址
username	可选，规定 MySQL 用户名
password	可选，规定 MySQL 密码
dbname	可选，规定默认使用的数据库
port	可选，规定尝试连接到 MySQL 服务器的端口号
socket	可选，规定 socket 或要使用的已命名 pipe

可以使用 PHP 的 mysqli_close()函数来断开与 MySQL 数据库的链接。

语法：

```
bool mysqli_close ( mysqli $link );
```

本函数关闭指定连接标识所关联到的 MySQL 服务器的非持久连接。如果没有指定 link_identifier，则关闭上一个打开的连接。

提示：通常不需要使用 mysqli_close()，因为已打开的非持久连接会在脚本执行完毕后自动关闭。

可以尝试以下实例来连接到 MySQL 服务器：

```php
<?php
$dbhost = 'localhost';        // MySQL 服务器主机地址
$dbuser = 'root';             // MySQL 用户名
$dbpass = '123456';           // MySQL 用户密码
$conn = mysqli_connect($dbhost, $dbuser, $dbpass);
if(! $conn )
{
    die('Could not connect: ' . mysqli_error());
}
echo '数据库连接成功！';
mysqli_close($conn);
?>
```

6.4.5　Python 操作 MySQL 数据库

Python 标准数据库接口为 Python DB-API。Python DB-API 为开发人员提供了数据库应用编程接口。Python 数据库接口支持非常多的数据库，你可以选择适合项目的数据库：

- GadFly。
- mSQL。
- MySQL。
- PostgreSQL。
- Microsoft SQL Server 2000。

- Informix。
- Interbase。
- Oracle。
- Sybase。

不同的数据库需要下载不同的 DB-API 模块，例如要访问 Oracle 和 MySQL 数据库，就需要下载 Oracle 和 MySQL 数据库模块。DB-API 是一个规范，定义了一系列必需的对象和数据库存取方式，以便为各种各样的底层数据库系统和多种多样的数据库接口程序提供一致的访问接口。Python 的 DB-API 为大多数的数据库实现了接口，使用它连接各数据库后，就可以用相同的方式操作各种数据库。

1. Python DB-API使用流程

- 引入API模块。
- 获取与数据库的连接。
- 执行SQL语句和存储过程。
- 关闭数据库连接。

2. Python链接MySQL数据库的接口

MySQLdb 是用于 Python 链接 MySQL 数据库的接口，实现了 Python 数据库 API 规范 V2.0，这个接口是基于 MySQL C API 建立的。

为了使用 DB-API 编写 MySQL 脚本，必须确保已经安装了 MySQL。复制以下代码，并执行：

```
#!/usr/bin/python
# -*- coding: UTF-8 -*-
import MySQLdb
```

如果执行后的输出结果如下所示，就意味着你没有安装 MySQLdb 模块：

```
Traceback (most recent call last):
  #程序名称和路径自己配置
  File "C:\Users\liguo\.spyder-py3\temp.py", line 10, in <module>
    import MySQLdb
ModuleNotFoundError: No module named 'MySQLdb'
```

安装 MySQLdb 时，可访问 http://sourceforge.net/projects/mysql-python（Linux 平台访问 https://pypi.python.org/pypi/MySQL-python），从这里可选择适合的安装包（分为预编译的二进制文件和源代码安装包）。如果选择二进制文件发行版本，那么安装过程基本按照提示即可完成。如果从源代码进行安装，则需要切换到 MySQLdb 发行版本的顶级目录，并输入下列命令：

```
$ gunzip MySQL-python-1.2.2.tar.gz
$ tar -xvf MySQL-python-1.2.2.tar
$ cd MySQL-python-1.2.2
$ python setup.py build
$ python setup.py install
```

注意：确保你有 root 权限来安装上述模块。

1）MySQLdb 安装程序获取

- 如果Python是2.x版的，安装方法是在命令行执行"pip install MySQLdb"。
- 如果Python是3.x版的，用pip install MySQLdb无法安装，需从https://pypi.org/project /mysqlclient/#files 网站下载 mysqlclient-1.4.6-cp37-cp37m-win_amd64.whl（本地 Python版本是3.7，所以选择37版本）。

2）从 DOS 命令行进入下载后的文件夹

```
D:\software\MySQL>pip install mysqlclient-1.4.6-cp37-cp37m-win_amd64.whl
Processing d:\software\mysql\mysqlclient-1.4.6-cp37-cp37m-win_amd64.whl
Installing collected packages: mysqlclient
Successfully installed mysqlclient-1.4.6
```

3）验证安装是否成功
在命令行执行：

```
>>>import MySQLdb
```

若没有报错，则说明安装成功。注意，写 MySQLdb 时区分大小写字母。

3. 数据库连接

连接数据库前，先确认以下事项：

- 已经创建了数据库TESTDB。
- 在TESTDB数据库中已经创建了表EMPLOYEE。
- EMPLOYEE表字段为FIRST_NAME、LAST_NAME、AGE、SEX和INCOME。
- 连接数据库TESTDB使用的用户名为"testuser"，密码为"test123"，你可以自己设定或者直接使用root用户名及其密码，MySQL数据库用户授权可使用Grant命令。
- 已经安装了Python MySQLdb模块。

1）Python 连接 MySQL 数据库

【例 6.10】Python 连接 MySQL 数据库。

```
# -*- coding: utf-8 -*-
#!/usr/bin/python
import MySQLdb
# 打开数据库连接
db = MySQLdb.connect("localhost", "root", "123456", "TESTDB", charset='utf8')
# 使用 cursor() 方法获取操作游标
cursor = db.cursor()
# 使用 execute 方法执行 SQL 语句
cursor.execute("SELECT VERSION()")
# 使用 fetchone() 方法获取一条数据
data = cursor.fetchone()
```

```
print ("Database version : %s " % data)
# 关闭数据库连接
db.close()
```

执行以上脚本，输出结果如下：

```
Database version : 8.0.20
```

2）创建数据库表

如果数据库连接存在，则可以使用 execute()方法来为数据库创建表。

【例 6.11】创建表 EMPLOYEE。

```
#!/usr/bin/python
# -*- coding: UTF-8 -*-
import MySQLdb
# 打开数据库连接
db = MySQLdb.connect("localhost", "root", "123456", "TESTDB", charset='utf8')
# 使用 cursor()方法获取操作游标
cursor = db.cursor()
# 如果数据表已经存在，就使用 execute()方法删除表
cursor.execute("DROP TABLE IF EXISTS EMPLOYEE")
# 创建数据表的 SQL 语句
sql = """CREATE TABLE EMPLOYEE (
        FIRST_NAME  CHAR(20) NOT NULL,
        LAST_NAME   CHAR(20),
        AGE INT,
        SEX CHAR(1),
        INCOME FLOAT )"""
cursor.execute(sql)
# 关闭数据库连接
db.close()
```

3）数据库插入操作

【例 6.12】执行 SQL INSERT 语句向表 EMPLOYEE 中插入记录。

```
#!/usr/bin/python
# -*- coding: UTF-8 -*-
import MySQLdb
# 打开数据库连接
db = MySQLdb.connect("localhost", "root", "123456", "TESTDB", charset='utf8')
# 使用 cursor()方法获取操作游标
cursor = db.cursor()
# SQL 插入语句
sql = """INSERT INTO EMPLOYEE(FIRST_NAME,
        LAST_NAME, AGE, SEX, INCOME)
        VALUES ('Mac', 'Mohan', 20, 'M', 2000)"""
```

```
try:
    # 执行 SQL 语句
    cursor.execute(sql)
    # 提交到数据库执行
    db.commit()
except:
    # Rollback in case there is any error
    db.rollback()
# 关闭数据库连接
db.close()
```

4）数据库查询操作

使用 fetchone()方法获取单条数据，使用 fetchall()方法获取多条数据。

- fetchone()：获取下一个查询结果集，结果集是一个对象。
- fetchall()：接收全部的返回结果行。

Rowcount 是一个只读属性，它表示执行 execute()方法后影响的行数。

【例 6.13】查询 EMPLOYEE 表中 salary（工资）字段大于 1000 的所有数据。

```python
#!/usr/bin/python
# -*- coding: UTF-8 -*-
import MySQLdb
# 打开数据库连接
db = MySQLdb.connect("localhost", "root", "123456", "TESTDB", charset='utf8')
# 使用 cursor()方法获取操作游标
cursor = db.cursor()
# SQL 查询语句
sql = "SELECT * FROM EMPLOYEE \
       WHERE INCOME > %s" % (1000)
try:
    # 执行 SQL 语句
    cursor.execute(sql)
    # 获取所有记录列表
    results = cursor.fetchall()
    for row in results:
        fname = row[0]
        lname = row[1]
        age = row[2]
        sex = row[3]
        income = row[4]
        # 打印结果
        print ("fname=%s,lname=%s,age=%s,sex=%s,income=%s" % \
               (fname, lname, age, sex, income ))
except:
    print ("Error: unable to fecth data")
```

```
# 关闭数据库连接
db.close()
```

以上脚本的执行结果如下：

```
fname=Mac,lname=Mohan,age=20,sex=M,income=2000.0
```

5）数据库更新操作

更新操作用于更新数据表中的数据。

【例 6.14】将 EMPLOYEE 表中的 SEX 字段为'M'的 AGE 字段递增 1。

```
#!/usr/bin/python
# -*- coding: UTF-8 -*-
import MySQLdb
# 打开数据库连接
db = MySQLdb.connect("localhost", "root", "123456", "TESTDB", charset='utf8')
# 使用 cursor()方法获取操作游标
cursor = db.cursor()
# SQL 更新语句
sql = "UPDATE EMPLOYEE SET AGE = AGE + 1 WHERE SEX = '%c'" % ('M')
try:
    # 执行 SQL 语句
    cursor.execute(sql)
    # 提交到数据库执行
    db.commit()
except:
    # 发生错误时回滚
    db.rollback()
# 关闭数据库连接
db.close()
```

6）删除操作

删除操作用于删除数据表中的数据。

【例 6.15】删除数据表 EMPLOYEE 中 AGE 大于 20 的所有数据。

```
#!/usr/bin/python
# -*- coding: UTF-8 -*-
import MySQLdb
# 打开数据库连接
db = MySQLdb.connect("localhost", "root", "123456", "TESTDB", charset='utf8')
# 使用 cursor()方法获取操作游标
cursor = db.cursor()
# SQL 删除语句
sql = "DELETE FROM EMPLOYEE WHERE AGE > %s" % (20)
try:
    # 执行 SQL 语句
```

```
    cursor.execute(sql)
    # 提交修改
    db.commit()
except:
    # 发生错误时回滚
    db.rollback()
# 关闭连接
db.close()
```

6.5　NoSQL 数据库

NoSQL 指的是非关系型的数据库。NoSQL 有时也称作 Not Only SQL 的缩写，是对不同于传统的关系型数据库的数据库管理系统的统称。NoSQL 用于超大规模数据的存储，例如 Google 或 Facebook 每天为它们的用户收集万亿比特的数据。这些类型的数据存储不需要固定的模式，无须多余操作就可以横向扩展。

6.5.1　NoSQL 概述

NoSQL 是一项全新的数据库革命性运动。NoSQL 一词最早出现于 1998 年，是 Carlo Strozzi 开发的一个轻量、开源、不提供 SQL 功能的关系数据库。2009 年来自 Rackspace 的 Eric Evans 再次提出了 NoSQL 的概念，这时的 NoSQL 主要指非关系型、分布式、不提供 ACID 的数据库设计模式。NoSQL 的拥护者们提倡运用非关系型的数据存储，相对于铺天盖地的关系型数据库运用，这一概念无疑是一种全新的思维的注入。

1. 为什么使用NoSQL

人们通过第三方平台（如 Google、Facebook、淘宝等）可以很容易地访问和抓取数据。用户的个人信息、社交网络、地理位置、用户生成的数据和用户操作日志已经成倍增加。如果要对这些用户数据进行挖掘，那么 SQL 数据库就不适合了，NoSQL 数据库的发展能很好地处理这些大的数据。

2. RDBMS vs NoSQL

1）RDBMS

- 高度组织化结构化数据。
- 结构化查询语言（SQL）。
- 数据和关系都存储在单独的表中。
- 数据操纵语言，数据定义语言。
- 严格的一致性。
- 基础事务。

2）NoSQL

- 代表着不仅仅是SQL。
- 没有声明性查询语言。
- 没有预定义的模式。
- 键值对存储、列存储、文档存储和图形数据库。
- 最终一致性，而非ACID属性。
- 非结构化和不可预知的数据。
- CAP定理。
- 高性能、高可用性和可伸缩性。

3. CAP定理（CAP theorem）

在计算机科学中，CAP 定理（CAP Theorem）又被称作布鲁尔定理（Brewer's Theorem），它指出对于一个分布式计算系统来说，不可能同时满足以下三点：

- 一致性（Consistency）：所有节点在同一时间具有相同的数据。
- 可用性（Availability）：保证每个请求不管成功或者失败都有响应。
- 分隔容忍（Partition Tolerance）：系统中任意信息的丢失或失败都不会影响系统的继续运作。

CAP 理论的核心是：一个分布式系统不可能同时很好地满足一致性、可用性和分区容错性这三个需求，最多只能同时较好地满足两个。因此，根据 CAP 原理将 NoSQL 数据库分成满足 CA 原则、满足 CP 原则和满足 AP 原则三大类：

- CA：单点集群，满足一致性、可用性的系统，通常在可扩展性上不太强大。
- CP：满足一致性、分区容忍性的系统，通常性能不是特别高。
- AP：满足可用性、分区容忍性的系统，通常可能对一致性要求低一些。

4. 谁在使用NoSQL

现在已经有很多公司使用了 NoSQL：

- Google。
- Facebook。
- Mozilla。
- Adobe。
- Foursquare。
- LinkedIn。
- Digg。
- McGraw-Hill Education。
- Vermont Public Radio。

6.5.2　列存储数据库

列存储数据库将数据储存在列族（Column Family）中，一个列族经常存储被一起查询的相关数据。举个例子，如果有一个 Person 类，通常会一起查询姓名和年龄而不是薪资。这种情况下，姓名和年龄就会被放入一个列族中，薪资则在另一个列族中。列存储数据库的常见应用场景有 Ebay（Cassandra）、Instagram（Cassandra）、NASA（Cassandra）、Twitter（Cassandra and HBase）、Facebook（HBase）和 Yahoo!（HBase）等。

6.5.2.1　HBase

HBase 是 Apache Hadoop 中的一个子项目，属于 BigTable 的开源版本，所实现的语言为 Java（故依赖 Java SDK）。HBase 依托于 Hadoop 的 HDFS（分布式文件系统）作为最基本的存储基础单元。

1. HBase特点

- 所用语言：Java。
- 特点：支持数十亿行×上百万列。
- 使用许可：Apache。
- 协议：HTTP/REST（支持Thrift）。
- 在BigTable之后建模。
- 采用分布式架构Map/Reduce。
- 对实时查询进行优化。
- 高性能Thrift网关。
- 通过在server端扫描及过滤实现对查询操作预判。
- 支持XML、Protobuf和binary的HTTP。
- Cascading、Hive、Pig source、Sink modules。
- 基于Jruby（JIRB）的shell。
- 对配置改变和较小的升级都会重新回滚。
- 不会出现单点故障。
- 堪比MySQL的随机访问性能。

2. HBase缺点

- 基于Java语言实现及Hadoop架构意味着其API更适用于Java项目。
- Node开发环境下所需的依赖项较多、配置麻烦（或不知如何配置，如持久化配置），缺乏文档。
- 占用内存很大，且鉴于建立在为批量分析而优化的HDFS上，导致读取性能不高。
- API相比其他NoSQL相对笨拙。

3. HBase适用场景

- BigTable类型的数据存储。

- 对数据有版本查询需求。
- 应对超大数据量要求扩展简单的需求。

4. HBase架构

图 6.1 所示为 HBase 架构体系，主要组成构件的角色为：

- ZooKeeper：作为分布式的协调，RegionServer也会把自己的信息写到ZooKeeper中。
- HDFS：HBase运行的底层文件系统。
- RegionServer：理解为数据节点，存储数据。
- Master RegionServer：实时向Master报告信息。Master知道全局的RegionServer运行情况，可以控制RegionServer的故障转移和Region的切分。

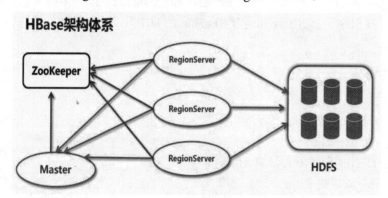

图 6.1　HBase 架构体系

图 6.2 所示为 HBase 架构细化。

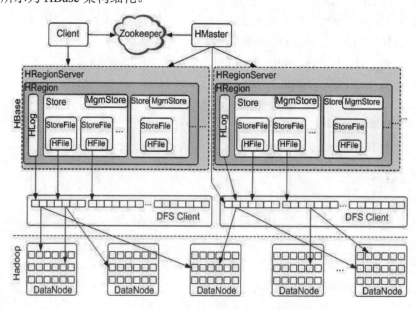

图 6.2　HBase 架构细化

HMaster 是 Master Server 的实现，负责监控集群中的 RegionServer 实例，同时是所有

metadata 改变的接口，在集群中通常运行在 NameNode 上面。

HMasterInterface 暴露的接口：用来进行元数据相关的操作，具体可以进行的操作类型级别有：Table（createTable、modifyTable、removeTable、enable、disable）；ColumnFamily（addColumn、modifyColumn、removeColumn）；Region（move、assign、unassign）。

Master 运行的后台线程：LoadBalancer 线程，控制 region 来平衡集群的负载；CatalogJanitor 线程，周期性地检查 hbase:meta 表。

HregionServer：是 RegionServer 的实现，用于服务和管理 Regions。集群中 RegionServer 运行在 DataNode 中。

HRegionRegionInterface 暴露接口：Data（get、put、delete、next 等），Region（splitRegion、compactRegion 等）。

RegionServer 后台线程：CompactSplitThread、MajorCompactionChecker、MemStoreFlusher、LogRoller。

Regions：Region 代表 table，Region 有多个 Store（列簇），Store 有一个 Memstore 和多个 StoreFiles（Hfiles），StoreFiles 的底层是 Block。

5. HBase单机模式安装

单独的 HBase Daemon（Master、RegionServers 和 ZooKeeper）运行在同一个 JVM 进程中，然后持久化存储到文件系统中。这是最简单的部署，但是能帮助我们更好地理解 HBase。

1）环境

- CentOS 7。
- HBase 1.2.8。

2）安装单机

（1）在 Linux 上安装了 JDK，使用 CentOS 自带的包管理器直接安装。

```
yum install java-1.8.0-openjdk* -y
```

（2）在 http://mirror.bit.edu.cn/apache/hbase 中下载 HBase 的二进制包，然后解压到系统的目录。

```
tar -xf hbase-1.2.8-bin.tar.gz
cd hbase-1.2.8
```

（3）配置 HBase 的环境变量，修改 JAVA_HOME。

```
ll /etc/alternatives/java
vim conf/hbase-env.sh
// 注意这个是在 CentOS 上的 java 位置
export JAVA_HOME=/etc/alternatives/java_sdk_1.8.0/
```

（4）配置 onf/hbase-site.xml，这个是 HBase 的主配置文件，可以指定 HBase 和 ZooKeeper 数据写入的目录，当然也可以指定 HBase 的根目录位置。

（5）HBase 二进制包下有 start-hbase 脚本，可以方便地启动 HBase，如果配置正确，则能正常启动。

```
./bin/start-hbase.sh
```

启动之后，可以在浏览器中打开 http://localhost:16010，查看 HBase 的 Web UI。

（6）连接 HBase，可以先用 HBase 提供的命令行工具，位于 HBase 的/bin/目录下。

```
./hbase shell
```

6.5.2.2　Cassandra

Apache Cassandra 是一个开源、分布式、无中心、弹性可扩展、高可用、容错、一致性可调和面向列的数据库。

Cassandra 是一个开源分布式 NoSQL 数据库系统，最初由 Facebook 开发，用于储存收件箱等简单格式的数据。它集 GoogleBigTable 的数据模型与 Amazon Dynamo 的完全分布式的架构于一身。Facebook 于 2008 年将 Cassandra 开源，此后凭借良好的可扩展性，Cassandra 被 Digg、Twitter 等知名的 Web 2.0 网站所采纳，成为一种流行的分布式结构化数据存储方案。

Cassandra 是一个混合型的非关系型数据库，类似于 Google 的 BigTable。它是一个网络社交云计算方面理想的数据库。以 Amazon 专有的、完全分布式的 Dynamo 为基础，结合了 Google BigTable 基于列族（Column Family）的数据模型、P2P 去中心化的存储。它在很多方面都可以称之为 Dynamo 2.0。

1. Cassandra是专门为了迎合如下应用而设计的

- Full multi-master database replication（多主节点数据replicate)。
- Global availability at low latency（多数据中心高可用低延迟）。
- Scaling out on commodity hardware（扩展硬件规模）。
- Linear throughput increase with each additional processor(性能随着节点增长线性增长）。
- Online load balancing and cluster growth（在线增加节点不影响生成平衡）。
- Partitioned key-oriented queries（源于key的分区查询）。
- Flexible schema（灵活多变模式）。

2. Linux系统下Cassandra的安装与配置

（1）下载依赖包

- cassandra：https://cassandra.apache.org/download/JDK1.8.0_201。
- JKD：https://download.oracle.com/otn-pub/java/jdk/8u201-b09/42970487e3af4f5aa5bca3f542482c60/jdk-8u201-linux-x64.tar.gz。
- Python 2.7.13：https://www.python.org/downloads/release/python-2713/。

（2）配设 Java 环境

下载 Java 安装包，解压到/usr/java18 目录，然后在/etc/profile 文件中追加下面的代码：

```
#set java environment
JAVA_HOME=/usr/java18
JRE_HOME=/usr/java18/jre
```

```
CLASS_PATH=.:$JAVA_HOME/lib/dt.jar:$JAVA_HOME/lib/tools.jar:$JRE_HOME/lib
PATH=$PATH:$JAVA_HOME/bin:$JRE_HOME/bin
export JAVA_HOME JRE_HOME CLASS_PATH PATH
```

使用下面的命令刷新环境变量：

```
#刷新环境配置
source /etc/profile
```

检查 Java 是否安装正确：

```
# 查看 Java 版本
java -version
# 查看 Java 路径
echo $JAVA_HOME
```

（3）安装 Cassandra

```
#创建安装目录
mkdir -p /export/servers/cassandra/ /export/data/cassandra/
#创建用户组和用户
groupadd cassandra
useradd cassandra -g cassandra
#将 cassandra 安装包解压到/export/servers/cassandra/
#修改文件目录权限
chown -R cassandra:cassandra /export/servers/cassandra/
/export/data/cassandra/
```

（4）配置 Cassandra

修改/export/servers/cassandra/conf/cassandra.yaml 文件的属性：

```
#群集名称
cluster_name: 'cluster1'
#数据验证
authenticator: PasswordAuthenticator  authorizer: CassandraAuthorizer
#数据目录
data_file_directories:
    - /export/data/cassandra/data
# commitlog 目录
commitlog_directory: /export/data/cassandra/commitlog
## saved_caches 目录
saved_caches_directory: /export/data/cassandra/saved_caches
#设置为第一个启动的节点地址
#种子节点不做引导，负责处理现有集群中新加入的节点。对于新的集群，引导处理会跳过种子节点
seeds: "192.168.199.171"
#将监听地址设置为本地 IP
listen_address: 192.168.199.171
#将 RPC 地址设置为本地 IP
rpc_address: 192.168.199.171
```

```
#程序访问端口，默认为 9042
native_transport_port: 9042## endpoint_snitch 属性 endpoint_snitch:
GossipingPropertyFileSnitch
```

endpoint_snitch 参数选项：

- GossipingPropertyFileSnitch：本地节点的机架和数据中心在 cassandra-rackdc. properties 中定义，并通过 gossip 传播到其他节点。如果存在 cassandra-topology. properties，就将用作回退，从而允许从 PropertyFileSnitch 进行迁移。
- SimpleSnitch：将战略顺序视为接近度。这可以在禁用读修复时提高缓存位置，仅适用于单数据中心部署。
- PropertyFileSnitch：接近性由机架和数据中心决定，这些在 cassandra-topology. properties 中显式配置。
- Ec2Snitch：从 EC2 API 加载当前区域和可用区域信息。当前区域被视为数据中心，可用区域被视为机架。仅使用私有 IP，因此不会在多个区域工作。
- Ec2MultiRegionSnitch：使用公共 IP 作为 broadcast_address，以允许跨区域连接。因此，应该将 seed 地址设置为公共 IP。需要打开公共 IP 防火墙上的 storage_port 或 ssl_storage_port（对于区域内流量，Cassandra 将在建立连接后切换到专用 IP）。
- RackInferringSnitch：接近性由机架和数据中心确定，假定它们分别对应于每个节点的 IP 地址的第 3 个和第 2 个八位字节。除非这种情况符合你的部署约定，否则最好用作编写自定义 Snitch 类的示例。

修改 /export/servers/cassandra/conf/cassandra-topology.properties 文件内容：

```
## 设置服务器所在机架
192.168.199.171=DC1:RAC1
192.168.199.172=DC1:RAC1
192.168.199.173=DC1:RAC1
#下面为默认
# default for unknown nodes
default=DC1:r1
# Native IPv6 is supported, however you must escape the colon in the IPv6 Address
# Also be sure to comment out JVM_OPTS="$JVM_OPTS -Djava.net.preferIPv4Stack=
true"
# in cassandra-env.sh
fe80\:0\:0\:0\:202\:b3ff\:fe1e\:8329=DC1:RAC3
```

（5）启动服务

以此在 171/172/173 服务器上启动服务：

```
#切换到 cassandra 用户
su cassandra
#启动服务
/export/servers/cassandra/bin/cassandra >/export/data/cassandra/start_serv
er.log
```

（6）检查群集

```
#查看群集节点状态
/export/servers/cassandra/bin/nodetool status
#登录群集 171 节点
#cqlsh.py 仅支持 Python 2.7 版本
python27 /export/servers/cassandra/bin/cqlsh.py 192.168.199.171
#查看命名空间
describe  keyspaces;
## 查看群集版本
select release_version from System.local;
```

（7）替换群集节点

假设群集运行一段时间后，服务器 192.169.199.172 因为硬件故障导致数据丢失，修复后仍使用该 IP 加入群集，操作如下：

```
#删除原服务器上的数据
/bin/rm -rf /export/data/cassandra/*
#切换到 cassandra 用户
su cassandra
#使用 cassandra.replace_address 配置启动
/export/servers/cassandra/bin/cassandra -Dcassandra.replace_address=
'192.168.199.173' >/export/data/cassandra
/start_server.log
```

（8）删除群集节点

删除群集节点时，需要根据要删除节点的状态决定如何删除。

```
#删除在线群集节点(在该节点上运行)
nodetool decommission
#删除离线群集节点(在任意存活节点运行)
nodetool removenode node_guid
```

3. Windows系统下Cassandra的安装与配置

（1）从 http://cassandra.apache.org/download/ 网站上找到 cassandra 并下载。

（2）创建一个 cassandra-3.11.3 文件夹，将 apache-cassandra-3.11.3-bin.tar.gz 压缩包中的内容解压到此目录中。

（3）配置环境变量，新建一个 CASSANDRA_HOME 变量，值为 cassandra-3.11.3 路径。

（4）在 Path 环境变量的末尾添加 "；%CASSANDRA_HOME%\bin；"，注意分号。

（5）打开 DOS 窗口查看配置情况，输入 "echo %java_home%" 和 "echo %cassandra_home%"，如图 6.3 所示，可以打印出环境变量值，说明设置成功。

（6）在 D:\InstallFile\cassandra-3.11.3 目录中新建一个 data 目录。

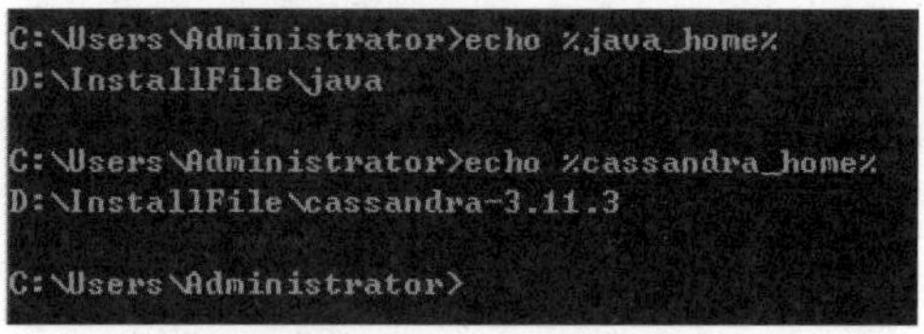

图 6.3　查看配置情况

（7）找到 cassandra.yaml 配置文件。编辑该文件，找到 data_file_directories，如图 6.4 所示，添加一个数据到指定目录。

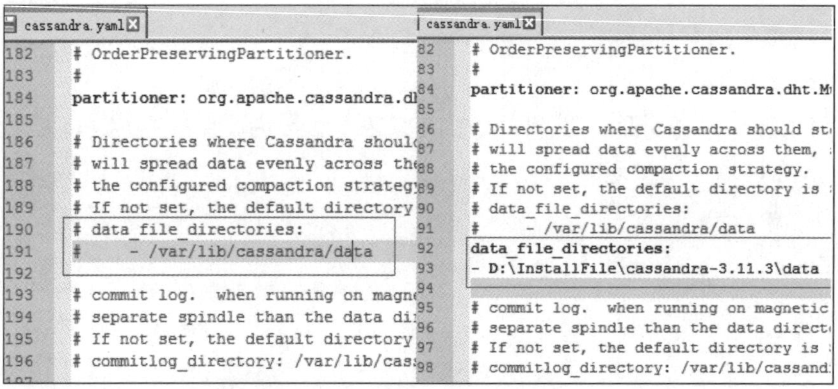

图 6.4　Cassandra.yaml 文件配置

（8）在 D:\InstallFile\cassandra-3.11.3 目录中新建一个 commitlog 目录。

（9）在 cassandra.yaml 配置文件中找到 commitlog_directory，将 commitlog_directory 修改为如图 6.5 所示。

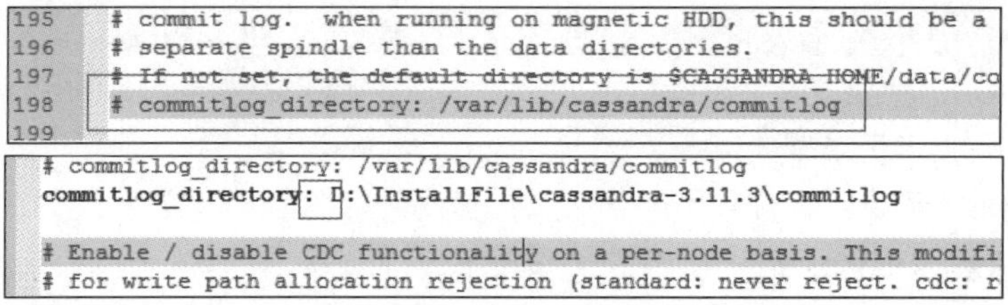

图 6.5　在 cassandra.yaml 配置文件中修改 commitlog_directory

注意：在 commitlog_directory 和 D:\InstallFile\cassandra-3.11.3\commitlog 间加空格。

（10）在 D:\InstallFile\cassandra-3.11.3 目录中新建 saved_caches 目录，在 cassandra.yaml 配置文件中找到 saved_caches_directory，将 saved_caches_directory 修改为如图 6.6 所示那样。

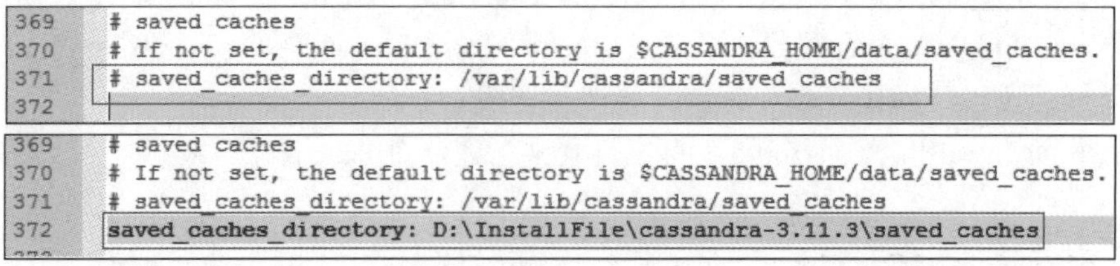

图 6.6　在 cassandra.yaml 配置文件中修改 saved_caches_directory

　　注意：在 saved_caches_directory:和 D:\InstallFile\cassandra-3.11.3\saved_caches 之间有一个空格，否则是无法解析配置文件的。

　　（11）配置好之后保存，然后找到 D:\InstallFile\cassandra-3.11.3\bin 目录中的 cassandra.bat 文件，打开 DOS 窗口，并进入 D:\InstallFile\cassandra-3.11.3\bin 目录中执行启动，如图 6.7 所示。

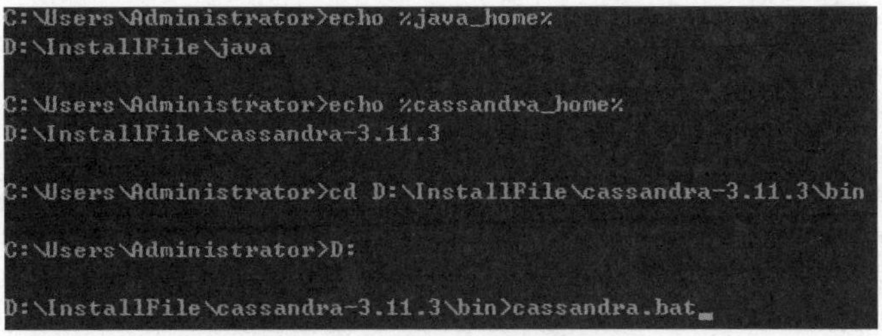

图 6.7　启动 cassandra.bat

　　（12）如果需要 cqlsh.bat 来进行连接，则需要安装 Python，如图 6.8 所示。

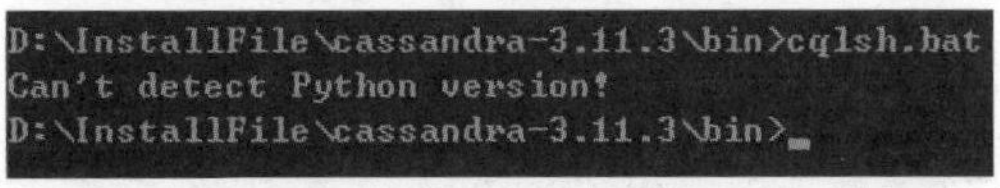

图 6.8　在未安装 Python 的情况下启动 cqlsh.bat

　　（13）装好 Python 后重新启动 DOS 窗口，如图 6.9 所示。

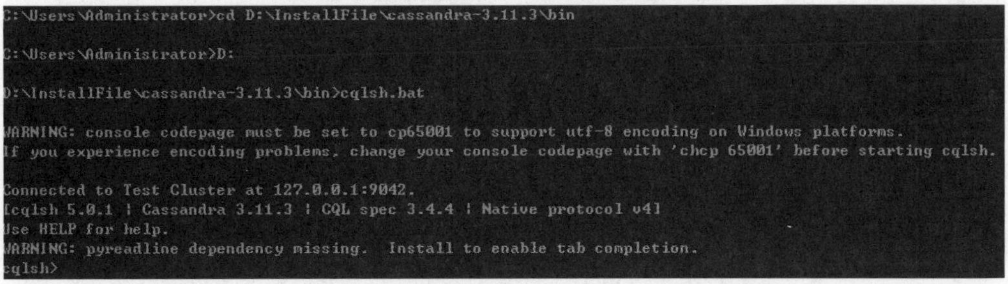

图 6.9　在安装 Python 的情况下启动 cqlsh.bat

　　（14）通过用户登录，Cassandra 的默认用户名和密码为 cassandra，如图 6.10 所示。

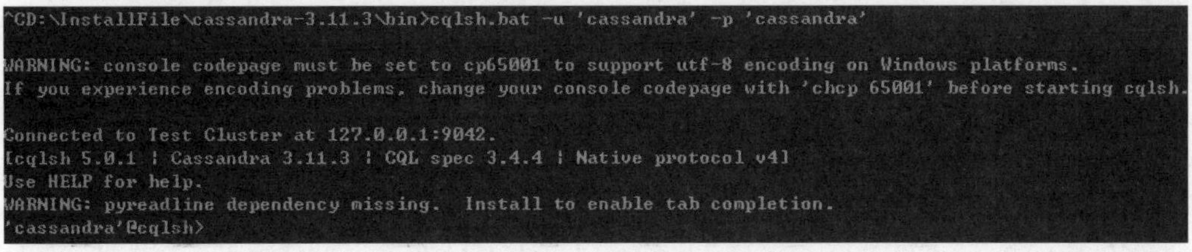

图 6.10　通过用户登录 cassandra

　　（15）使用 "CREATE KEYSPACE IF NOT EXISTS MyCasDB WITH REPLICATION = {'class': 'SimpleStrategy','replication_factor':1};" 命令，创建一个数据库 mycasdb，如图 6.11 所示。

　　在 mycasdb 数据库中创建一个表，首先使用 "use mycasdb;" 语句表示要使用此数据库，然后使用表。

```
cqlsh> use mycasdb;
cqlsh:mycasdb> CREATE TABLE user (id int,user_name varchar,PRIMARY KEY (id) );
cqlsh:mycasdb> _
```

图 6.11　在数据库 mycasdb 中创建 user 表

（16）向 user 表中插入数据，如图 6.12 所示。

```
cqlsh:mycasdb> INSERT INTO user (id,user_name) VALUES (1,'sxj');
cqlsh:mycasdb> INSERT INTO user (id,user_name) VALUES (2,'sxj12');
cqlsh:mycasdb> INSERT INTO user (id,user_name) VALUES (3,'sxj123');
cqlsh:mycasdb> INSERT INTO user (id,user_name) VALUES (4,'sxj1234');
cqlsh:mycasdb>
```

图 6.12　向 user 表中插入数据

（17）使用“select * from user;”查询数据，如图 6.13 所示。

```
cqlsh:mycasdb> select * from user;

 id | user_name
----+-----------
  1 |       sxj
  2 |     sxj12
  4 |   sxj1234
  3 |    sxj123

(4 rows)
```

图 6.13　查询数据

6.5.3　文档存储数据库

文档存储一般用类似 JSON 的格式存储，存储的内容是文档型的，这样也就有机会对某些字段建立索引，实现关系数据库的某些功能了。“文档”是文档数据库中的主要概念。此类数据库可存放并获取文档，其格式可以是 XML、JSON、BSON 等，这些文档具备可述性（self-describing），呈现分层的树状结构（hierarchical tree data structure），可以包含映射表、集合和纯量值。

6.5.3.1　MongoDB

MongoDB 是用 C++语言编写的，是一个基于分布式文件存储的开源数据库系统，旨在为 Web 应用提供可扩展的高性能数据存储解决方案。

MongoDB 是一个介于关系数据库和非关系数据库之间的产品，是非关系数据库当中功能最丰富、最像关系数据库的 NoSQL 数据库。

MongoDB 将数据存储为一个文档，数据结构由键值（key=>value）对组成。MongoDB 文档类似于 JSON 对象。字段值可以包含其他文档、数组及文档数组。

1. 主要特点

- MongoDB是一个面向文档存储的数据库，操作起来比较简单和容易。
- 可以在MongoDB记录中设置任何属性的索引（如FirstName="Sameer"、Address="8

Gandhi Road"）来实现更快的排序。

- 可以通过本地或者网络创建数据镜像，这使得MongoDB有更强的扩展性。
- 如果负载增加（需要更多的存储空间和更强的处理能力），它可以分布在计算机网络中的其他节点上，这就是所谓的分片。
- Mongo支持丰富的查询表达式。查询指令使用JSON形式的标记，可轻易查询文档中内嵌的对象及数组。
- MongoDB使用update()命令可以实现替换完成的文档（数据）或者一些指定的数据字段。
- MongoDB中的map/reduce主要是用来对数据进行批量处理和聚合操作。map函数调用emit(key,value)遍历集合中所有的记录，将key与value传给reduce函数进行处理。
- map函数和reduce函数是使用JavaScript编写的，并可以通过db.runCommand或mapreduce命令来执行MapReduce操作。
- GridFS是MongoDB中的一个内置功能，可以用于存放大量小文件。
- MongoDB允许在服务端执行脚本，可以用JavaScript编写某个函数，直接在服务端执行，也可以把函数的定义存储在服务端，下次直接调用。
- MongoDB支持各种编程语言：RUBY、PYTHON、JAVA、C++、PHP和C#等。
- MongoDB安装简单。

2. 在Windows平台上安装MongoDB

MongoDB 提供了可用于 32 位和 64 位系统的预编译二进制包，可以从 MongoDB 官网下载安装。在 MongoDB 2.2 版本后已经不再支持 Windows XP 系统，最新版本也没有了 32 位系统的安装文件。

（1）MongoDB 安装

根据系统下载 32 位或 64 位的.msi 文件，下载后双击该文件，按操作提示安装即可。安装过程中，可以通过单击"Custom（自定义）"按钮来设置安装目录。

下一步安装时不勾选"install mongoDB compass"（当然也可以选择安装它，可能需要更久的安装时间）。MongoDB Compass 是一个图形界面管理工具，可以在官网下载安装，下载地址为 https://www.mongodb.com/download-center/compass。

（2）创建数据目录

MongoDB 将数据目录存储在 db 目录下，但是这个数据目录不会主动创建，需要在安装完成后创建。注意，数据目录应该放在根目录下（如 C:\或者 D:\等）。

前面在 C 盘安装了 MongoDB，现在创建一个 data 目录，然后在 data 目录里创建 db 目录。也可以通过 Windows 资源管理器创建。

```
c:\>cd c:\
c:\>mkdir data
c:\>cd data
c:\data>mkdir db
c:\data>cd db
c:\data\db>
```

（3）在命令行下运行 MongoDB 服务器

要在命令提示符下运行 MongoDB 服务器，必须从 MongoDB 目录的 bin 目录中执行 mongod.exe 文件。

```
C:\mongodb\bin\mongod --dbpath c:\data\db
```

（4）连接 MongoDB

在命令窗口中运行 mongo.exe 命令即可连接上 MongoDB：

```
C:\mongodb\bin\mongo.exe
```

（5）配置 MongoDB 服务

以管理员模式打开命令行窗口，执行下面的语句来创建数据库和日志文件的目录：

```
mkdir c:\data\db
mkdir c:\data\log
```

创建一个配置文件，该文件必须设置 systemLog.path 参数，包括一些附加的配置选项。例如，创建一个配置文件 C:\mongodb\mongod.cfg，其中指定 systemLog.path 和 storage.dbPath。具体的配置内容如下：

```
systemLog:
    destination: file
    path: c:\data\log\mongod.log
storage:
    dbPath: c:\data\db
```

（6）安装 MongoDB 服务

执行 mongod.exe，使用--install 选项安装服务，使用--config 选项指定之前创建的配置文件。要使用备用 dbpath，可以在配置文件（例如：C:\mongodb\mongod.cfg）或命令行中通过 --dbpath 选项指定。

```
C:\mongodb\bin\mongod.exe --config "C:\mongodb\mongod.cfg" --install
```

启动 MongoDB 服务：

```
net start MongoDB
```

关闭 MongoDB 服务：

```
net stop MongoDB
```

移除 MongoDB 服务：

```
C:\mongodb\bin\mongod.exe --remove
```

在命令行下运行 MongoDB 服务器和配置 MongoDB 服务中任选一个方式启动就可以。

（7）MongoDB 后台管理 Shell

如果需要进入 MongoDB 后台管理，需要先打开 mongodb 目录下的 bin 目录，然后执行 mongo.exe 文件。MongoDB Shell 是 MongoDB 自带的交互式 JavaScript shell，是用来对

MongoDB 进行操作和管理的交互式环境。当你进入 MongoDB 后台后，它默认会链接到 test 文档（数据库）：

```
> mongo
MongoDB shell version: 3.0.6
connecting to: test
......
```

它是一个 JavaScript shell，可以运行一些简单的算术运算：

```
> 4 + 5
9
>
```

db 命令用于查看当前操作的数据库：

```
> db
test
>
```

插入一些简单的记录并查找它：

```
> db.runoob.insert({x:10})
WriteResult({ "nInserted" : 1 })
> db.runoob.find()
{ "_id" : ObjectId("5604ff74a274a611b0c990aa"), "x" : 10 }
>
```

第一个命令将数字 10 插入到 runoob 集合的 x 字段中。

3. 在Linux平台上安装MongoDB

MongoDB 提供了 Linux 各发行版本 64 位的安装包，可以在官网下载，下载地址为 https://www.mongodb.com/download-center#community。

（1）解压 tgz 在 Linux 上的安装

```
curl -O https://fastdl.mongodb.org/linux/mongodb-linux-x86_64-3.0.6.tgz #下载
tar -zxvf mongodb-linux-x86_64-3.0.6.tgz                # 解压
mv  mongodb-linux-x86_64-3.0.6/ /usr/local/mongodb      # 将解压包复制到指定目录
```

MongoDB 的可执行文件位于 bin 目录下，所以可以将其添加到 PATH 路径中：

```
export PATH=<mongodb-install-directory>/bin:$PATH
```

<mongodb-install-directory>为 MongoDB 的安装路径，如本文的/usr/local/mongodb。

（2）创建数据库目录

MongoDB 的数据存储在 data 目录的 db 目录下，但是这个目录在安装过程中不会自动创建，所以需要手动创建 data 目录，并在 data 目录中创建 db 目录。

以下实例将 data 目录创建于根目录下（/）。注意：/data/db 是 MongoDB 默认的启动数据库路径（--dbpath）。

```
mkdir -p /data/db
```

（3）在命令行中运行 MongoDB 服务

可以在命令行中执行 mongo 安装目录的 bin 目录下的 mongod 命令，来启动 mongdb 服务。

```
$ ./mongod
```

注意：如果数据库目录不是/data/db，可以通过--dbpath 来指定。

（4）MongoDB 后台管理 Shell

如果需要进入 MongoDB 后台管理，需要先打开 mongodb 装目录的下的 bin 目录，然后执行 mongo 命令文件。MongoDB Shell 是 MongoDB 自带的交互式 JavaScript shell，它是一个用来对 MongoDB 进行操作和管理的交互式环境。当进入 MongoDB 后台后，它默认会链接到 test 文档（数据库）：

```
$ cd /usr/local/mongodb/bin
$ ./mongo
MongoDB shell version: 3.0.6
connecting to: test
Welcome to the MongoDB shell.
......
```

JavaScript shell 下的简单算术运算：

```
> 2+2
4
```

（5）MongoDb Web 用户界面

MongoDB 提供了简单的 HTTP 用户界面。如果想启用该功能，就需要在启动的时候指定参数--rest。

```
$ ./mongod --dbpath=/data/db --rest
```

注意：该功能只适用于 MongoDB 3.2 及之前的早期版本。MongoDB 的 Web 界面访问端口比服务的端口多 1000。如果 MongoDB 运行端口使用默认的 27017，可以在端口号为 28017 访问 Web 用户界面，即地址为 http://localhost:28017。

4. MongoDB概念解析

MongoDB 中的一些概念如表 6.4 所示。

表 6.4　MongoDB 中的一些概念

SQL 术语/概念	MongoDB 术语/概念	解释/说明
database	database	数据库
table	collection	数据库表/集合
row	document	数据记录行/文档
column	field	数据字段/域

（续表）

SQL 术语/概念	MongoDB 术语/概念	解释/说明
index	index	索引
table joins		表连接，MongoDB 不支持
primary key	primary key	主键，MongoDB 自动将_id 字段设置为主键

6.5.3.2　CouchDB

CouchDB 是由 Apache 软件基金会开发的一个开源数据库，重点是易于使用、拥抱网络。它是一个 NoSQL 文档存储数据库，使用 JSON 存储数据（文档），使用 Java 脚本作为查询语言来转换文档，使用 HTTP 协议为 API 访问文档，使用 Web 浏览器查询索引。它是一个多主应用程序。

1. CouchDB的优点

CouchDB 有一个基于 HTTP 的 REST API，有助于与数据库轻松地通信。HTTP 资源和方法（GET、PUT、DELETE）的简单结构很容易理解和使用。当将数据存储在灵活的基于文档的结构中时，不需要担心数据的结构。用户提供强大的数据映射、允许查询、组合和过滤信息。CouchDB 提供易于使用的复制，可以在数据库和机器之间复制、共享和同步数据。

2. 数据模型

- 数据库是CouchDB中最外层的数据结构/容器。
- 每个数据库都是独立文档的集合。
- 每个文档都维护自己的数据和自包含模式。
- 文档元数据包含修订信息，可以合并数据库断开时发生的差异。
- CouchDB实现多版本并发控制，以避免在写入期间锁定数据库字段。

3. 文档存储

CouchDB 是一个文档存储 NoSQL 数据库。文档是数据的主要单位，每个字段都是唯一命名的，并且包含各种数据类型的值，例如文本、数字、布尔值、列表等。在这些文档中，对文本大小或元素数量没有设置限制。

CouchDB 提供了一个称为 RESTful HTTP API 的 API，用于读取和更新（添加、编辑和删除）数据库文档。

4. 在Windows中安装CouchDB

从官网（http://couchdb.apache.org）下载 CouchDB 后，运行安装文件 apache-couchdb-2.3.1.msi。安装后，通过访问 http://127.0.0.1:5984/链接打开 CouchDB 的内置 Web 界面。可以通过使用以下 URL 与 CouchDB Web 界面交互：

```
http://127.0.0.1:5984/_utils/
```

然后会显示 Futon 的索引页面，这是 CouchDB 的 Web 界面。

5. 在Linux系统中安装CouchDB

对于许多 Linux 系统，它们在内部提供 CouchDB。按照 https://couchdb.apache.org/说明安装此 CouchDB。

（1）在 Ubuntu 和 Debian 上安装 CouchDB

```
sudo apt install couchdb
```

（2）在 CentOS 上安装 CouchDB

```
sudo yum install couchdb
```

如果 Linux 系统没有 CouchDB，按照 https://couchdb.apache.org/官方文档安装 CouchDB 及其依赖项。以 CentOS 6.5 为例安装所需的依赖软件，在终端中输入以下命令：

```
$sudo yum install autoconf
$sudo yum install autoconf-archive
$sudo yum install automake
$sudo yum install curl-devel
$sudo yum install erlang-asn1
$sudo yum install erlang-erts
$sudo yum install erlang-eunit
$sudo yum install erlang-os_mon
$sudo yum install erlang-xmerl
$sudo yum install help2man
$sudo yum install js-devel
$sudo yum install libicu-devel
$sudo yum install libtool
$sudo yum install perl-Test-Harness
```

注意： 对于所有这些命令，需要使用 sudo。

（3）没有.tar 文件可用于 CouchDB，必须从源代码安装它。

下载 CouchDB 的源文件，创建一个新目录，并将其命名为 CouchDB，通过执行以下命令进入目录并下载 CouchDB 源。

```
$ mkdir CouchDB
$ cd CouchDB/
$ wget
http://www.google.com/url?q=http%3A%2F%2Fwww.apache.org%2Fdist%2Fcouchdb
%2Fsource%2F1.6.1%2Fapache-couchdb-1.6.1.tar.gz
```

下载 CouchDB 的源文件 Apache-CouchDB-1.6.1.tar.gz，用以下命令将其解压缩：

```
$ tar zxvf apache-couchdb-1.6.1.tar.gz
```

配置的 CouchDB 如下：

- 浏览到的CouchDB主文件夹。
- 登录为超级用户。

- 配置使用的./configure提示。

```
$ cd apache-couchdb-1.6.1
$ su
Password:
# ./configure --with-erlang=/usr/lib64/erlang/usr/include/
```

CouchDB 的安装：

```
# make && sudo make install
```

CouchDB 的启动：

```
$ cd apache-couchdb-1.6.1
$ cd etc
$ couchdb start
```

验证：
CouchDB 是一个 Web 界面，我们需要用浏览器验证一下能否访问。输入下面的主页网址：

```
http://127.0.0.1:5984/
```

匹配输出：

```
{
  "couchdb":"Welcome",
  "uuid":"8f0d59acd0e179f5e9f0075fa1f5e804",
  "version":"1.6.1",
  "vendor":{
    "name":"The Apache Software Foundation",
    "version":"1.6.1"
  }
}
```

https://couchdb.apache.org/中有详细说明 CentOS、Debian 和 Ubuntu 等不同版本的系统安装的指令。

6. CouchDB cURL & Futon

1）cURL 实用程序

cURL 实用程序是一种与 CouchDB 通信的方法。cURL 实用程序可用于操作系统，如 UNIX、Linux、Mac OS X 和 Windows。它是一个命令行实用程序，用于直接从命令行访问 HTTP 协议。

2）使用 cURL 实用程序

可以使用 cURL 实用程序访问任何网站（输入 curl 和网站地址），具体如下：

```
curl www.ifeng.com/
```

默认情况下，cURL 实用程序返回请求页面的源代码。它在终端窗口上显示此代码。

3）Futon

Futon 是 CouchDB 内置的基于 Web 的管理界面。它提供了一个简单的图形界面，可以使用它与 CouchDB 进行交互。它提供对所有 CouchDB 功能的完全访问。

（1）数据库

- 创建数据库。
- 销毁数据库。

（2）文件

- 创建文档。
- 更新文档。
- 编辑文档。
- 删除文档。

4）启动 Futon

确保 CouchDB 正在运行，然后在浏览器中打开以下网址：

```
http://127.0.0.1:5984/_utils/
```

7. CouchDB HTTP API

使用 HTTP 请求头，可以使用 CouchDB 进行沟通。通过这些要求，可以以文件的形式对数据库检索数据、存储数据。

8. CouchDB创建数据库

使用 cURL 实用程序创建数据库，可以使用 PUT 方法通过 cURL 实用程序向服务器发送 HTTP 请求，在 CouchDB 中创建数据库。以下是创建数据库的语法：

```
$ curl -X PUT http://127.0.0.1:5984/ database_name
```

使用-X 可以指定要使用的 HTTP 自定义请求方法。使用 PUT 操作时，url 的内容指定使用 HTTP 请求创建的对象名称。这里使用 put 请求在 url 中发送数据库的名称来创建数据库。例如，使用上面给定的语法，创建一个名称为 my_database 的数据库。作为响应，服务器将返回一个 JSON 文档，内容为"\"ok\"：true"，表示操作成功。

```
curl -X PUT http://127.0.0.1:5984/my_database
{
    "ok":true
}
```

通过列出所有数据库验证是否创建了数据库：

```
$ curl -X GET http://127.0.0.1:5984/_all_dbs
[ "_replicator " , " _users " , " my_database " ]
```

6.5.4　键值存储数据库

键值（Key-Value）存储数据库是一种 NoSQL（非关系型数据库）模型，其数据按照键值对的形式进行组织、索引和存储。键值存储非常适合不涉及过多数据关系和业务关系的业务数据，同时能有效减少读写磁盘的次数，比 SQL 数据库存储拥有更好的读写性能。

6.5.4.1　AeroSpike

AeroSpike 是一个以分布式为核心基础，可基于行随机存取内存中索引、数据或 SSD 存储中数据的数据库，它提供类似传统数据库的 ACID 操作。

必须提的键值存储数据库就是 Redis。Redis 数据完全存储在内存中，虽然保证了查询性能，但是成本太高。AeroSpike 最大的卖点是可以存储在 SSD 上，并且保证和 Redis 相同的查询性能。AeroSpike 内部在访问 SSD 时屏蔽了文件系统层级，直接访问地址，保证了数据的读取速度。AeroSpike 同时支持二级索引与聚合，支持简单的 SQL 操作，相比于其他 NoSQL 数据库有一定的优势。

1. 解压安装

下载地址：https://www.aerospike.com/artifacts/aerospike-server-community/，解压执行 asinstall，service aerospike [start|stop|status]管理服务，/etc/aerospike/aerospike.conf 服务端配置文件中 network 块中 heartbeat 部分配置了集群的组播地址与端口，namespace 块定义自己的业务命名空间；/etc/aerospike/astools.conf 为 aql 端配置文件，其中 aql 块中 timeout 项被屏蔽默认 1000 毫秒，实操经验显示太短，建议改为 2000 以上。AeroSpike 是集群部署，一个集群至少有 1 个节点：

```
#解压缩
[root@localhost ~]# tar xvf aerospike-server-community-4.2.0.5-el7.tgz
aerospike-server-community-4.2.0.5-el7/
aerospike-server-community-4.2.0.5-el7/SHA256SUMS
aerospike-server-community-4.2.0.5-el7/aerospike-tools-3.15.3.8-1.el7.x86_
64.rpm
aerospike-server-community-4.2.0.5-el7/LICENSE
aerospike-server-community-4.2.0.5-el7/asinstall
aerospike-server-community-4.2.0.5-el7/aerospike-server-community-4.2.0.5-
1.el7.x86_64.rpm
#进入安装目录）
[root@localhost ~]# cd aerospike-server-community-4.2.0.5-el7/
#安装
[root@localhost aerospike-server-community-4.2.0.5-el7]# ./asinstall
Installing tools
rpm -Uvh aerospike-tools-3.15.3.8-1.el7.x86_64.rpm
准备中...                      ############################### [100%]
    软件包aerospike-tools-3.15.3.8-1.el7.x86_64 已经安装
Installing server
```

```
rpm -Uvh aerospike-server-community-4.2.0.5-1.el7.x86_64.rpm
准备中...                          ################################ [100%]
     软件包 aerospike-server-community-4.2.0.5-1.el7.x86_64 已经安装
#启动服务
[root@localhost aerospike-server-community-4.2.0.5-el7]# service aerospike
start
/bin/mountpoint: /usr/local/lib/libuuid.so.1: no version information
available (required by /lib64/libblkid.so.1)
/bin/mountpoint: /usr/local/lib/libuuid.so.1: no version information
available (required by /lib64/libblkid.so.1)
Redirecting to /bin/systemctl start  aerospike.service
#查看服务状态
[root@localhost aerospike-server-community-4.2.0.5-el7]# service aerospike
status
/bin/mountpoint: /usr/local/lib/libuuid.so.1: no version information
available (required by /lib64/libblkid.so.1)
/bin/mountpoint: /usr/local/lib/libuuid.so.1: no version information
available (required by /lib64/libblkid.so.1)
Redirecting to /bin/systemctl status  aerospike.service
#客户端接入
[root@localhost aerospike-server-community-4.2.0.5-el7]# aql
Seed:       127.0.0.1
User:       None
Config File: /etc/aerospike/astools.conf /root/.aerospike/astools.conf
Aerospike Query Client
Version 3.15.3.8
C Client Version 4.3.12
Copyright 2012-2017 Aerospike. All rights reserved.
aql> show namespaces
+--------------+
| namespaces |
+--------------+
| "test"     |
| "myns"     |
+--------------+
[127.0.0.1:3000] 2 rows in set (0.003 secs)
OK
#查看接入配置
aql> get all
ECHO = false
VERBOSE = false
OUTPUT = TABLE
OUTPUT_TYPES = true
TIMEOUT = 3000
LUA_USERPATH = /opt/aerospike/usr/udf/lua
```

```
LUA_SYSPATH = /opt/aerospike/sys/udf/lua
USE_SMD = false
RECORD_TTL = 0
RECORD_PRINT_METADATA = false
REPLICA_ANY = false
KEY_SEND = false
DURABLE_DELETE = false
FAIL_ON_CLUSTER_CHANGE = true
SCAN_PRIORITY = AUTO
NO_BINS = false
LINEARIZE_READ = false
```

2. 基本概念

1）namespaces

namespaces 是 AeroSpike 数据存储的最高层级，相当于传统的数据库的库层级。一个 namespace 包含记录（records）、索引（indexes）及策略（policies）。

2）set

set 存储于 namespace，是一个逻辑分区，相当于传统数据库的表。set 的存储策略继承自 namespace，也可以为 set 设置单独的存储策略。

3）records

records 相当于传统数据库的行，包含 key、bins（value）和 metadata（元数据）。key 全局唯一，作为键值数据库一般也是通过 key 去查询。bins 相当于列，存储具体的数据。元数据存储一些基本信息。

4）key

key 是相伴摘要（digests）的概念，当 key 被存入数据库时，key 与 set 信息一起被哈希化成一个 160 位的摘要。摘要为所有操作定位记录。key 主要用于应用程序访问，而摘要主要用于数据库内部记录查找。

5）metadata

每一条记录包含以下几条元数据：

- generation（代）：表示记录被修改的次数。
- time-to-live（TTL）：AeroSpike会自动根据记录的TTL使其过期。每次在对象上执行写操作TTL就会增加。
- last-update-time（LUT）：上次更新时间，这是一个数据库内部的元数据。

6）bins

在一条记录里，数据被存储在一个或多个 bins 里。bins 由名称和值组成。bins 不需要指定数据类型，数据类型由 bins 中的值决定。

AeroSpike 主要用于广告业务，作为一个服务器端的 cookie 存储来使用，在这种场景下读取和写入性能是至关重要的。

6.5.4.2 LevelDB

LevelDB 是 Google 开发的一个非常高效的键值类型数据库，支持十亿级别的数据量，在这个数量级别下还有非常高的性能，主要归功于它良好的设计，特别是 LSM 算法。LevelDB 已经作为存储引擎被 Riak 和 Kyoto Tycoon 所支持，在国内淘宝的 Tair 开源键值存储也已经将 LevelDB 作为其持久化存储引擎，并部署在线上使用。LevelDB 很适合应用在查询较少而写很多的场景。

1. LevelDB的特点和限制

1）特点

- key和value都是任意长度的字节数组。
- entry（一条键值记录）默认是按照key的字典顺序存储的，当然开发者也可以重载这个排序函数。
- 提供的基本操作接口：Put()、Delete()、Get()、Batch()。
- 支持批量操作以原子操作进行。
- 可以创建数据全景的snapshot（快照），并允许在快照中查找数据。
- 可以通过前向（或后向）迭代器遍历数据（迭代器会隐含地创建一个snapshot）。
- 自动使用Snappy压缩数据。
- 可移植性。

2）限制

- 非关系型数据模型（NoSQL），不支持SQL语句，也不支持索引。
- 一次只允许一个进程访问一个特定的数据库。
- 没有内置的C/S架构，但开发者可以使用LevelDB库自己封装一个Server。

2. LevelDB安装

1）下载 LevelDB

```
git clone https://github.com/google/leveldb.git
```

2）编译 LevelDB

```
cd leveldb/
make
```

编译的动态库和静态库分别在 out-shared、out-static 下：

```
ls leveldb/out-shared/libleveldb.so.1.20
ls leveldb/out-static/libleveldb.a
```

3）安装 LevelDB
只有动态库需要安装，静态库在编译的时候直接链接即可。

```
# cp leveldb header file
```

```
sudo cp -r /leveldb/include/ /usr/include/
# cp lib to /usr/lib/
sudo cp /leveldb/out-shared/libleveldb.so.1.20 /usr/lib/
# create link
sudo ln -s /usr/lib/libleveldb.so.1.20 /usr/lib/libleveldb.so.1
sudo ln -s /usr/lib/libleveldb.so.1.20 /usr/lib/libleveldb.so
# update lib cache
sudo ldconfig
```

查看安装是否成功：

```
ls /usr/lib/libleveldb.so*
# 显示下面 3 个文件即安装成功
/usr/lib/libleveldb.so.1.20
/usr/lib/libleveldb.so.1
/usr/lib/libleveldb.so
```

3. LevelDB使用

1）编写一个实例测试 LevelDB

hello_leveldb.cc

```cpp
#include <iostream>
#include <cassert>
#include <cstdlib>
#include <string>
// 包含必要的头文件
#include <leveldb/db.h>
using namespace std;
int main(void)
{
    leveldb::DB *db = nullptr;
    leveldb::Options options;
    // 如果数据库不存在就创建
    options.create_if_missing = true;
    // 创建的数据库在 /tmp/testdb 下
    leveldb::Status status = leveldb::DB::Open(options, "/tmp/testdb", &db);
    assert(status.ok());
    std::string key = "A";
    std::string value = "a";
    std::string get_value;
    // 写入 key1 -> value1
    leveldb::Status s = db->Put(leveldb::WriteOptions(), key, value);
    // 写入成功，就读取 key:people 对应的 value
    if (s.ok())
        s = db->Get(leveldb::ReadOptions(), "A", &get_value);
    // 读取成功就输出
```

```
    if (s.ok())
        cout << get_value << endl;
    else
        cout << s.ToString() << endl;
    delete db;
    return 0;
}
```

编译——静态链接：

```
cp leveldb/out-static/libleveldb.a ./
g++ hello_leveldb.cc -o hello_leveldb ./libleveldb.a -lpthread
```

编译——动态链接：

```
g++ hello_leveldb.cc -o hello_leveldb -lpthread -lleveldb
```

运行结果：

```
./hello_leveldb
# 输出值为 a，说明成功存储和获取
a
# 查看数据库
ls /tmp/testdb
```

6.5.4.3 Scalaris

Scalaris 是一个采用 Erlang 开发的分布式键值存储系统，提供的 API 包括 Java、Python、Ruby 和 JSON，操作系统是 Linux，开发语言是 ErLang。Armstrong 2008 出版的《Erlang 程序设计》教材有 Scalaris 详细的介绍。

可以从 https://sourceforge.net/projects/scalaris/files/官网下载安装包。

6.5.4.4 Voldemort

Voldemort 是非关系数据库中的一类键值（Key-Value）存储数据库，是 Amazon's Dynamo 的一个开源克隆。它有一个经典 three-operation 键/值接口，但在大型分布式集群架构上进行复杂的后端处理。Voldemort 使用一致的哈希表，允许特定的键值对存储位置进行快速查找。Voldemort 有版本控制，会处理值间的不一致性。

1. 特点

Voldemort 是一种区别于关系型数据库、利用非关系存储的键值数据库，对于 IT 系统来说易于部署、模型简单，但是 DBA 只对部分值进行查询、更新时效率较低。

2. 结构

- Voldemort属于键值存储，数据模型较简单，类似于文档型存储。
- 数据模型采用Key指向Value的键值对，使用哈希表来实现。
- 查找速度快，但数据无结构化，通常只被当作字符串或者二进制数据。

3. 功能

Voldemort 作为一个开源分布式键值存储系统，它的具体功能有：

- 支持自动复制数据到多个服务器上。
- 支持数据自动分割，所以每个服务器只包含总数据的一个子集。
- 提供服务器故障透明处理功能。
- 支持可拔插的序化支持，以实现复杂的键值存储，它能够很好地集成常用的序化框架，比如Protocol Buffers、Thrift、Avro和Java Serialization。
- 数据项都被标识版本，能够在发生故障时尽量保持数据的完整性，而不会影响系统的可用性。
- 每个节点相互独立且互不影响。
- 支持可插拔的数据放置策略。

6.5.4.5 HyperDex

HyperDex 的贡献者是 Facebook。HyperDex 是一个分布式、可搜索的键值存储系统，特性如下：

- 分布式键值存储系统，系统性能能够随节点数目线性扩展。
- 吞吐和延时都能秒杀现在风头正劲的MonogDB，吞吐甚至强于Redis。
- 使用了hyperspace hashing技术，使得对存储的Key-Value的任意属性进行查询成为可能。

HyperDex 可以安装运行在 macOS、Linux 和 Windows 系统环境下，源码下载官网为 https://github.com/atomiclabs/hyperdex。

HyperDEX 只是 marketmaker 守护进程之上的一个 GUI 层，它连接到 Komodo 平台的 BarterDEX 网络。marketmaker 是一个独立的项目。marketmaker 目前正处于原型阶段，因此可能会非常不可靠，这将影响 HyperDEX 的使用。

官方文档：http://hyperdex.org/doc/latest/InstallingHyperDex/。

6.5.4.6 Berkeley DB

Berkeley DB 是一个开源的文件数据库，介于关系数据库与内存数据库之间，使用方式与内存数据库类似。它提供的是一系列直接访问数据库的函数，而不是像关系数据库那样需要网络通信、SQL 解析等步骤。Berkeley DB 是历史悠久的嵌入式数据库系统，主要应用在 UNIX/Linux 操作系统上，其设计思想是简单、小巧、可靠、高性能。

Berkeley DB（BDB）是一个高性能的嵌入数据库编程库，和 C、C++、Java、Perl、Python、PHP、Tcl 以及其他很多语言都有绑定。Berkeley DB 可以保存任意类型的键值对，而且可以为一个键保存多个数据。Berkeley DB 可以支持数千的并发线程同时操作数据库，支持最大 256TB 的数据，广泛用于各种操作系统，包括大多数 UNIX 类操作系统和 Windows 操作系统以及实时操作系统。

1. BerkeleyDB是一种以key-value为结构的嵌入式数据库引擎

- 嵌入式：BDB提供了一系列应用程序接口（API），调用这些接口很简单，应用程序和BDB所提供的库一起编译/链接成为可执行程序。

- NoSQL：BDB不支持SQL语言，对数据的管理很简单。BDB数据库包含若干条记录，每条记录由关键字和数据（key-value）两部分构成。数据可以是简单的数据类型，也可以是复杂的数据类型，例如C语言的结构体。BDB对数据类型不做任何解释，完全由程序员自行处理，典型的C语言指针的自由风格。

2. BDB可以分为几个子系统

- 存储管理子系统（Storage Subsystem）。
- 内存池管理子系统（Memory Pool Subsystem）。
- 事务子系统（Transaction Subsystem）。
- 锁子系统（Locking Subsystem）。
- 日志子系统（Logging Subsystem）。

BDB 的每一个基础功能模块都被设计为独立的，也就意味着其使用领域并不局限于 BDB 本身，例如加锁子系统可以用于非 BDB 应用程序的通用操作，内存共享缓冲池子系统可以用于在内存中基于页面的文件缓冲。

3. BDB库的安装

从官网 http://www.oracle.com/technetwork/products/berkeleydb/overview/index.html 下载、解压后执行下面的命令：

```
cd build_unix
../dist/configure
make
make install
```

BDB 默认把库和头文件安装在目录 /usr/local/BerkeleyDB.6.1/下，使用下面的命令就可以正确编译程序：

```
gcc test.c  -I/usr/local/BerkeleyDB.6.1/include/
-L/usr/local/BerkeleyDB.6.1/lib/ -ldb -lpthread
```

6.5.4.7　Apache Accumulo

Apache Accumulo 是一个可靠、可伸缩、高性能、排序分布式的 Key-Value 存储解决方案。它提供基于单元访问控制以及可定制的服务器端处理，使用 Google BigTable 设计思路，基于 Apache Hadoop、ZooKeeper 和 Thrift 构建。

Accumulo 是一个基于谷歌 Big Table、采用键值的分布式数据存储。这个开源项目是由美国国家安全局开发，于 2011 年发布的。Accumulo 是一个可在 Hadoop 环境中运行的 Apache 项目，具有 Big Table 中所没有的功能，其中包括了基于单元的访问控制。

Accumulo 的键包括了一个指定安全性标签的可见属性，例如系统管理员、财务或业务管理人员等。因为每一个键都与一个值相关，相当于关系型表格中的一行，所以基于键的访问控制也就限制了用户能够查询或操作的行的集合。然后，用户就会被分配指定某种安全性标签的授权，可以被组合在逻辑表达式中，以便于创建所需的访问控制。例如，一个财务部的经理就会被分配"经理"和"财务"两个标签。

Accumulo 构建于其他 Apache 软件的基础之上，基于 JDK，通过 ZooKeeper 进行集群调度，其数据以文件形式存储在 HDFS 上。在 Accumulo 启动之前，HDFS 与 ZooKeeper 必须已经处于活动状态。

官网地址：https://accumulo.apache.org/。

6.5.4.8　Redis

REmote DIctionary Server（Redis）是一个由 Salvatore Sanfilippo 编写的 key-value 存储系统。Redis 是一个开源的使用 ANSI C 语言编写、遵守 BSD 协议、支持网络、可基于内存亦可持久化的日志型 Key-Value 数据库，它提供多种语言的 API。

Redis 通常被称为数据结构服务器，因为值（value）可以是字符串（string）、哈希（hash）、列表（list）、集合（set）和有序集合（sorted set）等类型。

1. Redis与其他key - value缓存产品的三个特点

- Redis支持数据的持久化，可以将内存中的数据保存在磁盘中，重启的时候可以再次加载进行使用。
- Redis不仅支持简单的key-value类型的数据，还提供list、set、zset和hash等数据结构的存储。
- Redis支持数据的备份，即master-slave模式的数据备份。

2. 数据结构

- string：字符串。
- hash：散列。
- list：列表。
- set：集合。
- sorted set：有序集合。

3. 相关资源

- Redis官网：https://redis.io/。
- Redis在线测试：http://try.redis.io/。
- Redis命令参考：http://doc.redisfans.com/。

4. Window下安装Redis

Redis 支持 32 位和 64 位。下载 Redis-x64-xxx.zip 压缩包到 C 盘，解压后将文件夹重新命名为 redis。

打开一个 cmd 窗口，使用 cd 命令切换目录到 C:\redis 运行：

```
redis-server.exe redis.windows.conf
```

重新打开一个 cmd 窗口，原来的不要关闭，不然就无法访问服务端了。切换到 redis 目录下运行：

```
redis-cli.exe -h 127.0.0.1 -p 6379
```

设置键值对：

```
set myKey abc
```

取出键值对：

```
get myKey
```

运行结果如图 6.14 所示。

图 6.14 Redis 启动

5. Linux下安装Redis

下载 Linux 平台的安装包并安装：

```
$ wget http://download.redis.io/releases/redis-2.8.17.tar.gz
$ tar xzf redis-2.8.17.tar.gz
$ cd redis-2.8.17
$ make
```

完成之后 redis-2.8.17 目录下会出现编译后的 Redis 服务程序 redis-server，还有用于测试的客户端程序 redis-cli。两个程序位于安装目录的 src 目录下。下面启动 Redis 服务：

```
$ cd src
$ ./redis-server
```

以这种方式启动 Redis 使用的是默认配置。也可以通过启动参数告诉 Redis 使用指定配置文件启动：

```
$ cd src
$ ./redis-server ../redis.conf
```

redis.conf 是一个默认的配置文件，可以根据需要使用自己的配置文件。启动 Redis 服务进程后，就可以使用测试客户端程序 redis-cli 和 Redis 服务交互了，比如：

```
$ cd src
$ ./redis-cli
redis> set foo bar
OK
redis> get foo
"bar"
```

6.5.5　图存储数据库

图数据库（Graph Database）源起欧拉和图理论，也可称为面向/基于图的数据库。图数据库的基本含义是以"图"这种数据结构存储和查询数据，而不是存储图片的数据库。它的数据模型主要是以节点和关系（边）来体现，也可处理键值对。它的优点是快速解决复杂的关系问题。

1. 图数据库特征

- 包含节点和边。
- 节点上有属性（键值对）。
- 边有名字和方向，并且总是有一个开始节点和一个结束节点。
- 边也可以有属性。

2. 属性图模型（Property Graph Model）

- 一个图中会记录节点和关系。
- 关系可以用来关联两个节点。
- 节点和关系都可以拥有自己的属性。
- 可以赋予节点多个标签（类别）。

属性图模型的示意图如图 6.15 所示。

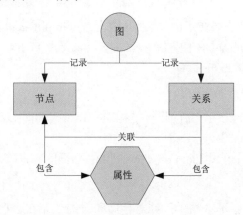

图 6.15　属性图模型

3. 常用的图数据库

1）Neo4j

Neo4j 是一个高性能的 NoSQL 图形数据库，它将结构化数据存储在网络上而不是表中。它是一个嵌入式、基于磁盘、具备完全事务特性的 Java 持久化引擎，但是它将结构化数据存储在网络（从数学角度叫作图）上而不是表中。Neo4j 也可以被看作是一个高性能的图引擎，该引擎具有成熟数据库的所有特性。程序员工作在一个面向对象、灵活的网络结构下，而不是严格、静态的表中——但是他们可以享受具备完全的事务特性、企业级的数据库的所有好处。

官网：https://neo4j.com/。

2）FlockDB

FlockDB 是 Twitter 为进行关系数据分析而构建的图形数据库。FlockDB 和其他图形数据库（如 Neo4j、OrientDB）的区别在于图的遍历，Twitter 的数据模型不需要遍历社交图谱。尽管如此，FlockDB 应用于 Twitter 这样的大型站点，以及相比其他图形数据库的简洁性，仍然值得关注。

FlockDB 是一个开源的分布式容错图数据库，用于管理宽而浅的网络图。Twitter 最初用于存储用户之间的关系，例如关注和收藏。FlockDB 与其他图形数据库不同，例如 Neo4j，它不是为多跳图遍历而设计的，而是为快速设置操作而设计的，与 Redis 集的主要用例不同。由于它仍处于 Twitter 使用之外的打包过程中，因此代码仍然非常粗糙，尚无可用的稳定版本。FlockDB 发布在 GitHub 上，Twitter 用于查询 FlockDB 分布式数据存储区。该数据库根据 Apache 许可证进行许可。

GitHub：https://github.com/twitter-archive/flockdb。

维基百科：https://en.wikipedia.org/wiki/FlockDB。

3）AllegroGrap

AllegroGrap 是一个基于 W3C 标准为资源描述框架构建的图形数据库。它为处理链接数据和 Web 语义而设计，支持 SPARQL、RDFS++和 Prolog。

官网：https://franz.com/agraph/support/documentation/current/agraph-introduction.html。

4）GraphDB

GraphDB 是德国 sones 公司在.NET 基础上构建的。GraphDB 社区版遵循 AGPL v3 许可协议，企业版是商业化的。GraphDB 托管在 Windows Azure 平台上。

官网：http://www.graphdb.net/。

5）InfiniteGraph

InfiniteGraph 基于 Java 实现，它的目标是构建"分布式的图形数据库"，已被美国国防部和美国中央情报局采用。

官网：https://www.objectivity.com/products/infinitegraph/。

6）Titan

Titan 是一个可扩展的图形数据库，针对存储和查询分布在多机群集中的数百亿个顶点和边缘的图形进行了优化。Titan 是一个事务性数据库，可以支持数千个并发用户实时执行复杂的图形遍历。

官网：http://titan.thinkaurelius.com/。

7）OrientDB

OrientDB 是兼具文档数据库的灵活性和图形数据库管理链接能力的深层次扩展的文档——图形数据库管理系统，可选无模式、全模式或混合模式，支持许多高级特性，诸如 ACID 事务、快速索引、原生和 SQL 查询功能。可以 JSON 格式导入和导出文档。若不执行昂贵的 JOIN 操作，如同关系数据库可在几毫秒内检索数以百计的链接文档图。

官网：https://orientdb.com/。

除此之外，还有其他一些图形数据库，如 InfoGrid、Ravel、Trinity 和 HypergraphDB。Ravel 构建在开源的 Pregel 实现之上。微软研究院的 Trinity 项目也是一个图形数据库项目。

6.5.6　对象存储数据库

对象存储是用来描述解决和处理离散单元的方法的通用术语，以扩展元数据为特征。就像文件一样，对象包含数据，和文件不同的是，对象在一个层结构中不会再有层级结构。每个对象都在一个被称作存储池的扁平地址空间的同一级别里，一个对象不会属于另一个对象的下一级。

1. db4o

db4o 是一个开源的、纯面向对象的数据库引擎，它对于 Java 与.NET 开发者来说都是一个简单易用的对象持久化工具，使用非常简单。

使用 db4o 无须 ORM 工具就可以直接进行对象存储，它支持 Java 和.Net 平台，可以自定义数据加密算法。与其他 ODBMS 不同，db4o 为开源软件，通过开源社区的力量驱动开发 db4o 产品。db4o 是 100%原生的面向对象数据库，直接使用编程语言来操作数据库。程序员无须进行 OR 映射来存储对象，大大节省了程序员在存储数据方面的开发时间。

同时，db4o 的一个特点就是无须 DBA 管理，占用资源很小，这很适合嵌入式应用以及 Cache 应用，所以自从 db4o 发布以来，迅速吸引了大批用户将 db4o 用于各种各样的嵌入式系统，包括流动软件、医疗设备和实时控制系统。

GitHub：https://github.com/lytico/db4o。

2. Versant

Versant Object Database 提供强大的数据管理，面向 C++、Java 或.NET 的对象模型，支持并发和大规模数据集合。Versant 对象数据库是一个对象数据库管理系统（ODBMS，Object Database Management System）。它主要被用在复杂、分布式和异构的环境中，用来减少开发量和提高性能。

官网：http://www.versant.com/index.aspx。

6.5.7　XML 数据库

XML 数据库是一种支持对 XML（标准通用标记语言下的一个应用）格式文档进行存储和查询等操作的数据管理系统。在系统中，开发人员可以对数据库中的 XML 文档进行查询、导出和指定格式的序列化。

XML 本质上只是一种数据格式，它的本意并不在管理数据，因此在 XML 应用中，数据的管理仍然要借助于数据库，尤其是数据量很大、性能要求很高的时候。XML 数据库这一称谓并不是一个正式的术语，不能把它和关系数据库相提并论，它是一个比较模糊的称呼，这里所指的 XML 数据库是指能够管理 XML 数据的数据库管理系统。

1. XML数据库类型

利用数据库管理 XML 数据主要有两种方法：一是在已有的关系数据库管理系统，或面向对象数据库管理系统的基础上扩充相应的功能，使得能够胜任 XML 数据的管理，称之为支持 XML 的数据库，亦称为 XML 使能数据库；二是为了管理 XML 数据而量身定做的数据库管理系统，称之为原生 XML 数据库，亦称为纯 XML 数据库。

1）支持 XML 的数据库

要使 RDBMS 支持 XML 存储和查询，必须有一个 XML 转换层。这个转换层可以是 RDBMS 中的一个模块，也可以是 RDBMS 之上的一个中间件。这个转换层完成 XML 数据/查询与关系数据/查询之间的转换，其中包括两个模块：一个分裂器和一个查询翻译器。

2）原生 XML 数据库

满足以下三个条件的 XML 数据库才能称之为原生 XML 数据库：

（1）为 XML 文档定义一个（逻辑）模型，XML 数据的存储和查询都是基于这个模型，这个模型至少包含元素、属性以及 PCDATA 等，以保持文档顺序。

（2）将 XML 文档作为（逻辑）存储的基本单位，正如关系数据库将元组作为它存储的基本单位一样。

（3）不要求只能使用某一特定的底层物理模型或某种专用的存储格式。

2. 开源XML数据库

1）Sedna

Sedna 是一个原生的 XML 数据库，提供了全功能的核心数据库服务，包括持久化存储、ACID 事务、索引、安全、热备、UTF8 等，实现了 W3C XQuery 规范，支持全文搜索以及节点级别的更新操作。

2）pureXML

pureXML 为数据库的应用及开发开辟了新的领域。其意义不仅仅是提供了一种存储 XML 数据更有效的方式，用于使用 XML 数据的各类领域；同时，pureXML 代表层次型数据组织方式，有关系型和层次型两种数据建模的方法。对于传统非 XML 的关系型数据，在某些情况下将传统关系型的数据转化为层次型存储，也将带来巨大的业务价值。

3）BaseX

BaseX 是一个 XML 数据库，用来存储紧缩的 XML 数据。它提供了高效的 XPath 和 XQuery 的实现，还包括一个前端操作界面。

4）XMLDB

XMLDB 使用关系型数据库来存储任意的 XML 文档，所以文档的搜索速度特别快，同时执行 XSL 转换也相当快。XMLDB 还提供了一个 PHP 模块，可以应用在 Web 应用中。

5）TPoX

TPoX 是一个应用级的基准 XML 数据库的基础上的金融应用方案，也是用来评价业绩的 XML 数据库系统。它侧重于解决 XQuery 查询、使用 SQL/XML 的 XML 存储、XML 索引、

XML 架构的支持、XML 的更新、并发等问题。

6）X-Hive/DB

X-Hive/DB 是一个为需要高级 XML 数据处理和存储功能的软件开发者设计的强大的专属 XML 数据库。X-Hive/DB Java API 包含存储、查询、检索、转换和发表 XML 数据的方法。

6.6　本章小结

本章从数据库的概念和分类着手，具体介绍了关系数据库定义和常用关系数据库，接着介绍了关系数据库与非关系数据库的区别与联系，然后着重介绍了 SQLite 和 MySQL 这两款目前常用的关系型数据库安装、环境配置、语法和 Python 的连接操作等，最后重点按类别介绍了 NoSQL 数据库的类别、应用和特点。

第7章

数据仓库/商业智能

数据仓库和商业智能（DW/BI）系统的作用在于为业务人员提供制定操作性和战略性业务决策所需的信息和工具。这些决策可以决定公司的成败，一个非常好的业务决策系统可以给许多公司带来数百万美元的收益。不管制定的决策是战略性的还是操作性的，许多"分析型应用程序"都支持这一操作，DW/BI 小组都需要提供必要的信息来制定这些决策。本章简要介绍数据仓库与商业智能。

7.1　数据仓库和商业智能简介

数据仓库和商业智能系统的演进分为五个阶段（见图 7.1，来源于网络）。

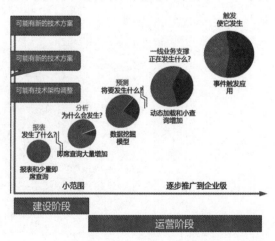

图 7.1　数据仓库/商业智能系统演进的五个阶段

前三阶段的数据仓库都是以支持企业内部战略性决策为重点的，第四阶段和第五阶段重在战术性决策支持。数据仓库演变的第四阶段是动态数据仓库。为了使数据仓库的决策功能真正服务于日常业务，必须持续不断地获取数据并将其填充到数据仓库中。战略决策可使用按月或周更新的数据，但以这种频率更新的数据是无法支持战术决策的。此时，查询响应时间必须以秒为单位来衡量才能满足作业现场的决策需要。第五阶段是主动的事件，事件自动触发战术决策支持。越来越多的决策由事件触发，然后自动发生。动态数据仓库可以为整个企业提供信息和决策支持，而不只限于战略决策过程。然而，战术决策支持并不能替代战略决策支持。确切地说，动态数据仓库同时支持这两种方式。

1. 数据仓库

数据仓库（Data Warehouse，DW/DWH）是为企业所有级别的决策制定过程提供所有类型数据支持的战略集合。它是单个数据存储，用于分析性报告和决策支持，为需要业务智能的企业提供指导业务流程改进，监视时间、成本、质量以及控制。

2. 商业智能

商业智能（Business Intelligence，BI）又称商业智慧或商务智能，它利用现代数据仓库技术、线上分析处理技术、数据挖掘和数据展现技术进行数据分析，以实现商业价值。

7.2　数据仓库架构

数据仓库是一个集成、面向主题的数据集合，设计的目的是支持 DSS（决策支持系统）功能。在数据仓库里，每个数据单元都与特定的时间相关。数据仓库包括原子级别的数据和轻度汇总的数据，是面向主题、集成、不可更新（稳定性）、随时间不断变化（不同时间）的数据集合，用以支持经营管理中的决策制定过程。数据仓库架构如图 7.2 所示。

1. 数据采集层（ODS）

数据采集层为临时存储层，是接口数据的临时存储区域，为进一步的数据处理做准备。通常数据采集层的数据与源系统的数据同构，目的是简化后续数据处理的工作。数据采集层的数据粒度最细。数据采集层的表通常包括两类：一类用于存储当前需要加载的数据，一类用于存储处理完后的历史数据。历史数据一般保存 3~6 个月后清除，以节省空间。不同的项目要区别对待，如果源系统的数据量不大，那么可以保留更长的时间，甚至全量保存。

2. 数据分析层（PDW）

PDW 层为数据仓库层，保存的是一致、准确、干净的数据，即对源系统数据进行清洗后的数据。这一层的数据一般遵循数据库第三范式，其数据粒度通常和 ODS 的粒度相同。在 PDW 层会保存 BI 系统中所有的历史数据，例如保存十几年的数据。

3. 数据共享层（DM）

DM 层为数据集市层，这层数据是面向主题来组织数据的，通常是星形或雪花结构的数据。该层的数据粒度是轻度汇总级的数据，已经不存在明细数据；从数据的时间跨度来说，通常是PDW 层的一部分，主要目的是为了满足用户分析的需求；从分析的角度来说，用户通常只需要分析近几年的即可；从数据的广度来说，仍然覆盖了所有业务数据。

4. 数据应用层（APP）

APP 层为应用层，该层数据是完全为了满足具体的分析需求而构建的数据，也是星形或雪花结构的数据。从数据粒度来说是高度汇总的数据；从数据的广度来说则并不一定会覆盖所有业务数据，而是 DM 层数据的一个真子集，从某种意义上来说是 DM 层数据的一个重复；从极端情况来说，可以为每一张报表在 APP 层构建一个模型来支持，达到以空间换时间目的的数据仓库的标准分层，实际实施时需要根据实际情况确定数据仓库的分层，不同类型的数据也可能采取不同的分层方法。

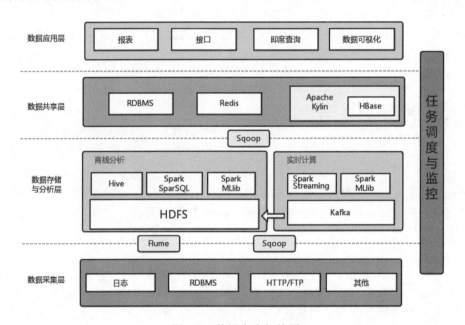

图 7.2 数据仓库架构图

7.3 OLAP

OLAP（联机分析处理）是一种软件技术，它使分析人员能够迅速、一致、交互地从各个方面观察信息，以达到深入理解数据的目的。它具有 FASMI（Fast Analysis of Shared Multidimensional Information，共享多维信息的快速分析）特征：F 是快速性（Fast），指系统能在数秒内对用户的多数分析要求做出反应；A 是可分析性（Analysis），指用户无须编程就可以定义新的专门计算，将其作为分析的一部分，并以用户所希望的方式给出报告；M 是多维性（Multi—dimensional），提供对数据分析的多维视图和分析；I 是信息性（Information），能及时获得信息，并且管理大容量信息。

1. 体系结构

数据仓库与 OLAP 的关系是互补的。现代 OLAP 系统一般以数据仓库作为基础，即从数据仓库中抽取详细数据的一个子集，并经过必要的聚集存储到 OLAP 存储器中，供前端分析工具读取。

按照其存储器的数据存储格式，OLAP 系统可以分为关系 OLAP（Relational OLAP，ROLAP）、多维 OLAP（Multidimensional OLAP，MOLAP）和混合型 OLAP（Hybrid OLAP，HOLAP）三种类型。

2. 基本功能

1）切片和切块（Slice and Dice）

切片和切块是在维上做投影操作。切片就是在多维数据上选定一个二维子集的操作，即在某两个维上取一定区间的维成员或全部维成员，而在其余的维上选定一个维成员的操作。维是观察数据的角度，那么切片的作用或结果就是舍弃一些观察角度，使人们能在两个维上集中观察数据。

2）钻取（Drill）

钻取有向下钻取（Drill Down）和向上钻取（Drill up）操作。向下钻取是使用户在多层数据中展现渐增的细节层次，获得更多的细节性数据。向上钻取以渐增概括方式汇总数据（例如，从周到季度，再到年度）。

3）旋转（Pivoting）

通过旋转可以得到不同视角的数据。旋转操作相当于在平面内将坐标轴旋转。例如，旋转可能包含了交换行和列，或是把某一个行维移到列维中去，或是把页面显示中的一个维和页面外的维进行交换（令其成为新的行或列中的一个）。

7.4　数据集市

数据集市（Data Mart）也叫数据市场，是满足特定的部门或者用户的需求，按照多维方式进行存储，包括定义维度、需要计算的指标和维度的层次等，生成面向决策分析需求的数据立方体。

1. 数据来源

数据集市的数据来源于企业范围的数据库、专业的数据仓库。

2. 数据结构

数据结构通常为星形结构或雪花结构，一个星形结构包括事实表和维表。

- 事实表：事实表描述数据集市中最密集的数据。例如，呼叫中心的呼叫数据；银行自动柜员机的数据；零售业的销售数据、库存数据等。
- 维表：维表围绕着事实表建立，通过外键与事实表相连。

3. 数据集市类型

数据集市类型可分为独立型和从属型。

- 独立型：独立型数据集市的数据来自于操作型数据库，是为了满足特殊用户而建立的一种分析型环境。
- 从属型：从属型数据集市的数据来自于企业的数据仓库。

7.5 商业智能

商业智能（Business Intelligence，BI）又称商业智慧或商务智能，指利用现代数据仓库技术、线上分析处理技术、数据挖掘和数据展现技术进行数据分析，以实现商业价值。

商业智能的概念在 1996 年最早由加特纳集团（Gartner Group）提出。加特纳集团对商业智能的定义为：商业智能描述了一系列的概念和方法，通过应用基于事实的支持系统来辅助商业决策的制定。商业智能技术提供能使企业迅速分析数据的技术和方法，包括收集、管理和分析数据，并将这些数据转化为有用的信息，然后分发到企业各处。

提供商业智能解决方案的著名 IT 厂商包括微软、IBM、Oracle、SAP、Informatica、Microstrategy、SAS、Royalsoft 等。

商业智能已经发展成为多种形式，旨在满足企业不断增长的要求和任务关键型活动日益增长的水平。这些形式都有其自己的一套数据质量要求。

1. 仪表板

记分卡和仪表板正被广泛采用，越来越多的用户利用它们获取财务、业务和绩效监控的鸟瞰图。通过可视化的图形、图表和计量表，这些传输机制帮助用户跟踪性能指标，并向员工通知相关趋势和可能需要的决策。提供集成视图所需的数据元素通常跨越多个部门和学科，需要绝对最新才能有效。

2. 企业报告

企业报告为所有级别的个人提供来自企业资源规划（ERP）、客户关系管理（CRM）、合作伙伴关系管理（PRM）、发票和账单系统，以及整个企业内其他源系统的各种运营报告和其他业务报告。这些报告分布广泛，而薪酬和其他激励计划通常与报告的结果有关。

3. OLAP分析

OLAP 使用户能够即时以交互方式对相关数据子集进行"切片和切块",用于提供关于业务的基本详细信息。最为重要的是它能够回答存在的任何业务问题。这意味着调查可以深入到单个或多个数据仓库中可用的、最原子级别的详细信息。

4. 预测分析

预测分析使富有经验的用户能够充分调查和发现特定业务绩效背后的详细信息,并使用该信息预测远期效果。此方法可能涉及高级统计分析和数据挖掘功能。

5. 通知警报

使用电子邮件、浏览器、网络服务器、打印机、PDA 或门户网站时,通过通知和警报在广泛的用户触点间主动共享信息。通过及时交付目标信息,关键相关人士和决策者可以识别潜在的机会领域,并发现需要采取措施的问题领域。

7.6　本章小结

很多厂商活跃在商业智能(BI)领域。事实上,能够满足用户需要的 BI 产品和方案必须建立在稳定、整合的平台之上,该平台需要提供用户管理、安全性控制、连接数据源以及访问、分析和共享信息的功能。本章简要介绍了数据仓库与商业智能的功能、架构、操作工具及数据集市等知识。

第 **8** 章

数据聚合与分组运算

对数据集进行分组并对各组应用一个函数（无论是聚合还是转换），通常是数据分析工作中的重要环节。在将数据集加载、融合、准备好之后，接下来的工作就是计算分组统计或生成透视表。

关系型数据库和 SQL（Structured Query Language，结构化查询语言）能够如此流行，其原因之一就是其能够方便地对数据进行连接、过滤、转换和聚合。但是，像 SQL 这样的查询语言所能执行的分组运算的种类很有限。在本章中将会看到，由于 Python+Pandas 强大的表达能力，可以执行复杂的分组运算（利用任何可以接受 Pandas 对象或 NumPy 数组的函数）。

8.1 GroupBy 技术

Pandas 提供了一个灵活高效的 GruopBy 功能，它能以一种自然的方式对数据集进行切片、切块、摘要等操作。GroupBy 即分组运算，其过程可概括为 "split-apply-combine"（拆分—应用—合并）。拆分的对象为 Pandas 对象（Series、DataFrame 等），拆分的依据是分组键，可以是列表、数组（长度与待分组的轴一样）、字典、Series、函数、DataFrame 列名。

图 8.1（来源网络）所示的分组键有多种形式：

- 列表或数组，长度与待分组的轴一样。
- DataFrame，表示某个列名的值。
- 字典或Series，给出待分组轴上的值与分组名之间的对应关系。
- 函数，用于处理轴索引或索引中的各个标签。

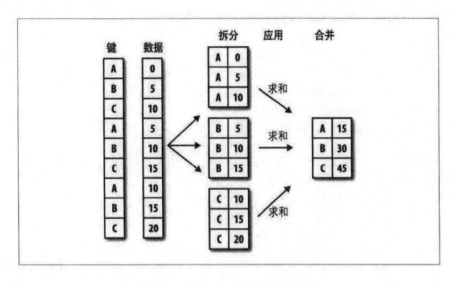

图 8.1　GroupBy 分组运算示意图

语法：

```
groupby(by=None,axis=0,level=None,as_index=True,sort=True,group_keys=True,
squeeze=False)
```

方法作用于一条轴向上，并接受一个分组键（by）参数来给调用者分组。分组键可以是 Series 或列表，要求其长度与待分组的轴一致；也可以是映射函数、字典甚至数组的某条列名（字符串），但这些参数类型都只是快捷方式，其最终仍要用于生成一组用于拆分对象的值。

8.1.1　通过函数进行分组

可以将函数跟数组、列表、字典、Series 混合使用。

【例 8.1】分组实例。

```
# -*- coding: utf-8 -*-
#分组实例
import numpy as np
import pandas as pd
import matplotlib.pyplot as plt
from pandas import Series,DataFrame
df =DataFrame({'key1':list('aabba'),'key2':['one','two','one','two','one'],
    'data1':np.random.randn(5),'data2':np.random.randn(5)})
print (df,'\n')
#根据 key1 进行分组，并计算 data1 的均值
#注意下面的方式，取出来进行分组，而不是在 DataFrame 中分组，这种方式很灵活
#可以看到这是一个 GroupBy 对象，具备了应用函数的基础
#这个过程是将 Seri 进行聚合，产生了新的 Series
grouped = df['data1'].groupby(df['key1'])
print (grouped,'\n')
```

```
print (grouped.mean(),'\n')
means = df['data1'].groupby([df['key1'],df['key2']]).mean()
print (means,'\n' )#得到一个层次化索引的 DataFrame
print (means.unstack(),'\n')
#上面的分组键均为 Series，实际上，分组键可以是任何长度适当的数组，很灵活
states = np.array(['Ohio','California','California','Ohio','Ohio'])
years = np.array([2005,2005,2006,2005,2006])
print (df['data1'].groupby([states,years]).mean(),'\n')
#还可以用列名（可以是字符串、数字或其他 Python 对象）用作分组键
#这里将数值型的列都进行了 mean，非数值型的忽略
print (df.groupby('key1').mean(),'\n')
print (df.groupby(['key1','key2']).mean(),'\n')
#groupby 以后可以应用一个很有用的 size 方法
#截止翻译版为止，分组键中的缺失值被排除在外
print (df.groupby(['key1','key2']).size(),'\n' )
```

结果输出：

```
 key1 key2    data1      data2
0    a  one -0.885572 -0.511681
1    a  two -0.187058  1.362442
2    b  one  0.961119 -1.320566
3    b  two  1.562290 -0.012033
4    a  one -2.479454  0.620112

<pandas.core.groupby.generic.SeriesGroupBy object at 0x00000182A7BC1C88>

key1
a  -1.184028
b   1.261705
Name: data1, dtype: float64

key1  key2
a     one   -1.682513
      two   -0.187058
b     one    0.961119
      two    1.562290
Name: data1, dtype: float64

key2        one       two
key1
a     -1.682513  -0.187058
b      0.961119   1.562290

California  2005  -0.187058
            2006   0.961119
```

```
Ohio      2005    0.338359
          2006   -2.479454
Name: data1, dtype: float64


        data1     data2
key1
a    -1.184028  0.490291
b     1.261705 -0.666299


            data1     data2
key1 key2
a    one  -1.682513  0.054216
     two  -0.187058  1.362442
b    one   0.961119 -1.320566
     two   1.562290 -0.012033


key1 key2
a    one      2
     two      1
b    one      1
     two      1
```

8.1.2　对分组进行迭代

GroupBy 对象支持迭代,可以产生一组二元元组(由分组名(可能为组合)和数据块组成)。对分出的数据片段可以做任何操作,例如将其做成一个字典。GroupBy 默认是在 axis=0 上进行分组的,通过设置可以在任何其他轴上进行分组,例如还可以根据 dtypes 对列进行分组。

【例 8.2】对分组进行迭代。

```
# -*- coding: utf-8 -*-
#-*- encoding: utf-8 -*-
import numpy as np
import pandas as pd
import matplotlib.pyplot as plt
from pandas import Series,DataFrame
df =DataFrame({'key1':list('aabba'),'key2':['one','two','one','two','one'],
    'data1':np.random.randn(5),'data2':np.random.randn(5)})
#对分组进行迭代,GroupBy 对象支持迭代
#下面的循环会打印两个 one
print (df.groupby('key1'))
for name,group in df.groupby('key1'):
    print ('one')
    print (name)
    print (group,'\n')
```

```
#多重键的情况，元组的第一个元素将会是由键值组成的元组，下面会打印四个 two
#也就是说，下面的三个 print 是一个组合，打印 key 值这一点挺好
for (k1,k2),group in df.groupby(['key1','key2']):
    print ('two')
    print (k1,k2)
    print (group,'\n')
#当然，可以对数据片段进行操作
#转换为字典，应该是比较有用的一个转换方式
print (list(df.groupby('key1')),'\n')
pieces = dict(list(df.groupby('key1')))
#下面的字典中的每个值仍然是一个"含有名称的 DataFrame"，可能不严谨，但是就是这个意思
print (pieces['a'],'\n')
print (type(pieces['a']))
print (pieces['a'][['data1','data2']],'\n')
#groupby 默认在 axis = 0 上进行分组，可以设置在任何轴上分组
#下面用 dtype 对列进行分组
print (df.dtypes,'\n')
grouped = df.groupby(df.dtypes,axis = 1)
print (grouped,'\n')
print (dict(list(grouped)))    #有点像把不同数值类型的列选出来
```

结果输出：

```
<pandas.core.groupby.generic.DataFrameGroupBy object at 0x00000182A7BD5688>
one
a
  key1 key2    data1      data2
0    a  one -0.508804   2.540244
1    a  two -0.691720  -0.487328
4    a  one -1.176463  -0.357087


one
b
  key1 key2    data1      data2
2    b  one  0.152732  -0.277562
3    b  two -0.076797  -1.156321


two
a one
  key1 key2    data1      data2
0    a  one -0.508804   2.540244
4    a  one -1.176463  -0.357087


two
a two
  key1 key2    data1      data2
```

```
1    a   two -0.69172 -0.487328


two
b one
  key1 key2     data1      data2
2    b   one  0.152732 -0.277562


two
b two
  key1 key2     data1      data2
3    b   two -0.076797 -1.156321

[('a',   key1 key2     data1      data2
0    a   one -0.508804  2.540244
1    a   two -0.691720 -0.487328
4    a   one -1.176463 -0.357087), ('b',   key1 key2     data1      data2
2    b   one  0.152732 -0.277562
3    b   two -0.076797 -1.156321)]

  key1 key2     data1      data2
0    a   one -0.508804  2.540244
1    a   two -0.691720 -0.487328
4    a   one -1.176463 -0.357087

<class 'pandas.core.frame.DataFrame'>
      data1      data2
0 -0.508804  2.540244
1 -0.691720 -0.487328
4 -1.176463 -0.357087

key1      object
key2      object
data1    float64
data2    float64
dtype: object

<pandas.core.groupby.generic.DataFrameGroupBy object at 0x00000182A7FF06C8>

{dtype('float64'):      data1      data2
0 -0.508804  2.540244
1 -0.691720 -0.487328
2  0.152732 -0.277562
3 -0.076797 -1.156321
4 -1.176463 -0.357087, dtype('O'):  key1 key2
0    a   one
```

```
1    a   two
2    b   one
3    b   two
```

8.1.3　选取一个或一组列

对于由 DataFrame 产生的 GroupBy 对象，如果用一个或一组列名对其进行索引，就能实现选取部分列进行聚合的目的。这种索引操作所返回的对象是一个已分组的 DataFrame（传入的是列表或数组，如 df.groupby('key')[['data']]）或已分组的 Series（传入的是标量形式的单个列名，如 df.groupby('key')['data']）。

【例 8.3】选取一个或一组列。

```
# -*- coding: utf-8 -*-
#-*- encoding: utf-8 -*-
import numpy as np
import pandas as pd
import matplotlib.pyplot as plt
from pandas import Series,DataFrame
df =DataFrame({'key1':list('aabba'),'key2':['one','two','one','two','one'],
    'data1':np.random.randn(5),'data2':np.random.randn(5)})
print (df,'\n')
#对于由 DataFrame 产生的 GroupBy 对象，如果用一个或一组列名进行索引，就能实现选取部分列进
行聚合的目的，即
#下面语法效果相同
print (df.groupby('key1')['data1'])    #第一条语句返回 Series，第二条返回 DataFrame
print (df.groupby('key1')[['data1']])
#下面的两种输出方式比较
print (df['data1'].groupby(df['key1']))
print (df[['data1']].groupby(df['key1']),'\n')
#对于大数据集，可能只是对部分列进行聚合。比如，计算 data2 的均值并返回 DataFrame
print (df.groupby(['key1','key2'])[['data2']].mean(),'\n')
```

结果输出：

```
  key1  key2    data1       data2
0   a   one    0.179961   -1.579243
1   a   two    0.835294   -0.187575
2   b   one    0.120121    0.278175
3   b   two   -0.039705   -1.465852
4   a   one   -0.969333   -0.880480

<pandas.core.groupby.generic.SeriesGroupBy object at 0x00000182A8062548>
<pandas.core.groupby.generic.DataFrameGroupBy object at 0x00000182A8064488>
<pandas.core.groupby.generic.SeriesGroupBy object at 0x00000182A7AE1908>
<pandas.core.groupby.generic.DataFrameGroupBy object at 0x00000182A8064508>
```

```
data2   key1   key2
  a     one  -1.229862
        two  -0.187575
  b     one   0.278175
```

8.1.4 通过字典或 Series 进行分组

通过字典进行分组和通过 Series 进行分组的结果相同。也就是说，它们执行的原理是相同的，都是把索引（对 series 来说）或字典的 key 与 Dataframe 的索引进行匹配，字典中的 value 或 series 中的 values 相同的会被分到一个组中，最后根据每组进行聚合。

【例 8.4】通过字典或 Series 进行分组。

```
# -*- coding: utf-8 -*-
import numpy as np
import pandas as pd
import matplotlib.pyplot as plt
from pandas import Series,DataFrame
people = DataFrame(np.random.randn(5,5),columns = ['a','b','c','d','e'],index
= ['Joe','Steve','Wes','Jim','Travis'])
people.iloc[2:3, [1, 2]] = np.nan #加点 NaN
print (people,'\n')
#假设已经知道列的分组方式，现在需要利用这个信息进行分组统计
mapping = {'a':'red','b':'red','c':'blue','d':'blue','e':'red',
'f':'orange'}
#下面为 GroupBy 传入一个已知信息的字典
by_column = people.groupby(mapping,axis = 1)
print (by_column.sum(),'\n')   #注意得到的名字是 red 和 blue
#Series 也有这样的功能，被看作一个固定大小的映射，可以用 Series 作为分组键，
#pandas 会自动检查对齐
map_series = Series(mapping)
print (map_series,'\n')
print (people.groupby(map_series,axis = 1).count())
```

结果输出：

```
              a          b          c          d          e
Joe    -0.159576   0.608312  -0.460343   0.179595   1.174629
Steve  -1.529689   0.105774   0.479968   1.263823   0.336509
Wes     2.028551        NaN        NaN   0.311645  -1.567994
Jim     0.469529  -0.722148   0.227303  -1.021542  -0.923766
Travis  0.157485   0.914175   0.372237   0.225291  -1.544828


           blue        red
Joe    -0.280748   1.623365
```

```
Steve   1.743792  -1.087407
Wes     0.311645   0.460556
Jim    -0.794238  -1.176385
Travis  0.597527  -0.473168


a       red
b       red
c       blue
d       blue
e       red
f       orange
dtype: object


        blue  red
Joe       2    3
Steve     2    3
Wes       1    2
Jim       2    3
Travis    2    3
```

8.1.5 通过函数进行分组

可以将函数跟数组、列表、字典、Series 混合使用。

【例 8.5】通过函数进行分组。

```
# -*- coding: utf-8 -*-
import numpy as np
import pandas as pd
import matplotlib.pyplot as plt
from pandas import Series,DataFrame
#相较于字典或 Series，Python 函数在定义分组映射关系时可以更有创意且更为抽象
#函数会在各个索引值上调用一次，并根据结果进行分组
people = DataFrame(np.random.randn(5,5),columns = ['a','b','c','d','e'],index
= ['Joe','Steve','Wes','Jim','Travis'])
print (people.groupby(len).sum())   #名字长度相同的人进行加和
#将函数、数组、字典、Series 混用也可以，因为最终都会转换为数组
key_list = ['one','one','one','two','two']
print (people.groupby([len,key_list]).min())
```

结果输出：

```
        a          b          c          d          e
3  0.401148   0.571314   0.659334  -1.741064   0.618743
5  0.985141   0.462201   0.898148  -1.189277  -0.111924
6 -0.071914  -0.128967   1.299348   1.631209  -1.240718
        a          b          c          d          e
```

```
3 one  0.235086 -1.090925  -2.190255 -1.211792  0.624639
  two -0.380019  1.052080   0.892355  0.365683 -1.055703
5 one  0.985141  0.462201   0.898148 -1.189277 -0.111924
6 two -0.071914 -0.128967   1.299348  1.631209 -1.240718
```

8.1.6　根据索引级别分组

层次化索引数据集能够根据索引级别进行聚合，通过 level 关键字传入级别编号或名称即可。

【例 8.6】根据索引级别分组。

```
# -*- coding: utf-8 -*-
import numpy as np
import pandas as pd
import matplotlib.pyplot as plt
from pandas import Series,DataFrame
#层次化索引数据集最方便的地方就在于它能够根据索引级别进行聚合。要实现该目的，
#只要通过level关键字传入级别编号或名称即可
columns = pd.MultiIndex.from_arrays([['US','US','US','JP','JP'],
[1,3,5,1,3]], znames = ['cty','tenor'])
hier_df = DataFrame(np.random.randn(4,5),columns = columns)
print (hier_df,'\n')
print (hier_df.groupby(level = 'cty',axis = 1).count(),'\n')
print (hier_df.groupby(level = 'tenor',axis = 1).count(),'\n')
print (hier_df.groupby(level = ['cty','tenor'],axis = 1).count())
```

结果输出：

```
cty        US                        JP
tenor       1         3         5       1         3
0   -0.189413 -0.474312  0.797396 -0.172662  0.585859
1    0.645174 -0.033894 -1.250549  1.795237 -1.296478
2   -0.493977  1.401025  0.818958 -0.609297 -0.700477
3    0.079765  1.029082 -0.772956 -2.091395  0.159631

cty  JP US
0     2  3
1     2  3
2     2  3
3     2  3

tenor  1 3 5
0      2 2 1
1      2 2 1
2      2 2 1
```

```
3    2  2  1

cty    JP    US
tenor  1  3  1  3  5
0      1  1  1  1  1
1      1  1  1  1  1
2      1  1  1  1  1
3      1  1  1  1  1
```

GroupBy 方法返回的 DataFrameGroupBy 对象实际并不包含数据内容，它记录的是有关分组键——df['key1'] 的中间数据。当你对分组数据应用函数或其他聚合运算时，Pandas 再依据 GroupBy 对象内记录的信息对 df 进行快速分块运算，并返回结果。

8.2 数据聚合

数据聚合指的是任何能够从数组产生标量值的数据转换过程，也可以简单地将其理解为统计运算，如 mean()、sum() 和 max() 等。

数据聚合本身与分组并没有直接关系，在任何一列（行）或全部列（行）上都可以进行。不过当这种运算被应用在分组数据上的时候，结果可能会变得更有意义。

对于 GroupBy 对象，可以应用的聚合运算包括：

- 已经内置的方法，如 mean()、sum() 和 max() 等。
- Series 的方法，如 quantile() 等。
- 自定义的聚合函数，通过传入 GroupBy.aggregate() 或 GroupBy.agg() 来实现。

其中自定义函数的参数应当为一个数组类型，即 GroupBy 对象迭代出的元组的第二个元素。

8.2.1 面向列的多函数应用

对于不同的列，可以使用不同的聚合函数，也可以一次应用多个函数：若传入一组函数或函数名，则得到的 DataFrame 列会以相应的函数命名；若传入的是 (name,function) 元组组成的列表，则各元组第一个元素为列名；若对不同的列应用不同的函数，则是向 agg 传入一个从列名映射到函数的字典。有时候需要对不同的列应用不同的函数，或者对一列应用不同的函数。

【例 8.7】面向列的多函数应用。

```
# -*- coding: utf-8 -*-
import numpy as np
import pandas as pd
from pandas import Series,DataFrame
import matplotlib.pyplot as plt
```

```
#下面说明聚合功能，用的是 R 语言 reshape2 包中的数据集 tips，这些数据是从 R 中自己导出来的
tips = pd.read_csv('D:\\my work\\tips.csv')
#增加小费占比一列
tips['tip_pct'] = tips['tip'] / tips['total_bill']
print (tips.head(),'\n')
grouped = tips.groupby(['sex','smoker'])
grouped_pct = grouped['tip_pct']
print (grouped_pct.agg('mean'),'\n')
#传入一组函数或函数名，得到的 DataFrame 列就会以相应的函数命名
def peak_to_peak(arr):
    return arr.max() - arr.min()
#对比例这一列应用三个函数
print (grouped_pct.agg(['mean','std',peak_to_peak]),'\n')
#上面有一个问题，就是列名是自动给出的、以函数名为列名，若传入元组
#（name，function）组成的列表，就会自动将第一个元素作为列名
#注意，下面的 np.std 不能加引号
print (grouped_pct.agg([('foo','mean'),('bar',np.std)]),'\n')
#还可以对多列应用同一个函数
functions = ['count','mean','max']
result = grouped['tip_pct','total_bill'].agg(functions)#对两列都应用 functions
print (result,'\n' )  #得到的结果的列名是层次化索引，可以直接用外层索引选取数据
print (result['tip_pct'],'\n')
ftuples = [('DDD','mean'),('AAA',np.var)]
print (grouped['tip_pct','total_bill'].agg(ftuples),'\n')
#对不同的列应用不同的函数，具体的办法是向 agg 传入一个从列映射到函数的字典
#sum 这样的函数既可以加引号，也可以不加引号
print (grouped.agg({'tip':np.max,'size':sum}),'\n' )
print (grouped.agg({'tip':['min','max','mean','std'],'size':sum}))
```

结果输出：

```
    total_bill   tip    sex  smoker  day    time    size   tip_pct
0    16.99      1.01  Female   No   Sun  Dinner    2    0.059447
1    10.34      1.66   Male    No   Sun  Dinner    3    0.160542
2    21.01      3.50   Male    No   Sun  Dinner    3    0.166587
3    23.68      3.31   Male    No   Sun  Dinner    2    0.139780
4    24.59      3.61  Female   No   Sun  Dinner    4    0.146808


sex     smoker
Female  No       0.156921
        Yes      0.182150
Male    No       0.160669
        Yes      0.152771
Name: tip_pct, dtype: float64


              mean      std    peak_to_peak
```

```
sex    smoker
Female No      0.156921  0.036421      0.195876
       Yes     0.182150  0.071595      0.360233
Male   No      0.160669  0.041849      0.220186
       Yes     0.152771  0.090588      0.674707


                    foo       bar
sex    smoker
Female No      0.156921  0.036421
       Yes     0.182150  0.071595
Male   No      0.160669  0.041849
       Yes     0.152771  0.090588
```

```
              tip_pct                    total_bill
              count     mean      max    count     mean      max
sex    smoker
Female No      54  0.156921  0.252672      54  18.105185  35.83
       Yes     33  0.182150  0.416667      33  17.977879  44.30
Male   No      97  0.160669  0.291990      97  19.791237  48.33
       Yes     60  0.152771  0.710345      60  22.284500  50.81
```

```
              count     mean      max
sex    smoker
Female No      54  0.156921  0.252672
       Yes     33  0.182150  0.416667
Male   No      97  0.160669  0.291990
       Yes     60  0.152771  0.710345
```

```
              tip_pct              total_bill
              DDD       AAA        DDD        AAA
sex    smoker
Female No    0.156921  0.001327  18.105185  53.092422
       Yes   0.182150  0.005126  17.977879  84.451517
Male   No    0.160669  0.001751  19.791237  76.152961
       Yes   0.152771  0.008206  22.284500  98.244673
```

```
              tip  size
sex    smoker
Female No     5.2   140
       Yes    6.5    74
Male   No     9.0   263
       Yes   10.0   150
```

```
              tip                        size
              min max    mean      std sum
```

```
sex    smoker
Female No      1.00   5.2  2.773519  1.128425  140
       Yes     1.00   6.5  2.931515  1.219916   74
Male   No      1.25   9.0  3.113402  1.489559  263
       Yes     1.00  10.0  3.051167  1.500120  150
```

对 Series 或 DataFrame 列的聚合运算，其实就是使用自定义函数或调用诸如 mean、std 之类的方法。然而，可能希望对不同的列使用不同的聚合函数，或一次应用多个函数。比如，根据 sex 和 smoker 对 tips 进行分组：grouped =tips.groupby(['sex','smoker'])。

8.2.2 以无索引的方式返回聚合数据

到目前为止，所有示例中的聚合数据都有由唯一的分组键组成的索引（可能还是层次化的）。由于并不总是需要如此，所以可以向 groupby 传入 as_index=False 以禁用该功能。

【例 8.8】以无索引的方式返回聚合数据。

```
# -*- coding: utf-8 -*-
import numpy as np
import pandas as pd
from pandas import Series,DataFrame
import matplotlib.pyplot as plt
tips = pd.read_csv('D:\\my work\\tips.csv')
#增加小费占比一列
tips['tip_pct'] = tips['tip'] / tips['total_bill']
print (tips.head(),'\n')
#这里的形式可能有时候更好用
print (tips.groupby(['sex','smoker'],as_index = False).mean())
```

结果输出：

```
   total_bill   tip     sex  smoker  day    time  size  tip_pct
0       16.99  1.01  Female      No  Sun  Dinner     2  0.059447
1       10.34  1.66    Male      No  Sun  Dinner     3  0.160542
2       21.01  3.50    Male      No  Sun  Dinner     3  0.166587
3       23.68  3.31    Male      No  Sun  Dinner     2  0.139780
4       24.59  3.61  Female      No  Sun  Dinner     4  0.146808

      sex  smoker  total_bill       tip      size   tip_pct
0  Female      No   18.105185  2.773519  2.592593  0.156921
1  Female     Yes   17.977879  2.931515  2.242424  0.182150
2    Male      No   19.791237  3.113402  2.711340  0.160669
3    Male     Yes   22.284500  3.051167  2.500000  0.152771
```

8.2.3 分组级运算和转换

聚合只是分组运算中的一种，是数据转换的一个特例。也就是说，它只是接受能够将一维数组简化为标量值的函数。本小节将介绍的 transform 和 apply 方法能够执行更多其他的分组运算。

【例 8.9】分组级运算和转换——transform。

前面进行聚合运算的时候，得到的结果是一个以分组名为 index 的结果对象。如果想使用原数组的 index，就需要进行 merge 转换。transform(func, *args, **kwargs)方法简化了这个过程，它会把 func 参数应用到所有分组，然后把结果放置到原数组的 index 上（如果结果是一个标量，就进行广播）。

```python
# -*- coding: utf-8 -*-
import numpy as np
import pandas as pd
from pandas import Series,DataFrame
import matplotlib.pyplot as plt
#下面为 DataFrame 添加一个用于存放各索引分组平均值的列。其中的一个办法是先聚合再合并
df =DataFrame({'key1':list('aabba'),'key2':['one','two','one','two','one'],
    'data1':np.random.randn(5),'data2':np.random.randn(5)})
#print df,'\n'
k1_means = df.groupby('key1').mean().add_prefix('mean_')
print (k1_means,'\n')
#下面用左边的 key1 作为连接键（right_index 是将右边的行索引作为连接键）
print (pd.merge(df,k1_means,left_on = 'key1',right_index = True))
#上面的方法虽然也可以，但是不灵活，可以看作利用 mean 函数对数据的两列进行转换
people = DataFrame(np.random.randn(5,5),columns = ['a','b','c','d','e'],index
= ['Joe','Steve','Wes','Jim','Travis'])
print (people,'\n')
key = ['one','two','one','two','one']
print (people.groupby(key).mean(),'\n')
#看下面神奇的事情
print (people.groupby(key).transform(np.mean),'\n')
#不难看出，transform 会将一个函数应用到各个分组并将结果放置到适当的位置，
#如果各分组产生的是一个标量值，则该值就会被广播出去
#下面的例子很说明问题，很灵活
def demean(arr):
    return arr - arr.mean()
demeaned = people.groupby(key).transform(demean)
print (demeaned,'\n')
#下面检查一下 demeaned 各组的均值是否为 0
print (demeaned.groupby(key).mean())
```

结果输出：

```
      mean_data1  mean_data2
key1
a     -0.641161    0.094977
b      0.455354    1.203442


  key1 key2     data1     data2  mean_data1  mean_data2
0    a  one  0.083747  0.419530   -0.641161    0.094977
1    a  two -0.989628 -0.399380   -0.641161    0.094977
4    a  one -1.017603  0.264782   -0.641161    0.094977
2    b  one  0.420277  1.045538    0.455354    1.203442
3    b  two  0.490430  1.361346    0.455354    1.203442
              a         b         c         d         e
Joe   -0.521048  0.670918 -0.172331  0.127788  0.160476
Steve -1.359495 -1.614115 -0.209608  0.328489 -0.648809
Wes   -1.924316 -1.002571  0.615776 -0.187891  0.978485
Jim   -0.517551  0.613194  1.089545 -0.065890 -1.280761
Travis -0.738296  2.964039  2.317420  0.474343 -2.226208


            a         b         c        d         e
one -1.061220  0.877462  0.920288  0.13808 -0.362416
two -0.938523 -0.500461  0.439968  0.13130 -0.964785


              a         b         c        d         e
Joe   -1.061220  0.877462  0.920288  0.13808 -0.362416
Steve -0.938523 -0.500461  0.439968  0.13130 -0.964785
Wes   -1.061220  0.877462  0.920288  0.13808 -0.362416
Jim   -0.938523 -0.500461  0.439968  0.13130 -0.964785
Travis -1.061220  0.877462  0.920288  0.13808 -0.362416


              a         b         c         d         e
Joe    0.540172 -0.206544 -1.092619 -0.010292  0.522892
Steve -0.420972 -1.113655 -0.649576  0.197189  0.315976
Wes   -0.863096 -1.880033 -0.304512 -0.325971  1.340901
Jim    0.420972  1.113655  0.649576 -0.197189 -0.315976
Travis 0.322924  2.086577  1.397131  0.336263 -1.863792


              a             b             c             d             e
one 0.000000e+00 -1.480297e-16  0.000000e+00  1.850372e-17 -7.401487e-17
two 5.551115e-17  0.000000e+00  5.551115e-17  1.387779e-17  0.000000e+00
```

【例 8.10】一般性的"拆分—应用—合并"——apply。

apply 函数是最一般化的 GroupBy 方法。跟 aggregate 一样，transform 也是一个有着严格条件的特殊函数，传入的函数只能产生两种结果：要么是可以广播的标量，要么是产生一个相同大小的结果数组。apply(func, *args, **kwargs)会将待处理的对象拆分成多个片段，然后对各片段调用传入的函数，最后尝试用 pd.concat()把结果组合起来。func 的返回值可以是 pandas 对象或标量，并且数组对象的大小不限。

```python
# -*- coding: utf-8 -*-
#-*- encoding:utf-8 -*-
import numpy as np
import pandas as pd
from pandas import Series,DataFrame
import matplotlib.pyplot as plt
tips = pd.read_csv('D:\\tips.csv')
#增加小费占比一列
tips['tip_pct'] = tips['tip'] / tips['total_bill']
#print tips.head(),'\n'
#下面找出指定列最大的几个值，然后将所在行选出来
def top(df,n=5,column='tip_pct'):
    return df.sort_index(by=column)[-n:]
print (top(tips,n = 6),'\n')
#对 smoker 分组并用该函数调用 apply
print (tips.groupby('smoker').apply(top),'\n')
#上面实际上是在各个片段上调用了 top，然后用 pd.concat 进行了连接，并以分组名称进行了标记，
#于是就形成了层次化索引
#当然，也可以向 top 函数传入参数
print (tips.groupby(['smoker','day']).apply(top,n = 1,column = 'total_bill'))
#需要说明的是：apply 很强大，需要发挥想象力，它只需返回一个 pandas 对象或者标量值即可
#之前曾经这么做过：
result = tips.groupby('smoker')['tip_pct'].describe()
print (result,'\n')
print (result.unstack('smoker'),'\n')
#采用下面的方式，效果是一样的
f = lambda x : x.describe()
print (tips.groupby('smoker')['tip_pct'].apply(f),'\n')
#对所有列都行
print (tips.groupby('smoker').apply(f),'\n')
#上面自动生成了层次化索引，可以将分组键去掉
print (tips.groupby('smoker',group_keys = False).apply(top),'\n')
#下面看得出，重新设置索引会去掉原来所有的索引并重置索引
print (tips.groupby('smoker').apply(top).reset_index(drop = True),'\n')
#as_index 在这里并不管用
print (tips.groupby('smoker',as_index = False).apply(top),'\n')
#as_index 在这里并不管用
print (tips.groupby(['sex','smoker'],as_index = False).apply(top),'\n')
```

8.3 透视表和交叉表

在各种电子表格程序和其他数据分析软件中，透视表（Pivot Table）是一种常见的数据汇总工具。它根据一个或多个键对数据进行聚合，并根据行和列上的分组键，将数据分配到各个矩形区域中。在 Python 和 Pandas 中，可以通过本章所介绍的 GroupBy 功能以及利用层次化索引的重塑运算制作透视表。DataFrame 有一个 pivot_table 方法，此外还有 pandas.pivot_table 函数，除能为 GroupBy 提供便利之外，pivot_table 还可以添加分项小计，也叫作 margins。

【例 8.11】透视表。

回到小费数据集，假设想要根据 day 和 smoker 计算分组平均数（pivot_table 的默认聚合类型），并将 day 和 smoker 放到行上：

```
In [1]:tips.pivot_table(index=['day', 'smoker'])
Out[1]:
              size       tip    tip_pct    total_bill
day  smoker
Fri  No     2.250000  2.812500  0.151650    18.420000
     Yes    2.066667  2.714000  0.174783    16.813333
Sat  No     2.555556  3.102889  0.158048    19.661778
     Yes    2.476190  2.875476  0.147906    21.276667
Sun  No     2.929825  3.167895  0.160113    20.506667
     Yes    2.578947  3.516842  0.187250    24.120000
Thur No     2.488889  2.673778  0.160298    17.113111
     Yes    2.352941  3.030000  0.163863    19.190588
```

pivot_table 不带统计参数的话，默认计算平均值。

可以用 GroupBy 直接来做。假设只想聚合 tip_pct 和 size，而且想根据 time 进行分组，将 smoker 放到列上，把 day 放到行上：

```
In [2]:tips.pivot_table(['tip_pct', 'size'], index=['time', 'day'],
        columns='smoker')
Out[2]:
                  size              tip_pct
smoker          No       Yes       No       Yes
time   day
Dinner Fri     2.000000  2.222222  0.139622  0.165347
       Sat     2.555556  2.476190  0.158048  0.147906
       Sun     2.929825  2.578947  0.160113  0.187250
       Thur    2.000000     NaN    0.159744     NaN
Lunch  Fri     3.000000  1.833333  0.187735  0.188937
       Thur    2.500000  2.352941  0.160311  0.163863
```

透视表的参数可以这样记忆：需要统计哪些指标，直接给出；需要在行上分组，用 index 给出；需要在列上分组，用 columns 给出。

还可以对这个表做进一步的处理，传入 margins=True 添加分项小计。这将会添加标签为 All 的行和列，其值对应于单个等级中所有数据的分组统计：

```
In [3]:tips.pivot_table(['tip_pct', 'size'], index=['time', 'day'],
          columns='smoker', margins=True)
Out[3]:
                      size                        tip_pct
smoker         No      Yes      All       No       Yes      All
time   day
Dinner Fri   2.000000 2.222222 2.166667 0.139622 0.165347 0.158916
       Sat   2.555556 2.476190 2.517241 0.158048 0.147906 0.153152
       Sun   2.929825 2.578947 2.842105 0.160113 0.187250 0.166897
       Thur  2.000000    NaN   2.000000 0.159744    NaN   0.159744
Lunch  Fri   3.000000 1.833333 2.000000 0.187735 0.188937 0.188765
       Thur  2.500000 2.352941 2.459016 0.160311 0.163863 0.161301
All          2.668874 2.408602 2.569672 0.159328 0.163196 0.160803
```

这里，All 值为平均数：不单独考虑烟民与非烟民（All 列），不单独考虑行分组两个级别中的任何单项（All 行）。

要使用其他的聚合函数，将其传给 aggfunc 即可。例如，使用 count 或 len 可以得到有关分组大小的交叉表（计数或频率）：

```
In [4]:tips.pivot_table('tip_pct', index=['time', 'smoker'], columns='day',
          aggfunc=len, margins=True)
Out[4]:
day            Fri   Sat   Sun  Thur    All
time   smoker
Dinner No      3.0  45.0  57.0   1.0  106.0
       Yes     9.0  42.0  19.0   NaN   70.0
Lunch  No      1.0   NaN   NaN  44.0   45.0
       Yes     6.0   NaN   NaN  17.0   23.0
All           19.0  87.0  76.0  62.0  244.0
```

如果结果表中存在空的组合（也就是 NA），你可能会希望设置一个 fill_value：

```
In [5]:tips.pivot_table('tip_pct', index=['time', 'size', 'smoker'],
          columns='day', aggfunc='mean', fill_value=0)
Out[5]:
day                    Fri       Sat       Sun      Thur
time   size smoker
Dinner 1    No    0.000000  0.137931  0.000000  0.000000
            Yes   0.000000  0.325733  0.000000  0.000000
       2    No    0.139622  0.162705  0.168859  0.159744
            Yes   0.171297  0.148668  0.207893  0.000000
```

```
      3   No    0.000000  0.154661  0.152663  0.000000
          Yes   0.000000  0.144995  0.152660  0.000000
      4   No    0.000000  0.150096  0.148143  0.000000
          Yes   0.117750  0.124515  0.193370  0.000000
      5   No    0.000000  0.000000  0.206928  0.000000
          Yes   0.000000  0.106572  0.065660  0.000000
      6   No    0.000000  0.000000  0.103799  0.000000
Lunch 1   No    0.000000  0.000000  0.000000  0.181728
          Yes   0.223776  0.000000  0.000000  0.000000
      2   No    0.000000  0.000000  0.000000  0.166005
          Yes   0.181969  0.000000  0.000000  0.158843
      3   No    0.187735  0.000000  0.000000  0.084246
          Yes   0.000000  0.000000  0.000000  0.204952
      4   No    0.000000  0.000000  0.000000  0.138919
          Yes   0.000000  0.000000  0.000000  0.155410
      5   No    0.000000  0.000000  0.000000  0.121389
      6   No    0.000000  0.000000  0.000000  0.173706
```

【例 8.12】交叉表。

交叉表（cross-tabulation，crosstab）是一种用于计算分组频率的特殊透视表。crosstab 的前两个参数可以是数组、Series 或者数组列表，就像小费数据：

```
In [1]:pd.crosstab([tips.time, tips.day], tips.smoker, margins=True)
Out[1]:
smoker          No   Yes  All
time    day
Dinner  Fri      3     9   12
        Sat     45    42   87
        Sun     57    19   76
        Thur     1     0    1
Lunch   Fri      1     6    7
        Thur    44    17   61
All            151    93  244
```

8.4 本章小结

本章是 Python+Pandas 数据聚合与分组运算的理论介绍与案例应用，主要介绍了 GroupBy 和数据聚合技术。掌握 Python+Pandas 数据分组工具既有助于数据清理，也有助于建模或统计分析工作。

第9章

数据挖掘工具

大数据挖掘（Data Mining）又译为材料探勘、数据信息开采。它是数据库查询专业知识发觉（Knowledge-Discovery in Databases，KDD）中的一个流程。大数据挖掘一般是指从很多的数据信息中根据优化算法检索掩藏于其中的信息内容的全过程。大数据挖掘一般与电子信息科学相关，并根据统计分析、线上剖析解决、情报检索、深度学习、数据管理系统（先验知识）和系统识别等众多方式来保持所述的总体目标。

数据挖掘工具是使用数据挖掘技术从大型数据集中发现并识别模式的计算机软件。因为大多数数据都是非结构化的，所以使用数据挖掘工具将帮助你获得正确的数据。

9.1 数据挖掘工具分类

数据挖掘是一个过程，只有将数据挖掘工具提供的技术和实施经验与企业的业务逻辑和需求紧密结合，并在实施的过程中不断磨合才能取得成功，因此我们在选择数据挖掘工具的时候要全面考虑多方面的因素。

1. 数据挖掘关键因素

- 可产生的模式种类的数量：分类、聚类、关联等。
- 解决复杂问题的能力。
- 操作性能。
- 数据存取能力。
- 和其他产品的接口。

数据挖掘工具根据其适用的范围分为两类：专用挖掘工具和通用挖掘工具。

2．专用工具

专用数据挖掘工具针对某个特定领域的问题提供解决方案，在涉及算法的时候充分考虑数据、需求的特殊性，并做了优化。在任何领域都可以开发特定的数据挖掘工具。例如，IBM公司的 AdvancedScout 系统针对 NBA 的数据，帮助教练优化战术组合。特定领域的数据挖掘工具针对性比较强，只能用于一种应用。也正因为针对性强，往往采用特殊的算法，可以处理特殊的数据，实现特殊的目的，发现的知识可靠度也比较高。

3．通用工具

通用数据挖掘工具不区分具体数据的含义，采用通用的挖掘算法，处理常见的数据类型。例如，IBM 公司 Almaden 研究中心开发的 QUEST 系统、SGI 公司开发的 MineSet 系统、加拿大 SimonFraser 大学开发的 DBMiner 系统都是通用数据挖掘工具。通用的数据挖掘工具可以做多种模式的挖掘，挖掘什么、用什么来挖掘都由用户根据自己的应用需要来选择。

9.2　数据挖掘经典算法

1．大数据挖掘中涉及的四种日常任务

- 归类：将了解的构造归纳为新数据的日常任务。
- 聚类算法：在数据信息中以某类方法搜索组和构造的日常任务，而不用在数据信息中应用已留意的构造。
- 关联规则：搜索自变量中间的关联。
- 重归：致力于寻找一个函数，用最少的不正确来仿真模拟数据信息。

2．数据挖掘经典算法

- C4.5：深度学习优化算法中的一种归类决策树算法，其关键优化算法是ID3优化算法。
- K-means优化算法：一种聚类算法。
- SVM：一种监管式学习方法，普遍应用于统计分析归类及其回归分析中。
- Apriori：一种最有影响的挖掘布尔关联规则频繁项集的算法。
- EM：较大期望值法。
- pagerank：Google优化算法的关键内容。
- Adaboost：一种迭代算法，其核心内容是对同一个训练集训练不一样的分类器，随后把弱分类器集合起来，组成一个更强的分类器。
- KNN：一个理论上较为完善的方式，也是非常简单的深度学习方式之一。
- NaiveBayes：在诸多分类方法中，运用最普遍的有决策树模型和朴素贝叶斯（NaiveBayes）。
- Cart：归类与回归树，既可以用于创建分类树（Classification Tree），也可以用于创建回归树（Regression Tree）、模型树（Model Tree），两者在建树的过程中稍有差异。Cart是二叉树。Cart作为分类树时，特征属性既可以是连续类型也可以是离散类

型，但观察属性（标签属性或者分类属性）必须是离散类型。回归树要求观察属性是连续类型，由于节点分裂选择特征属性时，通常使用最小绝对偏差（LAD）或者最小二乘偏差（LSD）法，因此通常特征属性也是连续类型。

9.3 免费数据挖掘工具

综合数据挖掘工具这一部分市场的情况，我们知道商业对具有多功能的决策支持工具真实和迫切的需求。商业要求该工具能提供管理报告、在线分析处理和普通结构中的数据挖掘能力。这些综合工具包括 Cognos Scenario 和 Business Objects 等。

面向特定应用的数据挖掘工具正在快速发展，在这一领域的厂商设法通过提供商业方案而不是寻求方案的一种技术来区分自己和别的领域的厂商。这些工具是纵向的，贯穿某领域的方方面面，其常用工具包括重点应用在零售业的 KD1、主要应用在保险业的 Option & Choices 和针对欺诈行为探查开发的 HNC 软件。

本节主要介绍一些常用的免费数据挖掘工具。

1. Rapid Miner

Rapid Miner（原名 YALE）是一个用于机器学习和数据挖掘实验的环境，用于研究实际的数据挖掘任务。它是世界领先的数据挖掘开源系统。该工具以 Java 编程语言编写，通过基于模板的框架提供高级分析。它使得实验可以由大量可任意嵌套的操作符组成，这些操作符可以在 XML 文件中详细定义，并通过快速的 Miner 的图形用户界面完成数据挖掘任务。

2. IBM SPSS Modeler

IBM SPSS Modeler 工具最适合处理文本分析之类的大型项目，其可视化界面非常有价值。它允许在不编程的情况下生成各种数据挖掘算法。它也可以用于异常检测、贝叶斯网络、CARMA、Cox 回归以及使用多层感知器进行反向传播学习的基本神经网络。

3. Oracle Data Mining

Oracle 作为"高级分析数据库"的一个选择，数据挖掘功能允许其用户发现洞察力，进行预测并利用其数据。使用这个工具可以构建模型，以发现目标客户行为和开发概要文件。

Oracle Data Miner GUI 使数据分析师、业务分析师和数据科学家能够通过优雅的拖放处理数据库内的数据。它还可以为整个企业的自动化、调度和部署创建 SQL 和 PL/SQL 脚本。

4. Teradata

Teradata 提供数据仓库、大数据分析以及市场营销应用程序方面的端到端解决方案和服务。Teradata 还提供一系列的服务，包括实施、业务咨询、培训和支持。

5. Framed Data

Framed Data 是一款完全托管的解决方案，这意味着不需要做任何事情，而是坐下来等待见解。框架数据从企业获取数据，并将其转化为可行的见解和决策。

6. Kaggle

Kaggle 是全球最大的数据科学社区。公司和研究人员张贴他们的数据，来自世界各地的统计人员和数据挖掘者竞相制作最好的模型。Kaggle 是数据科学竞赛的平台。它帮助解决难题，招募强大的团队，并扩大数据科学人才的力量。

7. Weka

Weka 是一个非常复杂的数据挖掘工具。它展示了数据集、集群、预测建模、可视化等方面的各种关系，可以应用多种分类器来深入了解数据。

8. Rattle

Rattle 提供数据的统计和可视化汇总，将数据转换为可以轻松建模的表单，从数据中构建无监督模型和监督模型，以图形方式呈现模型的性能，并对新数据集进行评分。

Rattle 是一个免费的、使用 Gnome 图形界面和统计语言 R 编写的开源数据挖掘工具包。它可以运行在 GNU/Linux、Macintosh OS X 和 MS/Windows 下。

9. KNIME

KNIME 由康斯坦茨大学的软件工程师们研发。KNIME 是也开源的，用户只需下载、安装和运行，即可进行免费测试。企业级开源平台部署速度快，易于扩展，可以直观地学习。

KNIME 提供了模块化与便利的操作环境可以用直观的方式整合、转换、分析大数据。在生命科学领域中，KNIME 已经成为整合众多第三方软件不可或缺的工作流。

10. Python

Python 是一种解释型、面向对象、动态数据类型的高级程序设计语言。像 Perl 语言一样，Python 源代码同样遵循 GPL（GNU General Public License）协议。

11. Orange

Orange 是一个以 Python 语言编写的、基于组件的数据挖掘和机器学习软件套件。它是一个开放源码的数据可视化和分析工具。数据挖掘可以通过可视化编程或 Python 脚本进行。它还包含了数据分析、不同的可视化，以及从散点图、条形图、树到树图、网络和热图的特征。

12. SAS Data Mining

SAS Data Mining 商业软件可以发现数据集模式。它提供了一个易于使用的 GUI，以及自动化数据处理工具。其描述性和预测性建模能提供更好的、理解数据的见解。作为一个商业软件，它还包括可升级处理、自动化、强化算法、建模、数据可视化和勘探等先进工具。

13. Apache Mahout

Mahout 是 Apache Software Foundation（ASF）旗下的一个开源项目，提供一些可扩展的机器学习领域经典算法的实现，旨在帮助开发人员更加方便快捷地创建智能应用程序。Mahout

包含许多实现，包括聚类、分类、推荐过滤、频繁子项挖掘。此外，通过使用 Apache Hadoop，Mahout 可以有效地部署到云中。

14. PSPP

PSPP 是对采样数据进行统计分析的软件。它有一个图形用户界面和传统的命令行界面。它采用 C 语言编写，使用 GNU 科学图书馆的数学例程，并绘制 UTILS 来生成图表。它是专有程序 SPSS 的免费替代品。

15. JHepWork

JHepWork 是一套用 Java 编写的、用于数据分析和数学应用的数学和图形库包，适合于科学家、工程师和学生。该程序包括许多工具，可以用来和二维/三维的科学图形进行互动。

16. R

R 是用于统计分析、绘图的语言和操作环境。R 属于 GNU 系统，是一个自由、免费、开源的软件，也是一个用于统计计算和统计制图的优秀工具。

17. Pentaho

Pentaho 为数据集成、业务分析和大数据提供了一个全面的平台。有了这个商业工具，可以轻松地融合任何来源的数据，深入了解业务数据，为未来做出更准确的信息驱动决策。

18. Tanagra

Tanagra 是一个用于学术和研究目的的数据挖掘软件，它包括一些探索性数据分析、统计学习、机器学习和数据库领域的工具。Tanagra 实现一些监督学习算法，以及聚类、因子分析、参数和非参数统计、关联规则、特征选择和构建算法。

19. NLTK

NLTK（自然语言工具包）是一套符号和统计自然语言处理（NLP）的库和程序。它基于 Python 语言，提供了一个语言处理工具库，包括数据挖掘、机器学习、情感分析和其他各种语言处理任务。

9.4 Git 和 GitHub 项目数据挖掘工具

数据分析和挖掘工作还可以从 Git 存储库和项目所在的代码托管平台（例如 GitHub、Gitlab）获取一些有意义的数据。

1. GitHub API

首先要说的是 GitHub 的官方 API，这是获取 GitHub 仓库详细内容的最佳方式。可以使用 curl 或者其他任何语言打包库，获取仓库的所有信息（其他公共在线 Git 托管平台或者自建的 Gitlab 都有类似的 API）。然而，GitHub 对 API 的调用做了限制，每小时的请求数量有一定的限制（匿名用户 60 次，授权用户 5000 次）。如果要分析大型项目（或对其中一些进行全局分析），那么使用 API 并不是一个好的解决方案。

2. GHCrawler

GHCrawler 是由微软开发的一个健壮的 GitHub API 爬虫，可遍历 GitHub 实体和消息，对其进行搜索和跟踪。如果要对某一组织或者项目的活动进行分析，则 GHCrawler 特别有用。GHCrawler 也受 GitHub API 请求次数的限制，但是 GHCrawler 通过使用令牌池和轮换来优化 API 令牌的使用。GHCrawler 支持命令行式调用，同时也支持 Web 端界面操作。

3. GH Archive

GH Archive 是一个开源项目，用于记录公共 GitHub 时间轴，对其进行存档，并使其易于访问以进一步分析。GitHub Archive 获取所有的 GitHub events 信息，存储在一组 JSON 文件中，以便根据需要下载并脱机处理。

另外，GitHub Archive 也可以作为公共数据集在 Google BigQuery 上使用。该数据集每小时自动更新一次，可以在几秒钟内对整个数据集运行任意类似 SQL 的查询。

4. GHTorren

和 GH Archive 类似，GHTorrent 项目也用来监视 GitHub 公共事件时间表信息。对于每个事件，它都详尽地检索其内容和相互依赖性。然后将结果 JSON 的信息存储到 MongoDB 数据库，同时还可以将其结构提取到 MySQL 数据库中。

GHTorrent 和 GH Archive 的区别是：GH Archive 旨在提供更详尽的事件集合，按小时频率获取信息。GH Torrent 则以更结构化的方式提供事件数据，以便更轻松地获取所有事件有关事件的信息，数据获取频率为月。

5. Kibble

Apache Kibble 是一套用于收集、汇总和可视化的工具。Kibble 架构包括一个中央 Kibble 服务器和一组专门用于处理特定类型资源的扫描应用程序（一个 git repo，一个邮件列表，一个 JIRA 实例等），这些应用程序可将已编译的数据对象推送到 Kibble 服务器。

根据这些数据，可以自定义一个仪表板，其中包含许多显示项目数据的小部件（语言分类、主要贡献者和代码演变等）。从这个意义上讲，Kibble 更像是可以帮助创建项目数据信息展示 Web 端的一种工具。

6. CHAOSS

CHAOSS 是 Linux 基金会下的项目，致力于创建数据分析和指标定义以帮助一个健康的开源社区。CHAOSS 计划项目有很多工具，可以挖掘和计算项目所需的指标数据，比如 Augur 是一个 Python 库、Flask Web 应用程序和 REST 服务器，用于提供有关开源软件开发项目运行状况和可持续性的指标，目标是快速制作 CHAOSS 社区感兴趣的新指标的原型。

7. Sourced

Sourced 是服务于项目开发生命周期的数据平台。与以前的工具相比，它更多地关注项目的代码，而不是社区的协作。Sourced 项目使用通用 AST，可以使用与语言无关的方式对代码库细节进行查询。

8. Hubble

Hubble 用于可视化 GitHub Enterprise 的协作、使用情况和运行状况数据。它致力于帮助大公司了解其内部组织、项目和贡献者如何一起分配和协作。

Hubble Enterprise 由两个组件组成。更新器组件是一个 Python 脚本，它每天从 GitHub Enterprise 设备查询相关数据，并将结果存储在 Git 存储库中。docs 组件是一个 Web 应用程序，用于可视化收集的数据，并由 GitHub Pages 托管。

9. Onefetch

Onefetch 是一个非常漂亮的命令行的工具，用于 Git 项目信息可视化，支持 50 多种语言。之所以提及它，是因为它是用新兴的 Rust 语言编写的。

本节列举了一些对 GitHub/Git 进行数据挖掘的工具和项目。除了上面提到的开源软件外，还有一些商业化的工具也非常不错，比如 Snoot 和 Waydev 等。

9.5 Python 数据挖掘工具

免费的数据挖掘工具包括从完整的模型开发环境（如 Knime 和 Orange）到各种使用 Java、C++编写的库，最常见的是 Python。

Python 是开发人员不可或缺的数据挖掘工具，能充分利用数据，具有合适的工具来清理、准备、合并以及正确分析数据。下面简单介绍 Python 优秀的数据挖掘工具库。

9.5.1 Gensim

Gensim 是一个用于从文档中自动提取语义主题的 Python 库，主要用来处理语言方面的任务，如文本相似度计算、LDA、Word2Vec 等。Gensim 支持 TF-IDF、LSA、LDA 和 Word2Vec 等多种主题模型算法，支持流式训练，并提供了诸如相似度计算、信息检索等一些常用任务的 API 接口。

1. Corpus语料

一组原始文本的集合，用于无监督地训练文本主题的隐含层结构。语料中不需要人工标注的附加信息。在 Gensim 中，Corpus 通常是一个可迭代的对象（比如列表）。每一次迭代返回一个可用于表达文本对象的稀疏向量，被用于自动推断文档的结构和主题等。因此，Corpus 也称作 training Corpus，被推断的这些潜在结构用于给新的文档分配主题，无须人为介入，比如给文档打标签。

2. Vector向量

Vector 由一组文本特征构成的列表，是一段文本在 Gensim 中的内部表达。在向量空间模型中，每个文档被表示成一组特征，比如一个单一的特征可能被视为一个问答对。

3. Sparse Vector稀疏向量

通常，大部分问题的答案都是 0，为了节约空间，会从文档表示中省略它们，只写成 (2,2.0),(3,5.0),(去掉(1,0.0))。既然问题提前知道，那么文档中所有稀疏表示的丢失特征都是 0。

Gensim 不会指定任何特定的 Corpus 格式，不管 Corpus 是怎样的格式，迭代时都会一次产生 Sparse Vector。

4. Model模型

Model 是一个抽象的术语，定义了两个向量空间的变换（从文本的一种向量表达变换为另一种向量表达）。

5. Gensim安装

在 Python 中安装 Gensim 的通用指令如下：

```
pip install gensim
```

在 anaconda prompt(anaconda3)中安装时，建议采用如下指令（国内映射）：

```
pip install -i https://pypi.tuna.tsinghua.edu.cn/simple jieba
```

【例 9.1】Gensim 文本相似度练习。

```
import jieba
# 语料库
from gensim import corpora
# 导入语言模型
from gensim import models
# 稀疏矩阵相识度
from gensim import similarities
# 语料库
l1 = ["你的名字是什么", "你今年几岁了", "你有多高你手多大", "你手多大"]
# 用户问的问题
a = "你今年多大了"
all_doc_list = []  #
for doc in l1:
    # 利用jieba分词将语料库中的每一个问题切割
    doc_list = [word for word in jieba.cut(doc)]
    all_doc_list.append(doc_list)
print(all_doc_list)
# [['你', '的', '名字', '是', '什么'], ['你', '今年', '几岁', '了'],
# ['你', '有', '多', '高', '你', '手多大'], ['你', '手多大']]

# 利用jieba分词将要问的问题切割
doc_test_list = [word for word in jieba.cut(a)]
print(doc_test_list)
```

```python
# ['你', '今年', '多大', '了']   ==>1685


# 制作语料库
dictionary = corpora.Dictionary(all_doc_list)   # 制作词袋
# 词袋:根据当前所有的问题即列表 all_doc_list 中每一个列表中的每一个元素(就是字)
# 为他们做一个唯一的标志,形成一个 key:value 字典
print("token2id", dictionary.token2id)
# print("dictionary", dictionary, type(dictionary))
# token2id {'什么': 0, '你': 1, '名字': 2, '是': 3, '的': 4, '了': 5, '今年': 6,
'几岁': 7, '多': 8, '手多大': 9, '有': 10, '高': 11}


# ['你', '的', '名字', '是', '什么']  ==>14230
# ['你', '今年', '几岁', '了']   ==>1675


# 制作语料库
# 这里是将 all_doc_list 中的每一个列表中的词语与 dictionary 中的 Key 进行匹配
# doc2bow 文本变成 id,这个词在当前的列表中出现的次数
# ['你', '的', '名字', '是', '什么'] ==>(1,1),(4,1),(2,1),(3,1),(0,1)
# 1是'你', 1 代表出现一次, 4 是'的', 1 代表出现了一次;以此类推, 2 是'名字', 3 是'是',
# 0 是'什么'
corpus = [dictionary.doc2bow(doc) for doc in all_doc_list]
print("corpus", corpus, type(corpus))
# corpus [[(0, 1), (1, 1), (2, 1), (3, 1), (4, 1)], [(1, 1), (5, 1), (6, 1),
# (7, 1)], [(1, 2), (8, 1), (9, 1), (10, 1), (11, 1)], [(1, 1), (9, 1)]]
# <class 'list'>


# ['你', '今年', '多大', '了']   词袋中没有多大 165
# 所以需要词向量化

# 将需要寻找相似度的分词列表做成语料库 doc_test_vec
# ['你', '今年', '多大', '了']  (1, 1), (5, 1), (6, 1)
doc_test_vec = dictionary.doc2bow(doc_test_list)
print("doc_test_vec", doc_test_vec, type(doc_test_vec))
# doc_test_vec [(1, 1), (5, 1), (6, 1)] <class 'list'>


# 将 corpus 语料库(初识语料库) 使用 Lsi 模型进行训练,将语料库变成计算机可识别可读的数字
lsi = models.LsiModel(corpus)
print("lsi", lsi, type(lsi))
# lsi[corpus] <gensim.interfaces.TransformedCorpus object at
0x000001D92EEB43C8>
# 语料库 corpus 的训练结果
print("lsi[corpus]", lsi[corpus])
# lsi[corpus] <gensim.interfaces.TransformedCorpus object at
0x000001D92EEB43C8>
```

```
# 将问题放到已经训练好的语料库模型一个一个匹配，获取匹配分值
# 获得语料库 doc_test_vec 在语料库 corpus 的训练结果中的向量表示
print("lsi[doc_test_vec]", lsi[doc_test_vec])
# lsi[doc_test_vec] [(0, 0.9910312948854694), (1, 0.06777365757876067), (2,
1.1437866478720622), (3, -0.015934342901802588)]
# 排过序，数字表示相识度，负数表示无限不接近


# 文本相似度
# 稀疏矩阵相似度将主语料库 corpus 的训练结果作为初始值


# 举例：匹配 5*5 的正方形
# 目前有 [(3,3),(3,5),(4,5),(6,6)]
# 设定(1，形状相似；2，周长相识；3，面积相似)，根据选定设定好的条件匹配最相似的，涉及算法


# lsi[corpus]==>Lsi 训练好的语料库模型
# index 是设定的匹配相识度的条件
index = similarities.SparseMatrixSimilarity(lsi[corpus],
num_features=len(dictionary.keys()))
print("index", index, type(index))


# 将语料库 doc_test_vec 在语料库 corpus 的训练结果中的向量表示与语料库 corpus 的向量表示
做矩阵相似度计算
gongyinshi = lsi[doc_test_vec]
print(gongyinshi)
sim = index[gongyinshi]

print("sim", sim, type(sim))


# 对下标和相似度结果进行一个排序，拿出相似度最高的结果
# cc = sorted(enumerate(sim), key=lambda item: item[1],reverse=True)
cc = sorted(enumerate(sim), key=lambda item: -item[1])
print(cc)

text = l1[cc[0][0]]
if cc[0][1] > 0:
    print(a, text)
```

结果输出：

```
Building prefix dict from the default dictionary ...
Dumping model to file cache C:\Users\liguo\AppData\Local\Temp\jieba.cache
Loading model cost 1.016 seconds.
Prefix dict has been built successfully.
[['你', '的', '名字', '是', '什么'], ['你', '今年', '几岁', '了'], ['你', '有', '多', '高', '你', '手多大'], ['你', '手多大']]
['你', '今年', '多大', '了']
```

```
token2id {'什么': 0, '你': 1, '名字': 2, '是': 3, '的': 4, '了': 5, '今年': 6, '
几岁': 7, '多': 8, '手多大': 9, '有': 10, '高': 11}
corpus [[(0, 1), (1, 1), (2, 1), (3, 1), (4, 1)], [(1, 1), (5, 1), (6, 1), (7,
1)], [(1, 2), (8, 1), (9, 1), (10, 1), (11, 1)], [(1, 1), (9, 1)]] <class 'list'>
doc_test_vec [(1, 1), (5, 1), (6, 1)] <class 'list'>
lsi LsiModel(num_terms=12, num_topics=200, decay=1.0, chunksize=20000) <class
'gensim.models.lsimodel. LsiModel'>
lsi[corpus] <gensim.interfaces.TransformedCorpus object at
0x000001C331D32508>
lsi[doc_test_vec] [(0, 0.9910312948854691), (1, 0.06777365757876162), (2,
-1.1437866478720622), (3, 0.015934342901802935)]
index <gensim.similarities.docsim.SparseMatrixSimilarity object at
0x000001C331D32508> <class 'gensim.similarities.docsim.SparseMatrixSimilarity'>
 [(0, 0.9910312948854691), (1, 0.06777365757876162), (2, -1.1437866478720622), (3,
0.015934342901802935)]
sim [0.29518965 0.9900962  0.46673587 0.46673578] <class 'numpy.ndarray'>
 [(1, 0.9900962), (2, 0.46673587), (3, 0.46673578), (0, 0.29518965)]
你今年多大了 你今年几岁了
```

9.5.2 TensorFlow

在 Python 中只利用 NumPy 编写神经网络代码时，编写一个简单的一层前馈网络的代码需要 40 多行，当增加层数时，编写代码将会更加困难，执行时间也会更长。TensorFlow 使这一切变得更加简单快捷，从而缩短了想法到部署之间的实现时间。

TensorFlow 是由 Google Brain 团队为深度神经网络（DNN）开发的功能强大的开源软件库，于 2015 年 11 月首次发布，在 Apache 2.x 协议许可下可用。开源深度学习库 TensorFlow 允许将深度神经网络的计算部署到任意数量的 CPU 或 GPU 的服务器、PC 或移动设备上，且只利用一个 TensorFlow API。

TensorFlow 深度学习库能够自动求导、开源、支持多种 CPU/GPU、拥有预训练模型，并支持常用的 NN 架构，如递归神经网络（RNN）、卷积神经网络（CNN）和深度置信网络（DBN）。TensorFlow 还有很多特点，具体如下：

- 支持所有流行语言，如Python、C++、Java、R和Go。
- 可以在多种平台上工作，甚至是移动平台和分布式平台。
- 它受到所有云服务（AWS、Google和Azure）的支持。
- Keras——高级神经网络API，已经与TensorFlow整合。
- 与Torch/Theano比较，TensorFlow拥有更好的计算图表可视化。
- 允许模型部署到工业生产中，并且容易使用。
- 有非常好的社区支持。
- TensorFlow 不仅仅是一个软件库，还是一套包括TensorFlow、TensorBoard和TensorServing的软件。

1. TensorFlow安装顺序

查看配置环境 → CUDA Toolkit → cuDNN → Visual Studio 2015 Community → anaconda 虚拟环境 → TensorFlow-GPU → 测试。

2. TensorFlow安装环境

TensorFlow 安装环境要求如下:

- Windows 10 64bit家庭中文版。
- Anaconda3（Python 3.6）。
- Visual Studio 2015 Community。
- 显卡支持NVIDIA GeForce MX150。
- cuda_10.2.89_441.22_win10(local).exe。
- cudnn-10.2-windows10-x64-v7.6.5.32.zip, for CUDA 10.2。
- TensorFlow-gpu 2.0。

3. 安装Visual Studio 2015 Community

Visual Studio 2015 Community 安装路径可以自由选择，自定义安装不需要 VS2015 的全部组件，只需要与 C/C++相关的组件，所以这里只选择了"Visual C++"，将其他用不到的组件全部取消勾选。

4. 安装CUDA Toolkit

①首先查看电脑是否支持 GPU 显卡：设备管理器→NVIDIA GeForce MX150（本电脑）。若显卡不是 NVIDIA GeForce MX150，可以查看 https://developer.nvidia.com/cuda-gpus 配置你的 CUDA。

②查看 NVIDIA GeForce MX150 所适合的 CUDA 版本：控制面板→NVIDIA 控制面板→系统信息→组件，确定 NVIDIA GeForce MX150 支持 CUDA10.2.177 版本。

③从 CUDA 官网（https://developer.nvidia.com）下载 cuda_10.2.89_441.22_win10.exe。

④安装 CUDA。

选择自定义安装，可以选择安装驱动，覆盖本机的驱动，在自定义选项中去掉了 Visual Studio Integration。如果本机的驱动版本（当前版本）小于 CUDA 对应的版本（新版本），就选择，否则不选。如果当前版本小于新版本，并且不覆盖安装，之后电脑会出现频繁蓝屏或死机的情况。

记住安装位置，TensorFlow 要求配置环境。安装完成后配置环境，Path 需要手动添加如下路径，对应上一步的安装路径：

- C:\Program Files\NVIDIA GPU Computing Toolkit\CUDA\v10.2\lib\x64。
- C:\Program Files\NVIDIA GPU Computing Toolkit\CUDA\v10.2\include。
- C:\Program Files\NVIDIA GPU Computing Toolkit\CUDA\v10.2\extras\CUPTI\lib64。
- C:\ProgramData\NVIDIA Corporation\CUDA Samples\v10.2\bin\win64。
- C:\ProgramData\NVIDIA Corporation\CUDA Samples\v10.2\common\lib\x64。

5. 安装cuDNN

cuDNN 可以在前面 GPU 的基础上再提升 1.5 倍的速度，它由 NVIDIA 开发，因此可以从官网（https://developer.nvidia.com/）下载。在官网中先注册再下载 ccudnn-10.2-windows10-x64-v7.6.5.32.zip for CUDA 10.2 版本。（注意：根据要安装的 CUDA 版本确定要下载的 cuDNN 版本，一定要与 CUDA 版本号对应。）

将下载的 cuDNN 文件解压，复制里面的 bin、include、lib 三个文件夹到 CUDA 的安装目录即可。

6. 验证

打开命令窗口 cmd，输入验证命令 nvcc -V。

7. 配置Anaconda虚拟环境

在 Anaconda 中配置虚拟环境有两种方法：

- 直接打开Anaconda Navigator，创建TensorFlow-GPU虚拟环境。
- 打开Anaconda Prompt，输入下面的命令创建一个虚拟环境，名字叫TensorFlow-GPU，同时指定Python的版本。如果本机内没有安装这个版本的Python，就会自动下载安装。

```
conda create -n TensorFlow--GPU python=3.6
```

配置完虚拟环境 env 后可在 Anaconda Prompt 中输入激活环境指令：

```
activate TensorFlow--GPU
```

退出环境：

```
deactivate
```

8. 安装TensorFlow-GPU

可以使用下面的指令安装 TensorFlow-GPU：

```
pip/conda install tensorflow-gpu
```

或者使用下面的指令安装最新版的 TensorFlow-GPU 版本：

```
pip/conda install --ignore-installed --upgrade tensorflow-gpu
```

9. 报错经验

①由于创建了虚拟环境，因此各类 Python 包需要重新安装，注意安装的版本号要对应。
②cuDNN 版本与 CUDA 的版本不匹配 import TensorFlow 时会报错：

```
ImportError: Could not find 'cudnn64_7.dll'.
```

③如果进行深度学习图像处理，就有可能报错：

```
ImportError: Could not import PIL.Image. The use of `array_to_img` requires PIL.
```

需要更新 PIL 库：

```
pip install pillow
```

或

```
conda install pillow
```

9.5.3　Keras

Keras 是一个高层神经网络 API，Keras 由纯 Python 编写而成，并基于 TensorFlow、Theano 以及 CNTK 后端，不但可以搭建普通神经网络，还能进行深度学习模型的设计、调试、评估、应用和可视化。

Keras 的主要开发者是谷歌工程师 François Chollet。此外，其 GitHub 项目页面包含 6 名主要维护者和超过 800 名直接贡献者。自 2017 年起，Keras 得到了 TensorFlow 团队的支持，其大部分组件被整合至 TensorFlow 的 Python API 中。在 2018 年 TensorFlow 2.0.0 公开后，Keras 被正式确立为 TensorFlow 高阶 API，即 tf.keras。在 2019 年 9 月 17 日 Keras 稳定版本 2.3.0 的更新文档中，Keras 团队宣布了计划调整：在该版本之后，Keras 将集中于 TensorFlow 后台的有关内容，多后台 Keras 的开发优先度被降低，且更新将仅包含补丁（bug fix），不会有新的功能性内容移植进去或加入。

Keras 支持 Python 2.7~3.6 版本，且安装前要求至少预装 TensorFlow、Theano、Microsoft-CNTK 中的一个。其他可选的预装模块包括：h5py，用于将 Keras 模型保存为 HDF 文件；cuDNN，用于 GPU 计算；PyDot，用于模型绘图。Keras 可以通过 PIPy、Anaconda 安装，也可从 GitHub 上下载源代码安装：

```
#Python 安装
pip install keras
#Anaconda 安装
conda install keras
```

Keras 使用了下面的依赖包：

- NumPy，SciPy。
- Pyyaml。
- HDF5，h5py（可选，仅在模型的save/load函数中使用）。
- 使用CNN的，推荐安装cuDNN。

除本节介绍的三种 Python 数据挖掘工具外，第 5 章中介绍的四种主流数据分析库也是常用的 Python 数据挖掘工具。

9.6　本章小结

本章主要介绍了数据挖掘工具的分类、数据挖掘经典算法、一些免费的数据挖掘工具、GitHub 项目挖掘工具和 Python 数据挖掘工具。

第 **10** 章

挖掘建模

数据挖掘就是从大量数据中挖掘出隐含的、未知的、对决策有潜在价值的关系、模式和趋势，并用这些知识和规则建立用于决策支持的模型，提供预测性决策支持的方法、工具和过程；是利用各种分析工具在海量数据中发现模型和数据之间关系的过程。这些模型和关系可以被企业用来分析风险、进行预测。

数据挖掘建模的一般过程主要分为四部分：数据准备、模式发现、模型构建以及模型评价。

10.1 数据挖掘建模的一般过程

1. 数据准备

选择数据的标准是相关性、可靠性、最新性，而不是动用全部企业数据。通过数据样本的精选，不仅能减少数据处理量，节省系统资源，还能通过数据的筛选使想要反映的规律性突显出来。

1）数据探索：数据清洗和构造

对所抽取的样本数据进行探索、审核和必要的加工处理是保证预测质量所必需的步骤。可以说，预测的质量不会超过抽取样本的质量。

数据探索主要包括异常值分析、缺失值分析、相关分析、周期性分析、样本交叉验证等。

2）数据预处理：整合和格式化

数据预处理主要包括数据筛选、数据变量转换、缺失值处理、坏数据处理、数据标准化、主成分分析、属性选择和数据规约。

2. 模式发现

模型构建的前提是在样本数据集中发现模式，比如关联规则、分类预测、聚类分析、时序模式等。在目标进一步明确化的基础上，可以按照问题的具体要求来重新审视已经采集的数据，看它是否适应挖掘目标的需要。

3. 模型构建

这一步是数据挖掘工作的核心环节，模型构建是对采样数据轨迹的概括，反映的是采样数据内部结构的一般特征，并且与该采样数据的具体结构基本吻合。

预测模型的构建通常包括模型建立、模型训练、模型验证和模型预测 4 个步骤，但根据不同的数据挖掘分类应用会有细微的变化。

4. 模型评价

模型效果评价通常分两步：

- 直接使用原来建立模型的样本数据来进行检验。
- 另外找一批数据，已知这些数据是反映客观实际的、规律性的。

10.2　分类与预测

经过数据探索与数据预处理，得到了可以直接建模的数据。根据挖掘目标和数据形式可以建立模型，包括分类与预测、聚类分析、关联规则、时序模式和偏差检测等。

分类和预测是预测问题的两种主要类型：分类主要是预测分类标号（离散属性）；预测主要是建立连续值函数模型，给定自变量（x）对应的因变量（y）的值。常用的分类与预测算法如表 10.1 所示。

表 10.1　常用的分类与预测算法

算法名称	算法简介
回归分析	回归分析是确定预测属性（数值型）与其他变量间相互依赖的定量关系最常用的统计学方法，包括线性回归、非线性回归、Logistic 回归、岭回归、主成分回归、偏最小二乘回归等模型
决策树	决策树采用自顶向下的递归方式，在内部节点进行属性值的比较，并根据不同的属性值从该节点向下分支，最终得到的叶节点是学习划分的类
人工神经网络	人工神经网络是一种模仿大脑神经网络结构和功能而建立的信息处理系统，表示神经网络的输入与输出变量之间关系的模型
贝叶斯网络	贝叶斯网络又称信度网络，是 Bayes 方法的扩展，是目前不确定知识表达和推理领域最有效的理论模型之一
支持向量机	支持向量机是一种通过某种非线性映射，把低维的非线性可分转化为高维的线性可分，在高维空间进行线性分析的算法

递归特征消除的主要思想是反复地构建模型（如 SVM 或者回归模型），然后选出最好的（或者最差的）特征，放到一边，然后在剩余的特征上重复这个过程，直到遍历所有特征。

稳定性选择时采用基于二次抽样和选择算法相结合的较新方法，选择算法可以是回归、SVM 或其他类似的方法。它的主要思想是在不同的数据子集和特征子集上运行特征选择算法，不断重复，最终汇总特征选择结果。

决策树是一种树状结构，每一个叶节点对应着一个分类，非叶节点对应着某个属性上的划分，根据样本在属性上的不同取值将其划分成若干个子集。

使用人工神经网络模型需要确定网络连接的拓扑结构、神经元的特征和学习规则等。目前已经有 40 种人工神经网络模型。

Python 分类预测模型的特点如表 10.2 所示。

表 10.2　Python 分类预测模型的特点

模型	模型特点	位于
逻辑回归	比较基础的模型，很多时候是简单有效的选择	sklearn.linear_model
SVM	强大的模型，可以用来回归、预测、分类等，根据选取的核函数，模型可以是线性的或非线性的	sklearn.svm
决策树	基于"分类讨论，逐步细化"思想的分类模型，模型直观、易解释	sklearn.tree
随机森林	思想跟决策树类似，精度通常比决策树要高，缺点是由于随机性丧失了决策树的可解释性	sklearn.ensemble
朴素贝叶斯	基于概率思想的简单有效的分类模型，能够给出容易理解的概率解释	sklearn.naive_bayes
神经网络	具有强大的拟合能力，可以用于拟合、分类等，它有很多增强版本，如递归神经网络、卷积神经网络、自编码器等	Keras

10.3　聚类分析

聚类的输入是一组未被标记的样本，聚类根据数据自身的距离或相似度将其划分为若干组，划分的原则是组内距离最小化而组间（外部）距离最大化。

聚类分析的目标就是在相似的基础上收集数据来分类。聚类源于很多领域，包括数学、计算机科学、统计学、生物学和经济学。

聚类分析是一种探索性的分析，在分类的过程中，人们不必事先给出一个分类的标准，聚类分析能够从样本数据出发，自动进行分类。聚类分析所使用的方法不同，常常会得到不同的结论。不同研究者对于同一组数据进行聚类分析，所得到的聚类数未必一致。常用的聚类分析方法如表 10.3 所示，Python 的主要聚类算法如表 10.4 所示。

表 10.3　常用聚类分析方法

类别	包括的主要算法
划分（分裂）方法	K-Means 算法（K-平均）、K-MEDOIDS 算法（K-中心点）、CLARANS 算法（基于选择的算法）
层次分析方法	BIRCH 算法（平衡迭代规约和聚类）、CURE 算法（代表点聚类）、CHAMELEON 算法（动态模型）
基于密度的方法	DBSCAN 算法（基于高密度连接区域）、DENCLUE 算法（密度分布函数）、OPTICS 算法（对象排序识别）
基于网格的方法	STING 算法（统计信息网络）、CLIOUE 算法（聚类高维空间）、WAVE-CLUSTER 算法（小波变换）
基于模型的方法	统计学方法、神经网络方法

表 10.4　Python 主要聚类算法

对象名	函数功能	所属工具箱
KMeans	K 均值聚类	sklearn.cluster
AffinityPropagation	吸引力传播聚类，几乎优于所有其他方法，不需要指定聚类数，但运行效率较低	sklearn.cluster
MeanShift	均值漂移聚类算法	sklearn.cluster
SpectralClustering	谱聚类，具有效果比 K 均值好、速度比 K 均值快的特点	sklearn.cluster
AgglomerativeClustering	层次聚类，给出一棵聚类层次树	sklearn.cluster
DBSCAN	具有噪声的基于密度的聚类	sklearn.cluster
BIRCH	综合的层次聚类算法，可以处理大规模数据的聚类	sklearn.cluster

这些不同模型的使用方法是大同小异的，基本都是先用对应的函数建立模型，然后用.fit()方法训练模型，训练好之后用.label_方法给出样本数据的标签，或者用.predict()方法预测新输入的标签。此外，SciPy 库中也提供了一个聚类子库 scipy.cluster。

10.4　关联分析

关联规则分析是数据挖掘中最活跃的研究方法之一，目的是在一个数据集中找出各项之间的关联关系，而这种关系并没有在数据中直接表示出来。关联规则常用算法如表 10.5 所示。

表 10.5　关联规则常用算法

算法名称	算法描述
Apriori	关联规则最常用、最经典的挖掘频繁集的算法，其核心思想是通过连接产生候选项及其支持度，然后通过剪枝生成频繁项集
FP-Tree	针对 Apriori 算法的固定多次扫描事务数据集的缺陷而提出来的不产生候选频繁项集的方法。Apriori 和 FP-Tree 都是寻找频繁项集的算法
Eclat 算法	Eclat 算法是一种深度优先算法，采用垂直数据表示形式，在概念格理论的基础上利用基于前缀的等价关系将搜索空间划分为较小的子空间
灰色关联法	分析和确定各因素之间的影响程度或是若干个子因素（子序列）对主因素（母序列）的贡献度而进行的一种分析方法

10.5　时序模式

时序模式是指通过时间序列搜索出的重复发生概率较高的模式。与回归一样，它也是用已知的数据预测未来的值，但这些数据的区别是变量所处的时间不同。时间序列的变化主要受到长期趋势、季节变动、周期变动和不规则变动这四个因素的影响。

1. 时间序列预处理

拿到一个观察值序列后，首先要对它的纯随机性和平稳性进行检验，这两个重要的检验称为序列的预处理。

- 对于纯随机序列：又称白噪声序列，序列的各项之间没有任何相关关系，可以终止对该序列的分析。白噪声序列是没有信息可提取的平稳序列。
- 平稳非白噪声序列：均值和方差是常数，已经有一套非常成熟的平稳序列的建模方法。通常是建立一个线性模型来拟合该序列的发展，ARMA模型是最常用的平稳序列拟合模型。
- 非平稳序列：均值和方差不稳定，处理方法一般是将其转变为平稳序列进行处理，如果一个时间序列经差分运算后具有平稳性，就为差分平稳序列，可以使用ARIMA模型进行分析。

2. 平稳时间序列分析

ARMA 模型的全称是自回归移动平均模型，是常用的拟合平稳序列的模型，细分为 AR 模型、MA 模型和 ARMA 模型，都是多元线性回归模型。

3. 非平稳时间序列分析

实际上，绝大多数的序列都是非平稳的，分析方法分为确定性因素分解的时序分析和随机时序分析两大类。

Python 的主要时序模式算法如表 10.6 所示。

表 10.6 Python 主要时序模式算法

函数名	函数功能	所属工具箱
acf()	计算自相关系数	statsmodels.tsa.stattools
plot_act()	画自相关系数	statsmodels.graphics.tsaplots
pacf()	计算偏自相关系数	statsmodels.tsa.stattools
plot_pacf()	画偏自相关系数	statsmodels.graphics.tsaplots
adfuller()	对观测值序列进行单位根检验	statsmodels.tsa.stattools
diff()	对观测值序列进行差分计算	Pandas 对象自带的方法
ARIMA()	创建一个 ARIMA 时序模型	statsmodels.tsa.arima_model
summary()或 summary2()	给出一份 ARIMA 模型的报告	ARIMA 模型对象自带的方法
aic/bic/hqic	计算 ARIMA 模型的 AIC/BIC/HQIC 指标值	ARIMA 模型对象自带的变量
forecast()	应用构建的时序模型进行预测	ARIMA 模型对象自带的方法
acorr_ljungbox()	Ljung-Box 检验，检验是否为白噪声	statsmodels.tsa.diagnoistic

Python 实现时序模式的主要库是 StatsModels，算法主要是 ARIMA 模型，使用时需要进行平稳性检验、白噪声检验、是否差分、AIC 和 BIC 指标值、模型定阶，最后做预测。

10.6 离群点检测

依据不同的要求可将离群点划分为不同的类型：按照数据范围可将离群点划分为全局离群点和局部离群点；按照数据类型可将离群点划分为数值型离群点和分类型离群点；按照属性个数可将离群点划分为一维离群点和多维离群点。

离群点检测是数据挖掘中重要的一部分，它的任务是发现与大部分其他对象显著不同的对象。大部分数据挖掘方法都将这种差异信息视为噪声而丢弃，然而在一些应用中罕见的数据可能蕴含着更大的研究价值。因为离群点的属性值明显偏离期望或常见的属性值，所以离群点检测也称偏差检测。

离群点检测已经被广泛应用于电信和信用卡的诈骗检测、贷款审批、电子商务、网络入侵和天气预报等领域。

离群点检测方法如表 10.7 所示。

表 10.7 离群点检测方法

方法	方法描述	方法评估
基于统计	大部分基于统计的离群点检测方法是构建一个概率分布模型，并计算对象符合该模型的概率，把具有概率的对象视为离群点	基于统计模型的离群点检测方法的前提是必须知道数据服从什么分布；对于高维数据，检验效果可能很差

（续表）

方法	方法描述	方法评估
基于邻近度	通常可以在数据对象之间定义邻近度量，把远离大部分点的对象视为离群点	简单、二维或三维的数据可以做散点图观察；大数据集不适用；对参数选择敏感；具有全局阈值，不能处理有不同密度区域的数据集
基于密度	考虑数据集可能存在不同密度区域这一事实，从基于密度的观点分析，离群点是在低密度区域中的对象。一个对象的离群点得分是该对象周围密度的逆	给出了对象是离群点的定量度量，并且即使数据具有不同的区域也能够很好地处理；大数据集不适用；参数选择是困难的
基于聚类	一种利用聚类检测离群点的方法是丢弃远离其他簇的小簇；另一种更系统的方法是先聚类所有对象，然后评估对象属于簇的程度（离群点得分）	基于聚类技术来发现离群点可能是高度有效的；聚类算法产生的簇的质量对该算法产生的离群点的质量影响非常大

10.7 本章小结

　　计算机拥有海量的数据存储能力和超强的计算能力，所以只要建立合适的业务模型，设计完善的执行程序，选择正确的分析算法，它就可以更好地提供辅助服务功能。本章主要从数据挖掘建模的流程出发介绍挖掘建模的一般过程。

第 11 章

模型评估

模型评估是模型开发过程中不可或缺的一部分工作,有助于发现表达数据的最佳模型和评估所选模型将来工作的性能如何。在数据挖掘中,使用训练集中的数据评估模型性能是不可信的,因为这易于生成过于乐观和过拟合的模型。数据挖掘中有两种方法评估模型:验证(Hold-Out)和交叉验证(Cross-Validation)。为了避免过拟合,这两种方法都使用(模型没有遇到过的)测试集来评估模型性能。

11.1 验证

验证法直接将数据集 D 划分为两个互斥的集合,其中一个集合作为训练集 S,另一个作为测试集 T,即 $D = S \cup T$,$S \cap T = \varnothing$。在 S 上训练出模型后,用 T 来评估其测试误差,作为对泛化误差的估计。

训练集/测试集的划分要尽可能保持数据分布的一致性,避免因数据划分过程引入额外的误差而对最终结果产生影响,例如在分类任务中至少要保持样本的类别比例相似。从采样(sampling)的角度看待数据集的划分过程,保留类别比例的采样方式通常称为"分层采样"(stratified sampling)。若 S、T 中样本类别比例差别很大,则误差估计将由于训练/测试数据分布的比例而产生偏差。

即便在给定训练集/测试集的样本比例后,仍存在多种划分方式对初始数据集 D 进行分割。不同的划分将导致不同的训练集/测试集,相应地,模型评估的结果也会有差别。因此,单次使用验证法得到的估计结果往往不够稳定可靠,在使用验证法时,一般要采用若干次随机划分、重复进行实验评估后取平均值作为验证法的评估结果。

如果希望评估的是用 D 训练出的模型的性能,但验证法需划分训练集/测试集,就会导致一个窘境：若令训练集 S 包含绝大多数样本，则训练出的模型可能更接近于用 D 训练出的模型，但是 T 比较小，评估结果可能不够稳定准确；若令测试集 T 多包含一些样本，则训练集 S 和 D 差别更大，被评估的模型与用 D 训练出的模型相比可能有较大差别，从而降低了评估结果的保真性。

比如，处理时间序列模型是否准确，把整个数据集分成前后两部分，前部分占比 70%，后部分占比 30%。前部分用来进行时间序列模型训练，后部分用来测试时间序列的准确性。其准确性可以用 MAE、MAPE 之类的统计指标衡量。该方法的好处是处理简单，只需把原始数据分成两部分即可。从严格意义上来说，检验并不算是交叉检验，即该方法没有达到交叉检验的思想，且最后验证准确性的高低和原始数据的分类有很大关系，所以该方法得到的结果在某些场景中并不具备一定的说服力。所以有人提出了交叉验证这一重要的思想。

11.2 交叉验证

当仅有有限数量的数据时，为了对模型性能进行无偏估计，可以使用 K 折交叉验证（K-fold Cross Validation）。在 K 折交叉验证中，把原始训练数据集分割成 K 个不重合的子数据集，然后做 K 次模型训练和验证。每一次使用一个子数据集验证模型，并使用其他 $K-1$ 个子数据集来训练模型。在 K 次训练和验证中，每次用来验证模型的子数据集都不同。最后，对 K 次训练误差和验证误差分别求平均。

构建 K 次模型，每次留一个子集做测试集，其他用作训练集。如果 K 等于样本大小，那么也会称之为留一验证（leave-one-out cross validation，也叫留一法）。

留一法每次用一个样本做验证集，其余的样本做训练集。留一法的一个优点是每次迭代中都使用了最大可能数目的样本来训练，另一个优点是具有确定性。留一法的主要不足在于计算的开销很大。

11.3 自助法

在统计学中，自助法是一种从给定训练集中有放回的均匀抽样，也就是说，每当选中一个样本时，它会等可能地被再次选中，并被再次添加到训练集中。

自助法以自助采样法为基础，给定包含 m 个样本的数据集 D，对它进行采样产生数据集 D'；每次随机从 D 中挑选一个赝本，将其复制到 D'，然后将该样本放回初始数据集 D 中，使得该样本在下次采样时仍有可能被采到；这个过程重复执行 m 次后，就得到了包含 m 个样本的数据集 D'，这就是自助采样的结果。

自助法在数据集较小、难以有效划分训练集/测试集时很有用。此外，自助法能从初始数据集中产生多个不同的训练集，这对集成学习等方法有很大的好处。然而，自助法产生的数据集改变了初始数据集的分布，这会引入估计偏差。

11.4　回归评估指标

数据挖掘通常的目的是分类和回归（就是预测）。对于评估指标，也可以从这两个方面来分，即回归评估指标和分类评估指标。

回归问题就是建立一个关于自变量和因变量关系的函数，通过训练数据得到回归函数中各变量前系数的一个过程。模型的好坏就体现在用这个建立好的函数，预测得出的值与真实值的差值大小（即误差大小），差值越大，说明预测的越差，反之亦然。下面介绍回归问题具体的误差指标。

1. 平均绝对误差（MAE）

$$\mathrm{MAE} = \frac{1}{n}\sum_{i=1}^{n}\left|f_{\mathrm{pred}} - y_i\right|$$

（公式 11.1）

MAE 与原始数据单位相同，它仅能比较误差是相同单位的模型。量级近似于 RMSE，但是误差值相对小一些。

2. 均方误差（MSE）

$$\mathrm{MSE} = \frac{1}{n}\sum_{i=1}^{n}(y_{\mathrm{pred}} - y_i)^2$$

（公式 11.2）

3. 均方根误差（RMSE）

$$\mathrm{RMES} = \sqrt{\mathrm{MSE}}$$

（公式 11.3）

RMSE 是一个衡量回归模型误差率的常用公式，它与 MAE 一样仅能比较误差是相同单位的模型。在模型中，f_{pred} 表示模型预测值，y_i 表示真实值。

11.5　分类评估指标

和回归模型评价指标比较，分类模型的评价指标比较多且比较抽象。下面先给出几个符号的定义，然后结合例子理解各个指标的定义。

- TP：将正类预测为正类数。
- FN：将正类预测为负类数。
- FP：将负类预测为正类数。
- TN：将负类预测为负类数。

1. 准确率（accuracy）

对于给定的测试数据集，分类器（分类模型）正确分类的样本数与总样本数之比。

2. 精确率（precision）

$$P = \frac{TP}{TP + FP} \qquad （公式 11.4）$$

3. 召回率（recall）

$$R = \frac{TP}{TP + FN} \qquad （公式 11.5）$$

4. F_1 值

$$F_1 = \frac{2TP}{2TP + FP + FN} \qquad （公式 11.6）$$

F_1 值是精确率和召回率的调和均值。

上面是关于分类问题各个指标的定义及公式，下面从一个例子（来源于网络）来理解各个指标的含义。假如宠物店里有 10 只动物，其中 6 只猫和 4 只狗。现在将这 10 条数据放入一个分类器，做出的分类结果是 7 只猫，3 只狗。如果将猫看为正类，那么 TP、FP、TN、FN 分别为 6、0、3、1，则准确率为 accuracy=(6+3)/(6+0+3+1)=90%，精确率为 precision=TP/(TP+FP)=6/(6+0)=1，召回率 recall=TP/(TP+FN)=6/(6+1)=0.86。

从上面的几个指标可以看出准确率和精确率的区别，准确率是对整个样本而言的，而精确率是对正样本而言的。F_1=(2×6)/(2×6+0+1)=12/13，由此可以看 F_1 值是精确率和召回率的调和均值。所以，在看评估指标时要综合评估，不能根据某一个值的高低来评价模型的好坏，同时在评估的时候还要结合实际业务。

11.6 ROC 曲线

二值分类器是机器学习领域中最常见、应用最广泛的分类器。评价二值分类器的指标很多，比如 precision、recall、F1 score 和 P-R 曲线等，但发现这些指标只能反映模型在某一方面的性能。相比而言，ROC 曲线有很多优点，经常作为评估二值分类器最重要的指标之一。

在逻辑回归里，对于正负例的界定，通常会设一个阈值，大于阈值的为正类，小于阈值为负类。如果我们减小这个阀值，更多的样本会被识别为正类，提高正类的识别率，但同时也会使得更多的负类被错误识别为正类。为了直观表示这一现象，引入了 ROC 曲线（见图 11.1）。根据分类结果计算得到 ROC 曲线空间中相应的点，连接这些点就形成 ROC 曲线，横坐标为 False Positive Rate（FPR，假正率），纵坐标为 True Positive Rate（TPR，真正率）。一般情况下，这个曲线应该处于(0,0)和(1,1)连线的上方。

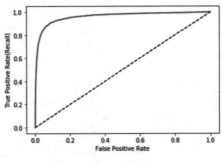

图 11.1　ROC 曲线

ROC 曲线的横坐标假正率（FPR）和纵坐标真正率（TPR）的计算方法如下：

$$\text{FPR} = \frac{\text{FP}}{N} \qquad\qquad （公式 11.7）$$

$$\text{TPR} = \frac{\text{TP}}{P} \qquad\qquad （公式 11.8）$$

其中，P 是真实的正样本数量，N 是真实的负样本数量，TP 是 P 个正样本中被分类器预测为正样本的个数，FP 为 N 个负样本中被预测为正样本的个数。

【例 11.1】ROC 曲线绘制。

```python
# -*- coding: utf-8 -*-
#创建数据集
import pandas as pd
column_name = ['真实标签','模型输出概率']
datasets = [['p',0.9],['p',0.8],['n',0.7],['p',0.6],
           ['p',0.55],['p',0.54],['n',0.53],['n',0.52],
           ['p',0.51],['n',0.505],['p',0.4],['p',0.39],
           ['p',0.38],['n',0.37],['n',0.36],['n',0.35],
           ['p',0.34],['n',0.33],['p',0.30],['n',0.1]]

data = pd.DataFrame(datasets,index = [i for i in range(1,21,1)],
columns=column_name)
    #绘制 ROC 曲线
    # 计算各种概率情况下对应的(假正率、真正率)
    points = {0.1:[1,1],0.3:[0.9,1],0.33:[0.9,0.9],0.34:[0.8,0.9],
0.35:[0.8,0.8],
           0.36:[0.7,0.8],0.37:[0.6,0.8],0.38:[0.5,0.8],0.39:[0.5,0.7],
0.40:[0.4,0.7],
           0.505:[0.4,0.6],0.51:[0.3,0.6],0.52:[0.3,0.5],0.53:[0.2,0.5],
0.54:[0.1,0.5],
           0.55:[0.1,0.4],0.6:[0.1,0.3],0.7:[0.1,0.2],0.8:[0,0.2],0.9:[0,0.1]}
    X = []
    Y = []
```

```
for value in points.values():
        X.append(value[0])
        Y.append(value[1])

import matplotlib.pyplot as plt

plt.scatter(X,Y,c = 'r',marker = 'o')
plt.plot(X,Y)

plt.xlim(0,1)
plt.ylim(0,1)
plt.xlabel('FPR')
plt.ylabel('TPR')
plt.show()
```

结果输出如图 11.2 所示。

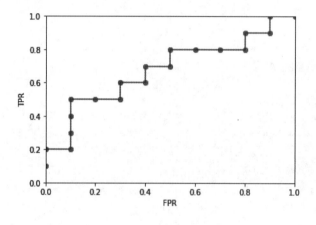

图 11.2　ROC 曲线绘制结果

AUC 是指 ROC 曲线下的面积大小，能够量化地反映基于 ROC 曲线衡量出的模型性能。AUC 越大，说明分类器越可能把真正的正样本排在前面，分类性能越好。

11.7　本章小结

本章主要介绍了评估模型的验证方法和评估指标。数据挖掘的最终的目的就是建立业务模型，然后应用到业务实际中，做一些分类或者预测的工作。这个业务模型做得好不好，需要对建立的模型做评估，然后根据评估指标和实际的业务情况决定是否要发布这个模型。

第 **12** 章
社会媒体挖掘

社会媒体（Social Media）是指互联网上基于用户关系的内容生产与交换平台，是人们彼此之间用来分享意见、见解、经验和观点的工具和平台，现阶段主要包括社交网站、微博、微信、博客、论坛、QQ、Twitter、Facebook、播客等。社会媒体在互联网传播的信息已成为人们浏览互联网的重要内容。社会媒体是大数据的丰富来源，很多公司都在投资大数据方面的项目，来帮助预测用户的行为。对社会媒体数据有效的挖掘分析，能够帮助企业获得产生惊人业绩的信息。

社会媒体具有非结构化、动态、面向未来的特性。高效而有洞察力的数据挖掘需要新的分析工具和技术。社会媒体挖掘分析的目的是了解如何充分利用从社会媒体及其他相关的丰富数据源所收集的数据，识别在线用户的共性行为模式，以便独立构建和应用基于这些模式的预测算法，使用分布式计算高效处理大规模社会媒体数据。

12.1 社会媒体与社会媒体数据

在传统媒体时代，用户仅仅是消费者。信息流是单向的，即从信息发布者到用户。社会媒体打破了这种模式，它让每个用户既可以是信息消费者，也可以是信息发布者。

各种社会媒体平台都具有以下三个特征：

- 基于互联网的应用。
- 用户生成的内容。
- 网络。

随着社会媒体在中国不断发展，这一形态已经成为一个生态系统。虽然微信依然是社会媒体领域的统治者，但其用户增长已经大幅放慢。微博迎来了复兴，而更多垂直领域的社会媒体产品不断出现。与此同时，其他互联网巨头们也在不断改进各自产品的社会功能。

社会媒体数据指人们在社会化媒体中产生或分享的各类信息，包括评论、视频、照片、地理位置、个人资料、社会关系等。这些数据在"社会媒体"这个词开始流行前也曾经被称作"网络口碑"（Internet Wordof Mouth，IWOM）、"用户原创内容"（User Generated Content，UGC）或"消费者原创媒体"（Consumer Generated Media，CGM）。

社会媒体数据的作用是，这些基础数据经过计算和处理后成为一系列的指标，用以衡量品牌在社会媒体中的表现以及社会媒体中的人际网络关系。

社会媒体数据常见的指标：

- 讨论量（Buzz Volume）：讨论量越高，意味着该网络社区越活跃或者该话题越热门。
- 情感（Sentiment）：网民在网络讨论中对品牌/产品/属性所表达出来的正负面倾向。
- 在论坛社区的研究中，通常还会用到诸如发帖率、话题制造因子、对话热议度等指标。
- 微博研究中的常用指标还包括转发率、评论率、曝光量、传播层级等。

12.2 中国社会媒体核心用户数据分析

从媒介 360、腾讯企鹅智库和新浪等发布的微信、微博等社会媒体发展报告来看，目前社会媒体依旧是新媒体中最为活跃且最有发展潜力的领域。在数字媒体用户使用时长首超传统媒体的大背景下，社会媒体表现出了自己独特的平台发展属性和用户使用习惯的变化。

1. 中国用户各类媒体花费时间

据 eMarketer 的报告，2019 年中国用户所有媒体每天总用时为 6 小时 34 分。其中，数字媒体每天花费时间已达 4 小时 05 分，传统电视每天用时下降到 1 小时 40 分，收音机下降为 8 分钟，印刷媒体下降为 7 分钟（报纸下降为 6 分钟，杂志下降为 1 分钟）。

2. 各类媒体的渗透率

2019 年，在 18 岁及以上中国成年人中，传统电视的渗透率达 64.2%，还是领先于其他媒体，但使用时间呈急速下降趋势，这表明电视的开机比率和 2015 年相比在陡降走低。

PC 端互联网用户的渗透率为 47.4%，智能手机用户的渗透率为 65.1%，非智能手机用户的渗透率为 23%。

3. 社会媒体数据多元性

社会媒体用户年龄结构呈现多元化：00 后、90 后成为最大人群，70 后、60 后、50 后份额均呈现不同幅度的增长。社会媒体用户地域分布呈现多元化：一线城市比例下降，二线、三线、四线城市均有不同程度的增长。社会媒体用户受教育水平呈现多元化：高等学历比例小幅下滑,初等学历比例上升。移动社会成为主流趋势,移动属性的媒体更受社会媒体用户的青睐。

4. 微信

目前,微信已经超越 QQ 空间成为网民使用最多的社会应用。2013 年微博在原创方面占据优势,2014 年以后则是微信全面领先。腾讯公布了 2019 年第一季业绩,报告显示:2019 年首季,微信及 WeChat 的合并月活跃账户数达 11.12 亿,同比增长 6.9%。微信用户普遍年轻,平均年龄在 26 岁,97.7%的用户在 50 岁以下,86.2%的用户在 18~36 岁。

微信等即时通信不再是一个单纯的聊天工具,已经发展成集交流、资讯、娱乐、搜索、电子商务、办公协作和企业客户服务等于一体的综合化信息平台。

5. 微博

微博 2019 年 12 月平均日活跃用户数为 2.2 亿。微博用户年龄结构较为均衡:从月活用户的年龄比重上看,19~35 岁用户占月活跃用户总量的 72%,80 后、90 后为微博活跃用户主体,且年轻化用户有较为明显的增长趋势。从省份分布上不难看出,北上广以及江浙一带用户分布较为密集,从地区分布上看,华东、华南地区微博活跃用户较多。网民在微博上除了热衷于讨论娱乐和社会舆论类资讯外,还注重个人生活类信息的获取和互动。

在“互联网+”行动计划的推动下,新媒体加速向全产业渗透。社会化媒体已经建立了强大的影响力和生态粘合力。同时,社会媒体每时每刻产生大量的用户数据,怎么发掘和利用好这些数据的价值是摆在各个舆情企业面前的难题与挑战。

12.3 社会媒体挖掘技术与研究热点

社会媒体挖掘是基于社会媒体平台,从海量的数据中挖掘人类的行为模式,它是一个从社会媒体数据中表示、分析和抽取可操作模式的过程。社会媒体挖掘以一种可计算的方式表示和度量社会媒体的虚拟世界,并且建立模型以帮助我们理解其中的交互。

1. 网络度量

在社会媒体中,通过度量社会媒体网络中不同结构的属性,能够更好地理解其中涉及的用户行为。

- 中心性:中心性定义了网络中一个中心节点的重要性。
- 传递性与相互性:在观察社会媒体网络中的某个特定行为(比如连接行为)时,对这个特定行为进行研究有两个度量方法:传递性和相互性。
- 平衡和地位:个体之间的关系,帮助决策有向网络中的一致性。
- 相似度:节点间的相似度,可以通过它们的结构等价性或规则等价性获得。

2. 网络模型

通过构建小型网络来设计网络模型,从而模拟真实世界的网络。通过衡量仿真网络的不同属性来分析真实世界。模型具有坚实的数学理论基础,能够帮助人们理解真实网络中的现象。

以下是三种广泛接受的模型：

- 随机图。
- 小世界模型。
- 优先链接模型。

3. 信息传播

传播过程主要包含三要素：传播者、接收者和传播媒介（个体之间的交流）。

- 羊群效应：未经计划而出现的一致性行为。
- 信息级联：信息在朋友（邻近）之间传播产生了信息级联。
- 创新扩散：一种基本社会过程，在这个过程中，主观感受到的关于某个新主意的信息被传播。通过一个社会构建过程，某个新主意创新的意义逐渐显现。
- 流行病模型：应用数学语言表述疾病在人群中的表现和分布形式，是现代流行病学对疾病认识的高级阶段。不同于单纯的观测，它具有逐级抽象的特点。

4. 社会媒体挖掘中的一些热点应用

- 影响力和同质性：不同模式的连接网络，有一种模式叫同配性，也称为社会相似性。在同配网络中，相似个体比不相似个体更容易形成连接，如微信的好友关系。
- 基于社会背景知识的推荐系统：个体之间的交友网络。
- 推荐系统评价：评估推荐系统的准确性，通常可以评估预测的准确率、推荐的相关性、推荐的排序等。
- 行为分析：场景（动机）和模型（行为分析），个体行为和群体行为。

12.4　社会媒体挖掘流程

1. 社会媒体挖掘的整个流程

社会媒体挖掘流程如图 12.1 所示，主要包括以下环节：

- 鉴权。
- 数据收集。
- 数据清洗和预处理。
- 建模和分析。
- 结果呈现。

鉴权 OAuth（Open Authorization，开放授权）过程涉及三个角色：用户、消费者（第三方应用）和资源提供方（社会媒体平台）。OAuth 授权流程的步骤如图 12.2 所示。

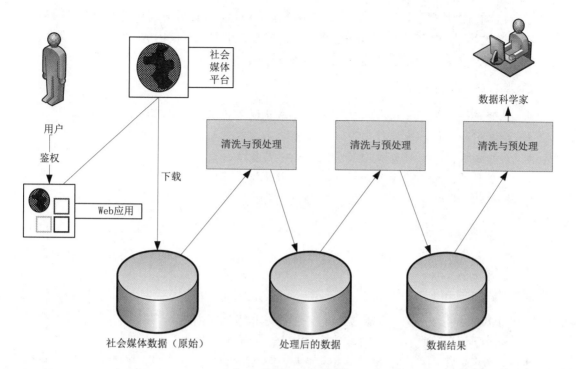

图 12.1　社会媒体挖掘流程

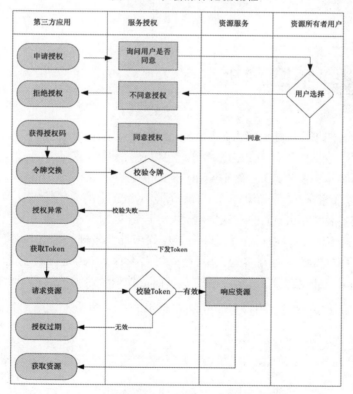

图 12.2　OAuth 授权流程的步骤

OAuth 的目的是为了让用户同意（授权）第三方应用，以便其访问当前所处服务的某些资源。在整个过程中，第三方应用并不能得知用户除授权信息以外的内容（例如账号或密码）。它是一套简单、安全、开放的标准，是一套规则，或者是一套流程。

2. 鉴权OAuth授权流程

- 注册服务：第三方应用向授权服务方注册成为合法第三方可授权应用。
- 请求授权：第三方应用向授权服务器请求授权某用户的某些资源。
- 同意授权：授权服务器询问用户是否同意授权。
- 请求资源：同意的情况下给第三方应用授权凭证，其可通过该授权凭证访问用户已授权的资源。

鉴权 OAuth 授权流程大体上会分为三个程序：

- 客户端应用程序向服务要求一个Request Token，这个Token会用来识别应用程序要求存取的会话。
- 客户端应用程序开启浏览器(Desktop Application)或由服务导向到授权的网页(Web Application)，由使用者决定是否授权。若使用者决定授权时，则客户端应用程序会得到一个Verifier Token，这个Token会在稍后向服务要求访问权限。
- 客户端应用程序向服务提交Request Token与Verifier Token，服务在验证过后核发Access Token，这个Token会在应用程序每次向服务要求资源时由客户端应用程序提交以验证权限。

12.5 Twitter 情感分析

自然语言处理（NLP）的常见应用之一就是情感分析，从民意调查到创建营销策略，这个领域已经彻底改变了企业的工作方式。情感分析可以在几秒钟内处理数千个文本文档（以及其他功能，包括命名实体、主题等），而手工完成相同的任务需要一个团队的工作量。本节使用 Twitter 数据来作为情感分析数据资源，目的是检测 Twitter 上的言论情绪。

项目的目的是检测 Twitter 上的歧视情绪。如果一条推特含有种族主义或性别歧视情绪，就判断它含有歧视言论。因此，项目任务是将种族主义或性别歧视的推文与其他推文进行分类。对给定一个 tweet 和标签的训练样本，其中标签"1"表示 tweet 是种族主义/性别歧视的，标签"0"表示 tweet 不是种族主义/性别歧视的，目标是预测给定测试数据集上的标签。

【例 12.1】实验环境 Anaconda3 的 iPython 控制台。

1）数据加载

```
import re
import pandas as pd
import numpy as np
import matplotlib.pyplot as plt
```

```
import seaborn as sns
import string
import nltk
import warnings
warnings.filterwarnings("ignore", category=DeprecationWarning)

%matplotlib inline
train = pd.read_csv('train_E6oV3lV.csv')
test = pd.read_csv('test_tweets_anuFYb8.csv')
train.head()
```

结果输出：

```
   id  label                                            tweet
0   1      0   @user when a father is dysfunctional and is s...
1   2      0  @user @user thanks for #lyft credit i can't us...
2   3      0                             bihday your majesty
3   4      0  #model   i love u take with u all the time in ...
4   5      0              factsguide: society now   #motivation
```

数据中有 3 列：id、标签和 tweet。其中，label 是二进制目标变量，tweet 包含我们将清理和预处理的 tweet。

2）数据清洗

（1）删除 Twitter 句柄

```
combi = train.append(test, ignore_index=True)
def remove_pattern(input_txt, pattern):
    r = re.findall(pattern, input_txt)
    for i in r:
        input_txt = re.sub(i, '', input_txt)

    return input_txt
# remove twitter handles (@user)
combi['tidy_tweet'] = np.vectorize(remove_pattern)(combi['tweet'], "@[\w]*")
```

tweets 中包含很多 Twitter 句柄（@user），这是 Twitter 用户在 Twitter 上的认可方式。从数据中删除所有 Twitter 句柄，因为它们不能传递太多信息。为了方便起见，先将 train 和 test set 组合起来，省去在测试和训练上执行相同步骤两次的麻烦。然后定义函数，用于从 tweet 中删除不需要的文本模式。它有两个参数：一个是文本的原始字符串，另一个是从字符串中删除的文本模式。函数返回相同的输入字符串，但是没有给定的模式。使用这个函数从数据的所有 tweets 中删除模式"@user"。最后创建一个新的列 tidy_tweet，它将包含经过清理和处理的 tweet。注意，已经将 "@[\w]*" 作为模式传递给 remove_pattern 函数，它实际上是一个正则表达式，可以选择任何以 "@" 开头的单词。

（2）删除标点、数字和特殊字符

```
# remove special characters, numbers, punctuations
combi['tidy_tweet'] = combi['tidy_tweet'].str.replace("[^a-zA-Z#]", " ")
```

一般文本处理中标点、数字和特殊字符没有多大帮助，最好从文本中删除它们，就像删除 Twitter 句柄一样。这里将用空格替换除字符和标签之外的所有内容。

（3）删除短词

```
combi['tidy_tweet'] = combi['tidy_tweet'].apply(lambda x: ' '.join([w for w
in x.split() if len(w)>3]))
combi.head()
```

删除所有长度为 3 或更短的单词，比如"嗯""哦"等词。

结果输出：

```
     id ...                           tidy_tweet
0    1  ...   when father dysfunctional selfish drags kids i...
1    2  ...   thanks #lyft credit cause they offer wheelchai...
2    3  ...                      bihday your majesty
3    4  ...               #model love take with time
4    5  ...            factsguide society #motivation
[5 rows x 4 columns]
```

（4）标记

```
tokenized_tweet = combi['tidy_tweet'].apply(lambda x: x.split())
tokenized_tweet.head()
```

现在将标记数据集中所有经过清理的 tweet。

结果输出：

```
0    [when, father, dysfunctional, selfish, drags, ...
1    [thanks, #lyft, credit, cause, they, offer, wh...
2                            [bihday, your, majesty]
3                   [#model, love, take, with,time]
4                 [factsguide, society, #motivation]
Name: tidy_tweet, dtype: object
```

（5）词干提取

```
from nltk.stem.porter import *
stemmer = PorterStemmer()

tokenized_tweet = tokenized_tweet.apply(lambda x: [stemmer.stem(i) for i in
x]) # stemming
tokenized_tweet.head()
for i in range(len(tokenized_tweet)):
    tokenized_tweet[i] = ' '.join(tokenized_tweet[i])
```

```
combi['tidy_tweet'] = tokenized_tweet
```

词干提取是从一个单词中剥离后缀（"ing""ly""es""s"等）的一种基于规则的过程。例如，"play""player""playing""play"和"playing"是单词"play"的不同变体。

3）词云

```
all_words = ' '.join([text for text in combi['tidy_tweet']])
from wordcloud import WordCloud
wordcloud = WordCloud(width=800, height=500, random_state=21,
max_font_size=110).generate(all_words)

plt.figure(figsize=(10, 7))
plt.imshow(wordcloud, interpolation="bilinear")
plt.axis('off')
plt.show()
```

现在看看给定的情绪数据在训练数据集中分布得有多好。完成此任务的一种方法是通过绘制图 12.3 wordcloud 来理解常用词。

wordcloud 需要事先安装，可以采用以下两种方式安装：

```
pip install wordcloud
pip install -i https://pypi.tuna.tsinghua.edu.cn/simple wordcloud
```

图 12.3　Twitter 情感分析词云

4）特征提取

```
#Bag-of-Words Features
from sklearn.feature_extraction.text import CountVectorizer
bow_vectorizer = CountVectorizer(max_df=0.90, min_df=2, max_features=1000,
stop_words='english')
# bag-of-words feature matrix
bow = bow_vectorizer.fit_transform(combi['tidy_tweet'])
```

```
#TF-IDF feature
from sklearn.feature_extraction.text import TfidfVectorizer
tfidf_vectorizer = TfidfVectorizer(max_df=0.90, min_df=2, max_features=1000,
stop_words='english')
# TF-IDF feature matrix
tfidf = tfidf_vectorizer.fit_transform(combi['tidy_tweet'])
```

要分析预处理的数据，需要将其转换为特征。根据情况，可以使用各种技术构造文本特性——单词包、TF-IDF 和单词嵌入。在本节中，将只讨论单词包和 TF-IDF。

5）建立模型

（1）单词包（bag-of-words）模型

```
from sklearn.linear_model import LogisticRegression
from sklearn.model_selection import train_test_split
from sklearn.metrics import f1_score

train_bow = bow[:31962,:]
test_bow = bow[31962:,:]


# splitting data into training and validation set
xtrain_bow, xvalid_bow, ytrain, yvalid = train_test_split(train_bow,
train['label'], random_state=42, test_size=0.3)

lreg = LogisticRegression()
lreg.fit(xtrain_bow, ytrain) # training the model

prediction = lreg.predict_proba(xvalid_bow) # predicting on the validation set
prediction_int = prediction[:,1] >= 0.3 # if prediction is greater than or equal
to 0.3 than 1 else 0
prediction_int = prediction_int.astype(np.int)

f1_score(yvalid, prediction_int) # calculating f1 score
```

结果输出：

```
0.5303408146300915
```

（2）TF-IDF 模型

```
train_tfidf = tfidf[:31962,:]
test_tfidf = tfidf[31962:,:]


xtrain_tfidf = train_tfidf[ytrain.index]
xvalid_tfidf = train_tfidf[yvalid.index]


lreg.fit(xtrain_tfidf, ytrain)
```

```
prediction = lreg.predict_proba(xvalid_tfidf)
prediction_int = prediction[:,1] >= 0.3
prediction_int = prediction_int.astype(np.int)

f1_score(yvalid, prediction_int)
```

结果输出：

```
0.5451327433628319
```

12.6　本章小结

　　本章围绕着如何探索和理解社会媒体系统的基本组成部分，在涵盖了社会媒体分析的主要方面之后还介绍了大数据环境下处理社会媒体数据所需的工具、算法的原理和实际案例。实践案例可以针对多个社会媒体平台进行分析，如微信、微博、Twitter、Facebook 等客户数据挖掘分析及其客户关系推荐。限于篇幅，本章只出了 Twitter 情感分析案例（案例数据集和源代码在本书的源代码库中），以供大家参考。

第 **13** 章

图挖掘分类

图挖掘（Graph Mining）是指利用图模型从海量数据中发现和提起有用知识和信息的过程。通过图挖掘所获取的知识和信息已广泛应用于各种领域，如商务管理、市场分析、生产控制、科学探索和工程设计。

13.1 图挖掘概述

互联网发展至今，数据规模越来越大，数据结构越来越复杂，而且对系统的需求越来越高。学习过数据结构的人都知道图是放在最后一个结构中的，当学习到图时，会发现前面的链表、队列、树都是在图上面加了一些约束而派生出来的结构。所以，图是一个一般性的结构，可以适应于任何结构类型的数据。

如果说现在大火的机器学习和深度学习是统计学和模式识别在海量历史数据上的深化和优化，那么图挖掘和社交网络分析（Social Network Analysis）等图相关的分析方法则是试图从广度、关联性和网络结构性上去探寻群体性知识和构建知识结构，本质上也是检索、识别和认知的自动化。

图挖掘的图是图论中说的那个图，也就是点集合和边集合构成的一种数据结构。

1. 图挖掘中比较重要的方向

- 社群发现/社区检测（Community Detection）。
- 频繁子图挖掘（Frequent Subgraph Mining）。
- 排名（Ranking）。

2. 图在不同领域的应用

图在不同领域的应用如表 13.1 所示。

表 13.1　图在不同领域的应用

应用	图形	顶点	边
生物信息学（蛋白质结构分析、基因组织识别）	蛋白质结构	氨基酸	接触残基
社交网络（实体间的联系）	社会关系网络结构	个体或组合	依赖关系
Web 分析（Web 连接结构分析、Web 内容挖掘、Web 日志搜索）	Web 浏览模式	Web 页面	页面之间的超链接
网络计算	计算机网络	计算机和服务器	机器之间的互联

3. 图挖掘的基础研究

图挖掘的基础研究包括以下几项：

①图匹配。

②图数据中的关键字查询。

③频繁子图挖掘，包括以下几种方法：

- Apriori-based方法：包括AGM、AcGM、FSG和path-join算法等。
- FP-growth方法：包括gSpan、CloseGraph和FFSM等（它们主要通过逐渐扩展频繁边得到频繁子图，但对边的扩展过程略有不同）。
- 其他的频繁子图挖掘算法：Wang等人提出了一种基于索引的频繁子图挖掘算法GraphMiner；Zhu等人提出了一种基于用户约束条件的频繁子图挖掘算法gPrune；Karste等人提出了适合于动态图挖掘DynamicGREW算法等。

④显著性子图挖掘。

⑤密集子图挖掘。

⑥图的聚类。

⑦图的分类。

⑧不确定图的挖掘。

⑨社会网络应用的连接分析（Link Analysis），包括以下几种方法：

- 基于连接的对象分类（Link Based Object Classification）。
- 对象类型预测（Object Type Predication）。
- 连接类型预测（Link Type Predication）。
- 预测链路扩展（Predicate Link Extension）。
- 组探测（Group Detection）。
- 元数据挖掘（Metadata Mining）。

⑩隐私保护。

⑪生物信息学。

⑫化学图数据。

13.2　图挖掘技术基础

图挖掘就是以图的结构来存储、展示、分析数据，以挖掘出其中的"特征"。图数据挖掘分为数据图、模式图两种：数据图是以数据节点为基础的分析图，模式图是以数据整个关系模型来进行数据的分析。

1. 图论基础

图是网络结构的数学模型。

1）图的基本结构

①结点/节点（vertex/node）：用户 user/actor、组织、网络、各类资源 item/resource（商品、电影、音乐、论文等）。

②边（edge）：有向图，入度邻居（Nin），出度邻居（Nout）。其中，具有相同始点和终点的边称为平行边，平行边的条数称为边的重数。

③度（degree）。

- 度数为1的结点是悬挂结点，其关联的边是悬挂边。
- 度数为0的结点是孤立点。
- 度分布。

④图的密度：实际边数与理论上最大的边数之比。

- 无向图：$L/(n(n-1)/2)$。
- 有向图：$L/(n(n-1))$。

2）图的同构（Graph Isomorphism）

如果图 G 中的结点集 V 与图 G' 中的结点集 V' 具有一一对应的关系，并且对应的边都具有相同的重数，则称 G 与 G' 同构，记作 $G \cong G'$。两图同构必须满足的关系是：节点数、边数相同，度数相同的节点相同（必要非充分）。

3）图的类型

①零图（null graph）：没有节点没有边。

②空图（empty graph）：边集空，节点集可以非空。注意，零图是空图。

③完全图 complete graph：任何节点之间有边。

④无向/有向/混合图。

⑤补图：由图 G 中的所有结点和构成完全图需添加的边所组成的图称为 G 的补图，记作 $\overline{G}$。

⑥简单图：两节点间最多一条边。

⑦多重图（multigraph）：可以多条边。

⑧带权图/赋权图。

⑨标号图：权重用+/-或 0/1 等二元表示。

⑩树与森林。

- 树是特殊的无向图，没有回路。
- 树的任意两点之间恰好有一条路径。
- 森林由多个互不相连的树组成。

⑪生成树（spanning tree）。

- 包含连通图中所有的顶点。
- 任意两顶点之间有且仅有一条通路。

⑫斯坦纳树（steiner tree）。

对于带权图的一个结点子集 V，包含这个子集中所有结点且权重之和最小的子树即斯坦纳树。

与最小生成树的区别在于，斯坦纳树关注的是一个图的子集，也就意味着要在所给定的节点之外利用额外的节点以减少网络的代价。

⑬正则图：所有结点的度数相同，k-正则图。

⑭二分图/二部图（bipartite graph）。

将所有的结点分为两个集合，每条边的两个端点分别放在两个集合中，即同一集合的结点间没有边相连。

隶属网络是一个二部图。如果一个个体与从属关系相关联，则一条边连接相应的节点。

例如，找出兴趣相似的人，以购买书的数量决定，在图中表现为（用户间）通路数量。

⑮多分图/多部图（multipartite graph）。

4）图的连通性

①路径（path）：依次遍历相邻边产生的结点序列。

②通路（walk）：依次遍历相邻边产生的边序列。

- 开通路（open walk）：起始结点不同于终止结点。
- 闭通路（closed walk）：起始结点和终止结点是同一个结点（圈）。
- 通路长度（length of walk）：通路中遍历的边数量。
- 简单通路（trail）：每条边只遍历一次的通路。
- 环路（tour/circuit）：闭合简单通路。

③连通性：图中任意两个结点间存在一条路径则为连通图。

- 在有向图中，图中任何两个结点都有路径（不考虑沿边的方向前进），则为弱连通图。
- 在有向图中，考虑沿着边的方向前进，图中任何两个结点存在有向路径，则为强连通图。

④连通分支：若子图中任意两个结点间存在一条路径，则该子图为连通分支（连通分量）。

⑤最短路径：连通图中任何两个结点之间长度最短的路径为最短路径，长度为两个结点间的最短距离。

⑥直径：图中任何两个结点之间最短路径的最大值为图的直径（社交，聚拢程度）。

⑦桥：移除某条边会导致图中连通分支增加，这样的边为桥。

2. 图算法

①随机游走（Random Walk，RW）：又称随机游动或随机漫步，是一种数学统计模型，是由一连串的轨迹所组成的，其中每一次都是随机的。它能用来表示不规则的变动所形成的随机过程记录。因此，它是记录随机活动的基本统计模型。

②图/树遍历（Traversal）：BFS、DFS。

③最短路径：Dijkstra 算法，针对非负带权图，建立一个优先队列。

④最小生成树：Prim 算法，从一个初始节点开始，每次在边缘中找最小的那条边。

⑤网络流算法：给定一个图 $G(V,E,C)$，其中 C 是每条边的容量（capacity），有向，要求从 s 到 t 的最大流。注意，其需要满足两个条件：一是网络上的流是有方向限制的；二是对于每个节点的流量守恒。

⑥Ford-Fulkerson 算法。

- 基本思想：寻找一条从源点到汇点的路径，使路径中的所有边都有未使用的容量，使用该容量（路径上所有边中未使用的最小容量）去增加流，不断迭代，直至没有其他路径可用。

- 核心就是定义一个残流网络：对于某一条边 (u,v) 来说，若是还有剩余容量，则画出 (u,v) 边和剩余流量；若是有流经过此边，则画反向的边 (v,u)，权重是流过这条边的流量。注意，后者是关键，对于正向流入此边的流来说，若是其他边满足条件，则可以产生相反的流从而得到增量。

⑦二分图的最大匹配。

- 用二分图 G 表示用户和商品，以及它们之间的兴趣关系。

- 匹配 M 是 G 中边集合 E 的一个子集，使得 G 中每个结点至多出现在 M 的一条边上（即每个用户至多买一个商品/每个商品至多卖给一个用户）。

- 可以在二分图的前后分别加 s 和 t，利用最大流算法来解决。

13.3　网络度量

有时我们需要从网络中找出核心的节点，因此需要对中心性进行度量。下面给出几个常见的方法。

1. 度中心性

度中心性是根据中心度对连接越多的节点进行排序。中心性定义了网络中一个结点的重要性。换句话说，在社会网络中，谁是中心角色（具有影响力的用户）。

有向图可用如下指标表示：

- 入度（声望）：$C_d(v_i) = d_i^{in}$（公式 13.1），其中 d_i 是结点 v_i（节点）的度。
- 出度（合群性）：$C_d(v_i) = d_i^{out}$（公式 13.2）。
- 归一化度中心度：可以用理论最大度/图中最大度/图中度之和进行归一化。

2. 特征向量中心性

特征向量中心性通过引入邻域（无向）的重要性来推广度中心性。

计算公式：

$$C_e(v_i) = \frac{1}{\lambda} \sum_{j=1}^{n} A_{j,i} C_e(v_j) \qquad （公式 13.3）$$

$$\lambda C_e = A' C_e \qquad （公式 13.4）$$

其中，A 为邻接矩阵，于是就变成了求特征向量的问题，其中 λ 为对应的特征值。每个节点的中心性应该都为正，而根据 Perron-Frobenius 定理，可以通过求 A 的最大特征值对应的特征向量得到。

3. Katz（卡茨）中心性

上面的理论中似乎要求是在连通图的情况下，所以特征向量中心性一般在无向图中较为稳定。在有向图中，中心性将从有向边中流出，在一定情况下，例如图是无环的，则可能出现某一个节点有很多入边但是中心性为零的情况。

在此基础上加了偏置项 β：

$$C_{Kate}(v_i) = \alpha \sum_j A_{j,i} C_{Kate}(v_j) + \beta \qquad （公式 13.5）$$

$$C_{Kate} = \alpha A' C_{Kate} + \beta 1 \qquad （公式 13.6）$$

$$C_{Kate} = \beta (I - \alpha A')^{-1} 1 \qquad （公式 13.7）$$

其中，公式 13.5 加了偏置项；整体写成公式 13.6 的形式；解析解是公式 13.7 的样子，注意到涉及矩阵求逆，当选取 $\alpha = 1/\lambda$ 时 $det(I-\alpha A')=0$，会出现问题，所以一般会取一个小一点的数值。

4. PageRank中心性

PageRank 是衡量有向网络中节点重要性的指标。Katz 在某些情况下存在一些与特征向量中心性相似的问题。在有向图中，一旦一个结点成为一个权威结点（高中心值结点），它将向它所有的外连接传递其中心性，导致其他结点中心性变得很高。但这是不可取的，因为不是每一个被名人所知的人都是有名的（比如毛泽东小学同学）。

因此，在 katz 中心性的基础上，累加时让每一个邻居的中心性除以该邻居结点的出度，这种度量称为 PageRank：

$$PR(i) = \frac{1-d}{N} + d\sum_{j\in in(i)} \frac{PR(j)}{|out(j)|} \qquad （公式 13.8）$$

其中，PR(i)是网页 i 被访问到的概率，d 代表用户继续访问网页的概率，N 为所有网页的数量，in(i)代表所有指向网页 i 的网页集合，out(j)代表网页 j 指向的其他网页集合。接下来分析一下公式 13.8，网页 i 被访问到的概率由两部分组成：第一部分是网页 i 作为起点，第一个被用户点击后停留在当前页面的概率；第二部分是用户点击其他网页后（无论网页 i 是不是起点）再次跳转回到网页 i 的概率，这两部分的和便是网页 i 被点击的概率。

5. 中间/中介中心性（Betweenness Centrality）

从一个节点在网络上连接其他节点意义上的重要性：

$$C_b(v_i) = \sum_{s\neq t\neq v_i} \frac{\sigma_{st}(v_i)}{\sigma_{st}} \qquad （公式 13.9）$$

其中，分母是从 s 到 t 的最优最短路径，分子是这些路径中经过 v_i 的数量；这样定义的中心性可能会大于 1，因此需要进行归一化操作，最好情况下，对于所有的 s 和 t 来说分式均为 1，于是极大值为 $2(\frac{n-1}{2}) = (n-1)(n-2)$ 除掉即可，

$$C_b^{norm}(v_i) = \frac{C_b(v_i)}{2(\frac{n-1}{2})} \qquad （公式 13.10）$$

6. 接近中心性（Closeness Centrality）

思想是当前节点距离其他节点的距离：

$$C_c(i) = 1 / \left(\frac{1}{n-1} \sum_{j\neq i} l_{ij} \right) \qquad （公式 13.11）$$

其中 l_{ij} 为 i 到 j 的最短路径长度，接近中心性高的节点往往是社交网络信息传播的关键节点。

7. 群体中心性

基于上面对于单个节点的中心性讨论，可以将这些概念拓展到一组结点的中心性度量上。
（1）传递性
传递性和相互性用于表示社交网络总个体间的连接行为。传递性的思想是：若 B、C 两人拥有一个共同的朋友 A，则 B、C 之间未来成为朋友的可能性会提高，即朋友的朋友也是朋友。从网络结构的角度来看，就是容易形成紧密连接的三角形、三元闭包。

（2）相互性

相互性是传递性在有向图中的简化表示，例如在微博上好友之间的相互关注。

8. 结构平衡与社会地位（Balance and Status）

（1）结构平衡

该理论认为，由于不平衡的三角关系是心理压力和心理失调的原因，人们在人际关系中试图让他们尽量少出现，因此在显示社交网络中，不平衡三角关系要比平衡三角关系少。

（2）社会地位

社会地位是一个等级（rank），其满足不等关系的传递性。

9. 相似性（Similarity）

网络节点相似性的度量有着重要的意义，可以判定/预测结点间关联的重要程度：

- 进行用户行为预测。
- 用户类别判定。

13.4　网络模型

图挖掘技术在社交网络数据分析中应用非常广泛，网络模型、结构、属性等社交网络特性是基于图挖掘社交网络的技术基础与依赖。

1. 网络属性（Properties of Real-World Networks）

本节介绍一些能在不同的网络中使用一致方法来计算的属性，包括以下几项：

1）度分布

度分布是图论和网络理论中的概念。一个图（或网络）由一些顶点（节点）和连接它们的边（连结）构成。每个顶点（节点）连出的所有边（连结）的数量就是这个顶点（节点）的度。度分布是对一个图（网络）中顶点（节点）度数的总体描述。对于随机图，度分布指的是图中顶点度数的概率分布。

2）聚类系数（Clustering Coefficient）

聚类系数衡量网络的传递性，包括全局聚类系数和局部聚类系数两种。

（1）全局聚类系数（Global Cluster Coefficient）

计算长度为 2 的路径并检查存在的第三边：

$$C = \frac{\left|\text{Closed Paths of Length2}\right|}{\left|\text{Paths of Length2}\right|}$$

或

$$C = \frac{(\text{Number of Triangles}) \times 6}{\left|\text{Paths of Length2}\right|} \qquad （公式 13.12）$$

这里关注的是路径，因此计算有方向。

（2）局部聚类系数（Local Cluster Coefficient）

$$C(v_i) = \frac{\text{Number of Pairs of Neighbors of } v_i \text{ That Are Connected}}{\text{Number of Pairs of Neighbors of } v_i} \quad \text{（公式 13.13）}$$

存在第三方优势。

3）平均路径长度（Average Path Length）

衡量节点之间信息传播路径的长度可达性。

2. 随机图模型（Random Graphs）

1）随机图模型

随机图模型表示图中任意两点之间的边的产生是随机的，具体又可分为两类：

- $G(n,p)$模型，假设网络中有n个节点，对于所有可能的$\binom{n}{2}$边中，每一条边产生的概率为p。

- $G(n,m)$模型，固定图的边数为n，从所有可能的边中随机选取m条。

在随机图的演化过程中，有一个有趣的现象：当随机图的节点平均度数 $c=1$ 时，会有大部分结点被连接在一起，出现大连通分支 giant component，这时的图直径很大，平均路径长度较长。

2）小世界模型（Small-World Model）

模型的想法起源于规则网/规则格，每一个节点连接其相邻的 c 个邻居。

规则网具有较长的平均路径长度和较大的聚类系数，对规则网采用边重连的方法，可以让规则网逐渐过渡到随机网络，即对规则网中每一条边以概率 p 重新连接（固定其中一个端点）。若 $p=0$ 则为完全规则网络；若 $p=1$ 则为完全随机网络。

3）优先链接模型（Preferential Attachment Model）

优先链接模型也叫 BA 模型，其想法类似于经济学的马太效应：新加入网络的节点倾向于链接网络中度数比较高的节点。其可以较好地反映现实网络中的度分布（幂律分布）。新节点连接已有网络中任一节点的概率为$d_j/(\sum_k d_k)$。

4）马太效应

马太效应（Matthew Effect）是指强者愈强、弱者愈弱的现象，广泛应用于社会心理学、教育、金融以及科学领域，反映的社会现象是两极分化，富的更富，穷的更穷。

13.5 图挖掘与知识推理

简单地说，图就是由一些结点和边构成的关联数据结构，即 $G(E,V)$，其中 E 是边的集合，V 是点的集合。

知识图谱是存在语义关联的图数据，即 $G(E,V)$，其中 E 表示语义关系的集合，V 是实体的集合。

总体来说，知识图谱是一种带有语义连接规则、更规范化的图数据结构。相比之下，基本图数据结构的节点、边没有一套完整的概念体系支撑，节点不一定是实体，节点之间的连接可以为无向、单向、双向，而且连接也比较随意，没有固定的语义关系；知识图谱的节点、关系是有一套完整的本体逻辑体系来支撑的，节点和关系的添加将服从该体系，而且关系一般都是双向的。

知识图谱强调语义规则，是一种基于符号逻辑的体系，图数据的运算是一种基于统计和联结逻辑的体系。当然，符号逻辑和联结逻辑在逐步走向融合。

总的来说，图数据使用的一些数据挖掘方法，知识图谱都可以采用，但是只能做到图数据挖掘的效果，知识图谱的语义关系等还需要利用知识图谱特有的一些方法来处理。

13.6　图挖掘算法简介

图是对事物之间的联系进行建模的普遍数据结构，基于图挖掘可以实现社区网络分析（社区发现/图分割/连通子图发现）、图分类、图聚类、频繁子图模式发现等应用。

图挖掘的定义是从频繁模式挖掘的定义扩展而来的，即从图中挖掘出频繁子图。

1. Apriori框架的图挖掘算法

Apriori 框架指的是 $k+1$ 阶子图是由两个 k 阶子图扩展得到的，主要的代表算法包括 AGM 和 FSG。其中，AGM 以节点数作为 k，FSG 以边数作为 k。具体的算法框架与 Apriori 算法相同。

2. Pattern-growth类的图挖掘算法

Pattern-growth 类指的是 $k+1$ 阶子图直接由 1 个 k 阶子图扩展得到。代表算法是 Han 提出来的 gSpan 算法。最重要的概念是最右路径扩展（right-most extension），对 k 阶子图进行深度优先算法，访问的最后一个节点到根节点的路径称为最右路径。在生成 $k+1$ 阶候选子图时，只需要对最右路径进行扩展。

另外，gSpan 解决同构问题采用的标量标识是最小深度优先搜索编码。深度优先搜索编码是对一个图，从某一个节点开始采用深度优先进行遍历，得到访问边顺序。对图的不同节点进行深度优先遍历将得到多个编码，按照定好的规则，选择最小的作为标量标识。

3. 闭合子图挖掘算法

所谓闭合子图，是指不存在该图的超图与它具有相同的支持度，代表算法是 Han 提出的 CloseGraph 算法。

4. 闭合完全连通子图挖掘算法

代表算法是 Wang 提出的 CLAN 算法。CLAN 算法的目的是在给定最小阈值和图数据库 D 的条件下，挖掘出所有的频繁闭合 Clique。支持度大于最小阈值的称为频繁 Clique。

图挖掘相比频繁模式挖掘具有几个重要的挑战：

- 一是图节点的标签允许重复，这给构建候选子图添了点麻烦。

- 二是如果要挖掘的子图包含一些约束，向下闭合特性就不存在了。

- 三是对于基于Apriori算法框架的图挖掘算法，如何定义k。定义k的方法有两种：一是节点数，二是边数。从k阶子图去构造$k+1$阶子图会遇到多态性问题，即两个k阶子图的组合有多种结果。

- 四是图存在同构现象，看似不同的图可能本质上是一样的，因此需要给这些同构的图统一标识。图挖掘里采用的方法叫作标量标识（Canonical Labeling）。

13.7 社区检测

社区检测（Community Detection）又被称为社区发现，是一种用来揭示网络聚集行为的技术。社区检测实际就是一种网络聚类的方法，这里的"社区"在文献中并没有一种严格的定义，可以将其理解为一类具有相同特性的节点的集合。

现实生活中存在各种各样的网络，诸如人际关系网、交易网、运输网等。对这些网络进行社区发现具有极大的意义，比如在人际关系网中，可以发现出具有不同兴趣、背景的社会团体，方便进行不同的宣传策略；在交易网中，不同的社区代表不同购买力的客户群体，方便运营为他们推荐合适的商品；在资金网络中，社区有可能是潜在的洗钱团伙、刷钻联盟，方便安全部门进行相应处理；在相似店铺网络中，社区发现可以检测出商帮、价格联盟等，以对商家进行指导。总的来看，社区发现在各种具体的网络中都有重点的应用场景，图 13.1 展示了基于图的拓扑结构进行社区发现。

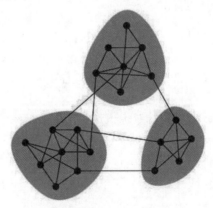

图 13.1 基于图的拓扑结构进行社区发现

在社区发现算法中，几乎不可能先确定社区的数目，必须有一种度量的方法，可以在计算的过程中衡量每一个结果是不是相对最佳的结果。基于复杂网络，Newman 提出了模块度（Modularity）的概念，使得网络社区划分的优劣可以有一个明确的评价指标来衡量。一个网络通常情况下的社区划分对应不同的模块度，模块度越大，对应的社区划分就越合理；模块度越小，对应的网络社区划分就越模糊。

13.7.1　模块度

模块度（Modularity）用来衡量一个社区的划分是不是相对比较好的结果。一个相对好的结果在社区内部的节点相似度较高，而在社区外部节点的相似度较低。

1. 全局模块度

设 A_{vw} 为网络的邻接矩阵的一个元素，定义为：

$$A_{vw} = \begin{cases} 1 & \text{点vandw相连} \\ 0 & \text{其他} \end{cases}$$　（公式 13.14）

假设 c_v 和 c_w 分别表示点 v 和点 w 所在的两个社区，社区内部的边数和网络中总边数的比例是：

$$\frac{\sum_{vw} A_{vw}\delta(c_v, c_w)}{\sum_{vw} A_{vw}} = \frac{1}{2m}\sum_{vw} A_{vw}\delta(c_v, c_w)$$　（公式 13.15）

函数 $\delta(c_v, c_w)$ 的取值定义为：如果 v 和 w 在一个社区，即 $c_v = c_w$，就为 1，否则为 0。其中，m 为网络中边的总数。

模块度的大小定义为社区内部的总边数与网络中总边数的比例减去一个期望值，该期望值是将网络设定为随机网络时,同样的社区分配所形成的社区内部的总边数和网络中总边数的比例大小，于是模块度 Q 为：

$$Q = \frac{1}{2m}\sum_{vw}\left[A_{vw} - \frac{k_v k_w}{2m} \right]\delta(c_v, c_w)$$　（公式 13.16）

其中，k_v 表示点 v 的度：

$$k_v = \sum_w A_{vw}$$　（公式 13.17）

设 e_{ij} 表示社区 i 和社区 j 内部边数目的和与总边数的比例，a_i 表示社区 i 内部的点所关联的所有边的数目与总边数的比例。

$$e_{ij} = \frac{1}{2m}\sum_{vw} A_{vw}\delta(c_v, i)\delta(c_w, j)$$
$$a_i = \frac{1}{2m}\sum_v k_v\delta(c_v, i)$$
（公式 13.18）

为了简化 Q 的计算，假设网络已经划分成 n 个社区，这时就有一个 n 维矩阵，Q 的计算可以变成：

$$Q = \frac{1}{2m} \sum_{vw} \left[A_{vw} - \frac{k_v k_w}{2m} \right] \sum_i \delta(c_v, i) \delta(c_w, i)$$

$$= \sum_i \left[\frac{1}{2m} \sum_{vw} A_{vw} \delta(c_v, i) \delta(c_w, i) \right.$$

$$\left. - \frac{1}{2m} \sum_v k_v \delta(c_v, i) \frac{1}{2m} \sum_w k_w \delta(c_w, i) \right]$$ （公式 13.19）

$$= \sum_i (e_{ii} - a_i^2)$$

在进行每次划分的时候计算 Q 值，Q 取值最大的时候则是此网络较理想的划分。Q 值的范围在 0~1 之间，Q 值越大，说明网络划分的社区结构准确度越高。在实际的网络分析中，Q 值的最高点一般出现在 0.3~0.7 之间。

2. 局部模块度

有时可能不知道全网络的数据，可以用局部社区的局部模块度的方式来检查社区的合理性。假设有一个已经检测出来的社区，社区的节点集合为 V，将这些节点所有的邻接节点加入到集合当中来，形成新的集合 $V*$。定义 $V*$ 的邻接矩阵为：

$$L_{ij} = \begin{cases} 1 & i和j有连接且i和j至少有一个属于V \\ 0 & 其他 \end{cases}$$ （公式 13.20）

和全局模块度相似的是，可以用节点集 $V*$ 全部属于节点集 V 中的元素所占的比例的大小来衡量一个社区的好坏：

$$\frac{\sum_{ij} L_{ij} \delta(c_i, c_j)}{\sum_{ij} A_{ij}} = \frac{1}{2m^*} \sum_{ij} A_{ij} \delta(c_i, c_j)$$ （公式 13.21）

其中，$\delta(i,j)$ 表示的是如果 i,j 都在 V 中，则值为 1，否则为 0。$m*$ 表示的是邻接矩阵内边的数目。

局部模块度比全局模块度要快得多，因为局部模块度的计算只需要用到局部的网络信息，只需要在刚刚开始的时候扫描一下整个网络。对于中小规模的网络，可能局部模块度的效果要低于全局模块度，但是对于中等或者大规模的社会网络来说局部模块度的效果可能还要好一些。

13.7.2 社区发现算法

常用的社区检测方法主要有如下几种：

- 基于图分割的方法：如Kernighan-Lin算法、谱平分法等。
- 基于层次聚类的方法：如GN算法、Newman快速算法等。
- 基于模块度优化的方法：如贪婪算法、模拟退火算法、Memetic算法、PSO算法、进化多目标优化算法等。

1. 图分割

图分割方法大多是基于迭代二分法的，基本思想是将图分割成两个子图，然后迭代，最后得出要求的子图数。经典的算法有 K-L（Kernighan-Lin）算法和谱二分算法。

1）K-L 算法

K-L 算法是一种将已知网络划分为已知大小的两个社区的二分方法，是一种贪婪算法。其主要思想是为网络划分定义了一个函数增益 Q，Q 表示的是社区内部的边数与社区之间的边数之差，根据这个方法，找出使增益函数 Q 的值成为最大值的划分社区的方法。具体策略是，将社区结构中的节点移动到其他社区结构中，或者交换不同社区结构中的节点。从初始解开始搜索，直到从当前的解出发找不到更优的候选解，然后停止。

K-L 算法的缺陷是必须先指定两个子图的大小，否则不会得到正确的结果，实际应用意义不大。

2）谱二分算法

当网络中存在两个社区结构时，就能够根据非零特征值所对应的特征向量中的元素值进行节点划分。把所有正元素对应的那些节点划分为同一个社区结构，而所有负元素对应的节点划分为另外一个社区结构。

谱二分算法利用的是 Laplace 矩阵的特征值和特征向量的性质来做社区划分。Laplace 矩阵的第二小特征值 λ_2 的值越小，划分的效果就越好。所以谱二分法，使用 Laplace 矩阵的第二小特征值来划分社区。

谱平分法的缺陷是一次只能划分两个社区，如果需要划分多个，就需要执行多次。如果只需要划分两个社区，谱平分法的效率比较高，但是要划分多个社区的时候，谱平分法的效率就不高了，它的优点也不能得到充分的体现，而且准确度也可能会降低。

3）最大流算法

基于最大流的算法是 G.W.Flake 提出的，他给网络加了虚拟源节点和终点节点，并证明了经过最大流算法之后，包含源点的社区恰好满足社区内节点链接比与社区外的链接要多的性质，如图 13.2 所示。

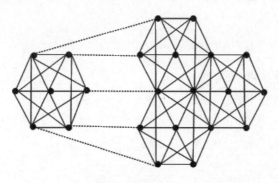

图 13.2　最大流算法示意图（来源于网络）

2. 层次聚类

社区发现也可以看作一组内容相似的物体集合，适用于聚类算法，只要定义了节点相似度。层次聚类假设社区是存在层次结构的（其实不一定，也可能是中心结构），计算网络中每一对节点的相似度，分为凝聚法和分裂法两种：

凝聚法：根据相似度从强到弱连接相应节点对，形成树状图（Dendrogram），根据需求对树状图进行横切，获得社区结构。

分裂法：找出相互关联最弱的节点，并删除它们之间的边，通过这样的反复操作将网络划分为越来越小的组件，连通的网络构成社区。

1）GN 算法

边介数（Betweenness）：网络中任意两个节点通过此边的最短路径的数目。

GN 算法的思想：在一个网络中，通过社区内部的边的最短路径相对较少，而通过社区之间的边的最短路径的数目则相对较多。图 13.3（来源于网络）展示了边的强度以及边介数在现实网络中的分布情况。GN 算法是一个基于删除边的算法，本质是基于聚类中的分裂思想，在原理上是使用边介数作为相似度的度量方法。在 GN 算法中，每次都会选择边介数高的边删除，进而使网络分裂速度远快于随机删除边时的网络分裂。

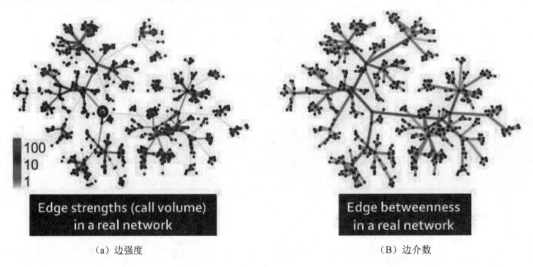

（a）边强度　　　　　　　（B）边介数

图 13.3　边强度以及边介数在现实网络中的分布情况

GN 算法的步骤如下：

①计算每一条边的边介数。
②删除边界数最大的边。
③重新计算网络中剩下的边的边介数。
④重复②和③步骤，直到网络中的任一顶点作为一个社区为止。

GN 算法计算边介数的时间复杂度为 $O(mn)$，在 m 条边和 n 个节点的网络下总时间复杂度为 $O(m^2n)$。

2）分裂法

这里的分裂法和层次聚类中的类似，区别是前者不计算节点相似度，而是删除两个社区之间的关联边，这些边上的两点的相似度不一定很低。其中最著名的算法是 Girvan-Newman

算法，假设社区之间所存在的少数几个连接应该是社区间通信的瓶颈，是社区间通信时通信流量的必经之路。如果考虑网络中某种形式的通信并且寻找到具有最高通信流量（比如最小路径条数）的边，那么该边就应该是连接不同社区的通道。Girvan-Newman 算法就是这样，迭代删除边介数（Edge Betweenness）最大的边。

3. 谱方法

基于谱分析的社区算法基于如下事实：在同一个社区内的节点，在拉普拉斯矩阵中的特征向量近似。将节点对应的矩阵特征向量（与特征值和特征向量有关的都叫谱）看成空间坐标，将网络节点映射到多维向量空间去，然后就可以运用传统的聚类算法将它们聚集成社团。这种方法不可避免地要计算矩阵的特征值，开销很大，但是因为能直接使用很多传统的向量聚类的成果，灵活性很高。

社区发现的算法有很多类，除了本节介绍的几种外还有基于模块度的方法、动态算法、基于统计推断的算法和 Web 社区发现的 Pagerank 等。

13.8　频繁子图挖掘算法 gSpan 的实现

频繁子图挖掘是数据挖掘中一个非常广泛的应用。频繁子图挖掘是指从大量的图中挖掘出满足给定支持度的频繁子图，同时算法需要保证这些频繁图不能重复。gSpan 算法是图挖掘邻域的一个算法，gSpan 算法在挖掘频繁子图的时候用了和 FP-grown 中相似的原理，就是 Pattern-Grown 模式增长的方式，也用最小支持度计数作为一个过滤条件。gSpan 是一个非常高效的算法，它利用 DFS-code 序列对搜索树进行编码，并且制定一系列比较规则，从而保证最后只得到序列"最小"的频繁图集合。gSpan 算法的核心是给定 n 个图，然后从中挖掘出频繁出现的子图部分。

1. 算法整体结构

①遍历所有的图，计算出所有的边和点的频度。
②将频度与最小支持度数做比较，移除不频繁的边和点。
③重新将剩下的点和边按照频度进行排序，将它们的排名号给边和点进行重新标号。
④再次计算每条边的频度，计算完毕后初始化每条边，并且进行此边的 subMining() 挖掘过程。

2. subMining 的过程

①根据 graphCode 重新恢复当前的子图。
②判断当前的编码是否为最小 DFS 编码，如果是就加入到结果集中，继续在此基础上尝试添加可能的边，进行继续挖掘。
③如果不是最小编码，那么此子图的挖掘过程结束。

3. DFS编码

gSpan 算法对图的边进行编码，采用 $E(v_0,v_1,A,B,a)$的方式，v_0、v_1 代表的标识可以看作点的 id，A、B 可以作为点的标号，a 为点之间的边的标号。一个图就是由这样的边 $G\{e_1, e_2, e_3, \cdots\}$ 构成的，而 DFS 编码的方式就是比较里面的五元组的元素，这里采用的规则是从左往右依次比较大小，谁先小于另一方，谁就算小，图的比较算法同样如此。

4. 生成subGraph

生成子图是 gSpan 算法中的一个难点，首先要对原图进行编码，找到与挖掘子图一致的编码，找到之后，在图的最右路径上寻找可以扩展的边。在最右路径上扩展的情况分为两种：一种为在最右节点上进行扩展，一种为在最右路径的点上进行扩展。两种情况都需要做一定的判断。

5. gSpan最右路径扩展规则

给定图 G 和 G 的 DFS 树 T，一条新边 e 可以添加到最右节点和最右路径上另一个节点之间（后向扩展）；或者可以引进一个新的节点并且连接到最右路径上的节点（前向扩展）。由于这两种扩展都发生在最右路径上，因此称为最右扩展。（黑点为最右路径）第一优先级始终是将当前结束顶点链接回第一个顶点（标记为 0 的顶点）。如果不可能，则看是否可以将它链接回第二个顶点（标记为 1 的顶点）。如果有一个更大的子图，就继续尝试链接到第三、四个顶点等。如果这些都不可能，那么下一个（第三个）优先级是从所处的顶点（上面标记为 4）增长，并使链长得更长。如果不起作用，就回到父节点，再退一步，然后尝试从那里开始增长（图（e））。如果还不起作用，那么再向上迈出一步，并尝试从那里成长（如图 13.4 中的第五个例子）。

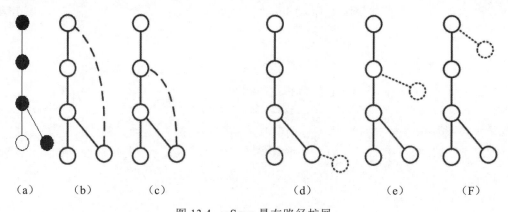

| (a) | (b) | (c) | (d) | (e) | (F) |

图 13.4　gSpan 最右路径扩展

图（b）、（c）后向扩展，图（d）～（f）前向扩展。

6. gSpan深度优先搜索遍历图

为了遍历图，gSpan 算法采用深度优先搜索。初始，随机选择一个起始顶点，并且对图中访问过的顶点做标记。被访问过的顶点集合反复扩展，直到建立一个完全的深度优先搜索 DFS

树（图 13.5 中加粗的边）。

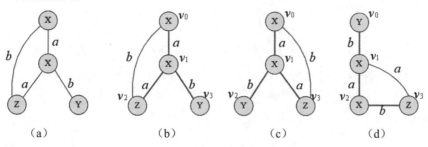

图 13.5　构建深度优先搜索 DFS 树

基于边序，如果用 5 元组 $(i,j,L(i),L(i,j),L(j))$ 表示边，其中 $L(j)$ 和 $L(i)$ 分别是 $v(i)$ 和 $v(j)$ 的标记，而 $L(i,j)$ 是连接它们的边的标记，则图 13.6 为 5 元组标记。

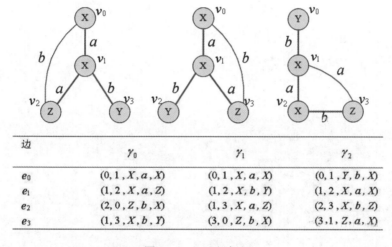

边	γ_0	γ_1	γ_2
e_0	$(0,1,X,a,X)$	$(0,1,X,a,X)$	$(0,1,Y,b,X)$
e_1	$(1,2,X,a,Z)$	$(1,2,X,b,Y)$	$(1,2,X,a,X)$
e_2	$(2,0,Z,b,X)$	$(1,3,X,a,Z)$	$(2,3,X,b,Z)$
e_3	$(1,3,X,b,Y)$	$(3,0,Z,b,X)$	$(3,1,Z,a,X)$

图 13.6　5 元组标记

【例 13.1】gSpan 频繁子图挖掘算法 Python 实现。

项目实现的 Python 程序源代码和数据在数据的源码库中，本例在实现时参照了 gboost。

1）无向图频繁子图挖掘

无向图频繁子图挖掘的数据集在源代码库的 graphdata/graph.data 数据上实现，程序运行和 gboost 的输出结果一致。

2）有向图频繁子图挖掘

程序在 graphdata/graph.data.directed.1 和 graph.data.simple.5 两个数据集上实现。

13.9　基于 networkx 进行社交网络分析

社交网络分析方法（Social Network Analysis，SNA）是由社会学家根据数学方法、图论等发展起来的定量分析方法。本文将以宋代政治人物苏轼为例，从苏轼及其亲友的往来书信中归纳出社交网络关系，然后借助 networkx 对其社交网络关系进行可视化和分析。

1. 数据集

数据来源于 CBDC（China Biographical Database），即中国历代人物传记数据库（CBDB_aw_20180831_sqlite.db），下载地址为 https://projects.iq.harvard.edu/chinesecbdb/%E4%B8%8B%E8%BC%89cbdb%E5%96%AE%E6%A9%9F%E7%89%88。

2. NetworkX库

NetworkX 提供了 4 种常见网络的建模方法，分别是规则图、ER 随机图、WS 小世界网络和 BA 无标度网络。该包用于创建网络对象，以各种数据格式加载或存储网络，并可以分析网络结构、建立网络模型、设计生成网络的算法以及绘制网络。

Anaconda3 不用安装 NetworkX。其他 Python 环境用 pip install networkx 安装 NetworkX。运行 NetworkX 需要下装安装 Malplotlib 库。

【例 13.2】基于 networkx 进行社交网络分析。

```python
# -*- coding: utf-8 -*-
#先导入相关包
import sqlite3
import numpy as np
import pandas as pd
import networkx as nx
import matplotlib as mpl
import matplotlib.pyplot as plt
plt.style.use('seaborn')
plt.rcParams['font.sans-serif'] = ['SimHei']
plt.rcParams['axes.unicode_minus'] = False
#设置数据库地址（使用 SQLite 数据库，保存在本地），方便加载数据
#数据来源于 CBDC(China Biographical Database)，即中国历代人物传记数据库
db = 'D:\\my work\\CBDB_aw_20180831_sqlite.db'
#从数据库中查找苏轼的 person_id
# 查找 person_id 函数
def getPersonId(person_name):
    ''' Get person_id
    @param person_name: str
    @return person_id: str
    '''
    sql = '''
SELECT c_personid
FROM biog_main
WHERE c_name_chn = '{0}'
'''.format(person_name)

    try:
```

```
        person_id = str(pd.read_sql(sql, con=sqlite3.connect(db)).iloc[0, 0])
        return person_id
    except:
        print("No such person.")


# 查找苏轼的 person_id，注意要使用繁体中文
person_id = getPersonId('蘇軾')
# 打印 person_id
print(person_id)
#在获得目标人物（苏轼）的 person_id 后，需要通过该 id 在数据库中查找相关记录，得到苏轼
#与其亲友及其他人的书信往来关系
#联查 3 张表，分别是传记主表(biog_main)、关系信息表(assoc_data)、关系代码表(assoc_codes)
sql = '''
SELECT a.c_personid person_id
    , b1.c_name_chn person_a
    , c_assoc_id assoc_id
    , b2.c_name_chn person_b
    , a.c_assoc_code assoc_code
    , c.c_assoc_desc_chn assoc_desc
FROM assoc_data a
LEFT JOIN biog_main b1
    ON a.c_personid = b1.c_personid
LEFT JOIN biog_main b2
    ON a.c_assoc_id = b2.c_personid
LEFT JOIN assoc_codes c
    ON a.c_assoc_code = c.c_assoc_code
WHERE (a.c_personid = {0}
    OR a.c_personid IN (
        SELECT c_personid
        FROM assoc_data
        WHERE c_assoc_id = {0}
        AND c_assoc_code IN ('429', '430', '431', '432', '433', '434', '435',
'436'))
    OR a.c_assoc_id IN (
        SELECT c_assoc_id
        FROM assoc_data
        WHERE c_personid = {0}
        AND c_assoc_code IN ('429', '430', '431', '432', '433', '434', '435',
'436')))
    AND a.c_assoc_code IN ('429', '430', '431', '432', '433', '434', '435',
'436')
    '''.format(person_id)


person_assoc = pd.read_sql(sql, con=sqlite3.connect(db))
#在对数据库执行了查询操作后，将得到一个 DataFrame，其中包括：
```

```python
#person_id：关系人 A id
#person_a：关系人 A 姓名
#assoc_id：关系人 B id
#person_b：关系人 B 姓名
#assoc_code：关系代码
#assoc_desc：关系名称


# 查看 DataFrame 信息
person_assoc.info()
"""
<class 'pandas.core.frame.DataFrame'>
RangeIndex: 2595 entries, 0 to 2594
Data columns (total 6 columns):
person_id     2595 non-null int64
person_a      2595 non-null object
assoc_id      2595 non-null int64
person_b      2595 non-null object
assoc_code    2595 non-null int64
assoc_desc    2595 non-null object
dtypes: int64(3), object(3)
memory usage: 121.7+ KB
"""
#关系人 A 或关系人 B 为苏轼的记录数：
person_assoc[(person_assoc['person_id'] == int(person_id)) |
(person_assoc['assoc_id'] == int(person_id))].count()


#DataFrame 中包含了 8 种关系（均为书信往来关系）：
# 打印所有关系的名称
for i in person_assoc['assoc_desc'].unique():
    print(i)
#从包含边列表（至少两列节点名称和零个或多个边缘属性列）的 DataFrame 返回图
# 生成图
person_G = nx.from_pandas_edgelist(person_assoc, source='person_a',
target='person_b', edge_attr='assoc_desc')
#图中描述了 906 个关系，其中包含 614 个唯一个体。苏轼的社交网络中的随机个体在社交网络的
#其余部分平均有近 3 个联系人
# 打印图信息
print(nx.info(person_G))
print('Density: {0}'.format(nx.density(person_G)))
#通过 networkx 生成社交网络的中心度和 PR 值。其中，中心度包括接近中心度（或紧密中心度，
#Closeness centrality）、中介中心度（或间距中心度，Betweenness centrality）、
#度中心度（Degree centrality）


person_betweenness = pd.Series(nx.betweenness_centrality(person_G),
name='Betweenness')
```

```
person_person = pd.Series.to_frame(person_betweenness)
person_person['Closeness'] = pd.Series(nx.closeness_centrality(person_G))
person_person['PageRank'] = pd.Series(nx.pagerank_scipy(person_G))
person_person['Degree'] = pd.Series(dict(nx.degree(person_G)))
desc_betweenness = person_person.sort_values('Betweenness', ascending=False)
desc_betweenness.head(10)
#在绘制可视化图形前需要创建一致的图形布局，这里选用了 kamada_kawai_layout 的图形布局
#pos = nx.circular_layout(person_G)
pos = nx.kamada_kawai_layout(person_G)
#pos = nx.shell_layout(person_G)
#pos = nx.spring_layout(person_G)
#pos = nx.random_layout(person_G)

# 绘制函数
def draw_graph(df, top):
    ''' Draw Graph
    @param df: DataFrame
    @param top: int, numbers of top
    '''
    nodes = df.index.values.tolist()  #生成节点列表
    edges = nx.to_edgelist(person_G)  #生成边列表
    # 生成无向度量图
    metric_G = nx.Graph()
    metric_G.add_nodes_from(nodes)
    metric_G.add_edges_from(edges)
    # 生成 Top n 的标签列表
    top_labels = {}
    for node in nodes[:top]:
        top_labels[node] = node
    # 生成节点尺寸列表
    node_sizes = []
    for node in nodes:
            node_sizes.append(df.loc[node]['Degree'] * 16 ** 2)
    # 设置图形尺寸
    plt.figure(1, figsize=(64, 64))
    # 绘制图形
    nx.draw(metric_G, pos=pos, node_color='#cf1322', with_labels=False)
    nx.draw_networkx_nodes(metric_G, pos=pos, nodelist=nodes[:top],
node_color='#a8071a', node_size=node_sizes[:top])
    nx.draw_networkx_nodes(metric_G, pos=pos, nodelist=nodes[top:],
node_color='#a3b1bf', node_size=node_sizes[top:])
    nx.draw_networkx_edges(metric_G, pos=pos, edgelist=edges,
edge_color='#d9d9d9', arrows=False)
    nx.draw_networkx_labels(metric_G, pos=pos, font_size=20,
font_color='#555555')
```

```
    nx.draw_networkx_labels(metric_G, pos=pos, labels=top_labels,
font_size=28, font_color='#1890ff')
    # 保存图片
    plt.savefig('tmp.png')
#生成网络图，图中的每个节点都对应苏轼朋友圈中的一个人，而在朋友圈中与苏轼最亲近的
#20 个人的节点以红底蓝字突出显示，节点大小对应程度大小：
draw_graph(desc_betweenness, 20)
```

结果输出：

```
3767
<class 'pandas.core.frame.DataFrame'>
RangeIndex: 2595 entries, 0 to 2594
Data columns (total 6 columns):
 #   Column      Non-Null Count  Dtype
---  ------      --------------  -----
 0   person_id   2595 non-null   int64
 1   person_a    2595 non-null   object
 2   assoc_id    2595 non-null   int64
 3   person_b    2595 non-null   object
 4   assoc_code  2595 non-null   int64
 5   assoc_desc  2595 non-null   object
dtypes: int64(3), object(3)
memory usage: 121.8+ KB
致書 Y
被致書由 Y
答 Y 書
收到 Y 的答書
致 Y 啓
收到 Y 的啓
答 Y 啓
收到 Y 的答啓
Name:
Type: Graph
Number of nodes: 614
Number of edges: 906
Average degree:   2.9511
Density: 0.004814257855051517
```

苏轼朋友圈的全局图与局部图如图 13.7、图 13.8 所示。

从这两幅图中不难看出，苏轼处于该社交网络的中心，欧阳修、王安石、黄庭坚等社交达人也有较高的中心程度。从该数据库信息分析发现宋代书法四大家（苏黄米蔡）都处于同苏轼的一个社交网络中。

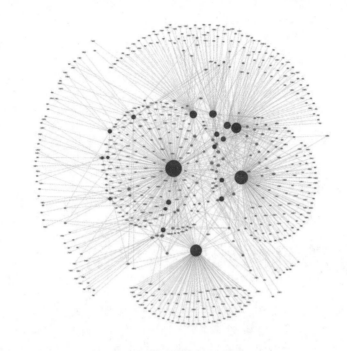

图 13.7　苏轼朋友圈全局图

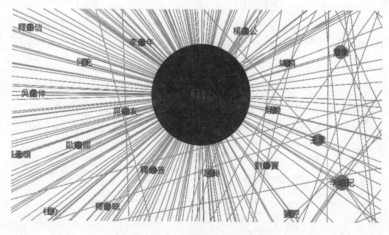

图 13.8　苏轼朋友圈局部图

13.10　本章小结

本章详细介绍了图挖掘基本概念与技术基础，针对图挖掘的社交网络挖掘应用关键知识
进行详细的阐述，如网络度量和网络模型等，还针对图挖掘和知识推理的区别与联系做了比较
描述，枚举了图挖掘算法，同时针对图挖掘应用从社区检测到频繁子图挖掘算法 gSpans 实现，
最后利用 Python 3 的 networkx 库进行了社交网络分析与可视化实现。

第**14**章

基于深度学习的验证码识别

全自动区分计算机和人类的图灵测试（Completely Automated Public Turing test to tell Computers and Humans Apart，CAPTCHA），俗称验证码，是一种区分用户是计算机和人的公共全自动程序。验证码的主要目的是强制人机交互来抵御机器自动化攻击。为了确保服务器系统的稳定和用户信息的安全，越来越多的网站采用了验证码技术。图片验证码是目前最常用的一种，主要是为了防止恶意破解密码、刷票、论坛灌水。

这些验证码大都分辨率较低，本身信息量不大。目前现有的验证码识别应用分别采用 OCR 识别和模板库匹配方法对不同类型验证码进行识别，主要过程可以分解为三个步骤：一是图片清理，二是字符切分，三是字符识别。本章举例讲解深度学习的验证码识别方法和实现过程。

14.1 获取图片验证码

获取验证码图片的方法有多种，本节主要采用爬取和验证码的生成方式。

1. Python+Selenium+Chromedriver网页图片获取

【例 14.1】Python+Selenium+Chromedriver 图片验证码获取。

```
from selenium import webdriver
from PIL import Image
browser = webdriver.Chrome(r"D:\chromedriver.exe")
browser.get('https://www.baidu.com')
browser.save_screenshot('./images/baidu1.png')
element=browser.find_element_by_xpath('//div[@id="lg"]/img[1]')
#location办法可能会有偏移，但是每次都会锁定验证码的位置，所以稍微修正一下location的
```

```
#定位，后面都管用
left    = element.location['x']#验证码图片左上角横坐标
top     = element.location['y']#验证码图片左上角纵坐标
right   = left + element.size['width']#验证码图片右下角横坐标
bottom = top + element.size['height']#验证码图片右下角纵坐标
im=Image.open('./images/baidu1.png')
#im_crop 是从整个页面截图中再截出来的验证码的图片
im_crop=im.crop((left,top,right,bottom))
im_crop.save('./images/logo1.png')
browser.quit()
print("获取成功")
```

Chromedriver 下载地址：

- http://npm.taobao.org/mirrors/chromedriver/
- http://chromedriver.storage.googleapis.com/

Chromedriver 的版本要与使用的 Chrome 版本对应，对应关系如表 14.1 所示。

表 14.1　Chromedriver 版本与 Chrome 版本的对应关系

Chromedriver 版本	支持的 Chrome 版本	Chromedriver 版本	支持的 Chrome 版本
v2.33	v60-62	v2.18	v43-46
v2.32	v59-61	v2.17	v42-43
v2.31	v58-60	v2.13	v42-45
v2.30	v58-60	v2.15	v40-43
v2.29	v56-58	v2.14	v39-42
v2.28	v55-57	v2.13	v38-41
v2.27	v54-56	v2.12	v36-40
v2.26	v53-55	v2.11	v36-40
v2.25	v53-55	v2.10	v33-36
v2.24	v52-54	v2.9	v31-34
v2.23	v51-53	v2.8	v30-33
v2.22	v49-52	v2.7	v30-33
v2.21	v46-50	v2.6	v29-32
v2.20	v43-48	v2.5	v29-32
v2.19	v43-47	v2.4	v29-32

使用 xpath 定位元素，用.location 获取坐标值，截取网页截图的一部分出现偏差，Python+Selenium+Chromedriver 使用 location 定位元素坐标偏差。之所以会出现这个坐标偏差，是因为 Windows 系统下计算机设置的显示缩放比例造成的，location 获取的坐标是按显示 100% 时得到的坐标，而截图所使用的坐标却是需要根据显示缩放比例缩放后对应的图片所确定的，因此就出现了偏差。

解决偏差有以下三种方法：

- 修改电脑显示设置为100%。
- 缩放截取到的页面图片，即将截图的size缩放为宽和高都除以缩放比例后的大小。
- 修改Image.crop的参数，将参数元组的四个值都乘以缩放比例。

2. 利用Python的Captacha模块定义一个验证码图片的生成器，用于生成无限多的验证码图片

数据生成器的优点是可以在训练模型的过程中生成数据，而不必一次性生成大量数据。数据生成器的代码如下：

```python
def gen(batch_size=16, height=80, width=170, n_len=4, n_class=36):
    """
    生成器，默认每次生成 16 张验证码样本
    :param batch_size: 每次生成验证码个数
    :param height: 图片高度
    :param width: 图片宽度
    :param n_len: 验证码中数字/字母的个数
    :param n_class: 类别数
    :yield:
        :X: 图片数据, of shape (batch_size=16, height=80, width=170, 3)
        :y: one-hot 标签数据, of shape (4, batch_size=16, number of classes=36)
    """
    characters = string.digits + string.ascii_uppercase
    X = np.zeros((batch_size, height, width, 3), dtype=np.uint8)
    y = [np.zeros((batch_size, n_class), dtype=np.uint8) for i in range(n_len)]
    generator = ImageCaptcha(width=width, height=height)

    while True:
        for i in range(batch_size):
            random_str = ''.join([random.choice(characters) for j in range(4)])
            X[i] = generator.generate_image(random_str)
            for j, ch in enumerate(random_str):
                y[j][i, :] = 0
                y[j][i, characters.find(ch)] = 1
        yield X, y
```

使用数据生成器通过自定义函数调用即可。

14.2 验证码图片预处理

验证码图片预处理的具体步骤如下：

- 读取原始素材。

- 彩色去噪。
- 将彩图转化为灰度图。
- 二值化图片。
- 去噪声。
- 字符切分。

1. 彩色去噪

在计算机中使用最多的 RGB 色彩空间，分别对应红、绿、蓝三种颜色，通过调配三个分量的比例来组成各种颜色。以常见的 32 位颜色为例，一个分量是用 8 位来表示，最大值是 255，灰度图是指组成颜色的三个分量相等。原始彩色图片包含的信息量是最大的，如果验证码图片中有一些利用颜色反差加的干扰点或者线条，最好能在该阶段做初步清理。比较简单的一种处理方法是采用 3×3 矩阵对图像进行平滑处理，即对每个像素取它所在 3×3 矩阵所有点的 RGB 均值，分别作为新的 RGB 值。常用的优化做法是取 3×3 矩阵中 RGB 三维欧式距离最接近均值的点作为新值。

2. RGB彩图转为灰度图

在数字图像领域中，一般研究灰度图像，将彩色图像转换为灰度图像，仅仅需要转换并保存亮度信号就可以。从 RGB 到 YUV 空间的 Y 转换有一个很著名的心理学公式：$Y = 0.299R + 0.587G + 0.114B$。图像在计算机中是用矩阵进行存储的，矩阵中每一个数代表一个像素，数值的大小反映在图像中就是图像的深浅，值越大，颜色越深。

【例 14.2】RGB 彩图转为灰度图。

```
# encoding=utf-8
from PIL import Image,ImageFilter
import matplotlib.pyplot as plt
import numpy as np
import pandas as pd
import matplotlib.cm as cm
# 导入相应的库
img=Image.open("t2.png")
# 载入 t2.png
im=img.convert("L")
# 这里是重点！img 图像转化为灰度图像 im
plt.subplot(4,2,1)
#关于 plt 这个用法在网上有很多教程，这里就不赘述了
plt.imshow(np.array(im),cmap=cm.gray)
```

结果输出如图 14.1 所示。

图 14.1　彩图转为灰度图

3. 二值化图片

观察图 14.1，可以发现灰度图验证码图片存在噪声点。在矩阵中找一个值（一般称之为阈值），小于这个值的数都变成零（白色），大于这个数的值都变成最大值（黑），灰度图像二值化，确定阈值，一般用矩阵的平均数或者中位数，如图 14.2 所示的两种阈值对比。

A.平均数阈值效果

B.中位数阈值效果

图 14.2　二值化图片阈值的选择对比

【例 14.3】平均数、中位数做阈值二值化图片。

```python
# encoding=utf-8
from PIL import Image,ImageFilter
import matplotlib.pyplot as plt
import numpy as np
import pandas as pd
import matplotlib.cm as cm
img=Image.open("t2.png")
im=img.convert("L")
#plt.imshow(img)
im_z=np.array(im)
# im 转化为 im_z 矩阵
print(im_z.mean())
# im_z 的平均值
print(np.median(im_z))
# im_z 的中位数
plt.subplot(4,2,1)
plt.imshow(np.array(im),cmap=cm.gray)
plt.subplot(4,2,2)
plt.imshow(img)
im_b=im.point(lambda i:i>197,mode='1')
#用 im_z 的平均值 197 转化为黑白图像 im_b
plt.subplot(4,2,3)
plt.imshow(im_b)
# 显示 im_b
im_a=im.point(lambda i:i>220,mode='1')
# 用 im_z 的平均值 220 转化为黑白图像 im_a
plt.subplot(4,2,4)
plt.imshow(im_a)
# 显示 im_a
```

结果输出如图 14.3 所示。

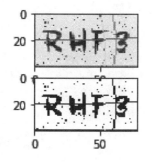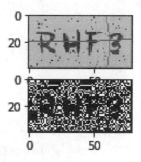

图 14.3　平均值、中位数做阈值二值化图片

4. 中值滤波去噪声

【例 14.4】中值滤波二值图去噪声。

```python
# encoding=utf-8
from PIL import Image,ImageFilter
import matplotlib.pyplot as plt
import numpy as np
import pandas as pd
import matplotlib.cm as cm
img=Image.open("t2.png")
im=img.convert("L")
#plt.imshow(img)
im_z=np.array(im)
print(im_z.mean())
print(np.median(im_z))
plt.subplot(4,2,1)
plt.imshow(np.array(im),cmap=cm.gray)
plt.subplot(4,2,2)
plt.imshow(img)
im_b=im.point(lambda i:i>197,mode='1')
plt.subplot(4,2,3)
plt.imshow(im_b)
im_a=im.point(lambda i:i>220,mode='1')
plt.subplot(4,2,4)
plt.imshow(im_a)
'''
###############下面是核心代码###############
'''
im_f=im_b.filter(ImageFilter.MedianFilter(size=3))
# 用 im_b 图像进行中值滤波，掩模用的是 3×3 的模板
plt.subplot(4,2,5)
plt.imshow(im_f)
# 显示 im_f
plt.show()
```

结果输出如图 14.4 所示。

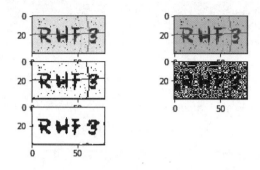

图 14.4　中值滤波去噪声

5. 字符切分

该阶段对前期预处理后的图片进行切割处理，定位和分离出整幅图片中每个孤立的字符主体部分。

【例 14.5】验证码图片二值化去噪声后的字符分割。

```
# encoding=utf-8
from PIL import Image,ImageFilter
import matplotlib.pyplot as plt
import numpy as np
import pandas as pd
import matplotlib.cm as cm
img=Image.open("t2.png")
im=img.convert("L")
#plt.imshow(img)
im_z=np.array(im)
print(im_z.mean())
print(np.median(im_z))
plt.subplot(4,2,1)
plt.imshow(np.array(im),cmap=cm.gray)
plt.subplot(4,2,2)
plt.imshow(img)
im_b=im.point(lambda i:i>197,mode='1')
plt.subplot(4,2,3)
plt.imshow(im_b)
im_a=im.point(lambda i:i>220,mode='1')
plt.subplot(4,2,4)
plt.imshow(im_a)
im_f=im_b.filter(ImageFilter.MedianFilter(size=3))
plt.subplot(4,2,5)
plt.imshow(im_f)
plt.show()
'''
```

```
##########下面是核心代码###############
'''
im=im_f
print(im.size)
a = np.array(im)
# im转化为a矩阵
pd.DataFrame(a.sum(axis=0)).plot.line() # 画出每列的像素累计值
plt.imshow(a,cmap='gray') # 画出图像
split_lines = [7,25,44,60,78]
# 经过调整过的分割线的合理间距
vlines = [plt.axvline(i, color='r') for i in split_lines] # 画出分割线
plt.show()
```

结果输出如图 14.5 所示。

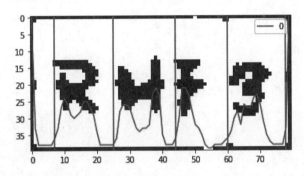

图 14.5 验证码图片去噪声后字符切分

【例 14.6】验证码图片分割后切分图片为单个字符图片。

```
# encoding=utf-8
from PIL import Image,ImageFilter
import matplotlib.pyplot as plt
import numpy as np
import pandas as pd
import matplotlib.cm as cm
img=Image.open("t2.png")
im=img.convert("L")
#plt.imshow(img)
im_z=np.array(im)
print(im_z.mean())
print(np.median(im_z))
plt.subplot(4,2,1)
plt.imshow(np.array(im),cmap=cm.gray)
plt.subplot(4,2,2)
plt.imshow(img)
im_b=im.point(lambda i:i>197,mode='1')
plt.subplot(4,2,3)
```

```
plt.imshow(im_b)
im_a=im.point(lambda i:i>220,mode='1')
plt.subplot(4,2,4)
plt.imshow(im_a)
im_f=im_b.filter(ImageFilter.MedianFilter(size=3))
plt.subplot(4,2,5)
plt.imshow(im_f)
plt.show()
im=im_f
print(im.size)
a = np.array(im)
pd.DataFrame(a.sum(axis=0)).plot.line()  # 画出每列的像素累计值
plt.imshow(a,cmap='gray')  # 画出图像
split_lines = [7,25,44,60,78]
vlines = [plt.axvline(i, color='r') for i in split_lines] # 画出分割线
plt.show()
#im.crop()
'''
###############核心代码########################
'''
y_min=5
y_max=35
#设置获取图像的高和宽
ims=[]
c=1
for x_min,x_max in zip(split_lines[:-1],split_lines[1:]):
    im.crop([x_min,y_min,x_max,y_max] ).save(str(c)+'.png')
    # crop()函数截取指定图像
    # save 保存图像
    c=c+1
for i in range(1,5):
    file_name="{}.png".format(i)
    plt.subplot(4,2,i)
    im=Image.open(file_name).convert("1")
    #im=img.filter(ImageFilter.MedianFilter(size=3))
    plt.imshow(im)
    # 显示截取的图像
plt.show()
```

结果输出如图 14.6 所示。

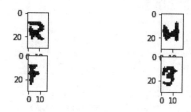

图 14.6 图片切分为单个字符

14.3 依赖 TensorFlow 的深度学习验证码识别

本项目针对字符型图片验证码，使用 TensorFlow 实现卷积神经网络，进行验证码识别。TensorFlow 框架封装了非常通用的校验、训练、验证、识别和调用 API，极大地减低了识别字符型验证码花费的时间和精力。

目前通常使用表 14.2 所示的几种方法。

表 14.2　常用的验证码识别方法

方法	相关要点
tesseract	仅适合识别没有干扰和扭曲的图片，训练起来很麻烦
其他开源识别库	不够通用，识别率未知
付费 OCR API	需求量大的情形成本很高
图像处理+机器学习分类算法	涉及多种技术，学习成本高，且不通用
卷积神经网络	一定的学习成本，算法适用于多类验证码

使用卷积神经网络，只需要通过简单的预处理就可以实现大部分静态图片验证码的端到端识别，效果很好，通用性很高。

【例 14.7】本项目针对字符型图片验证码，使用 CNN + captcha + TensorFlow 实现卷积神经网络进行验证码识别。该项目源代码在本书配套资源中提供。

本项目用到了 Python 的验证码生成库 captcha，目前常用的验证码生成库如表 14.3 所示。

表 14.3　常用的验证码生成库

语言	验证码库名称
Java	JCaptcha
Java	JCaptcha4Struts2
Java	SimpleCaptcha
Java	kaptcha
Java	patchca
Java	imageRandom
Java	iCaptcha

（续表）

语言	验证码库名称
Java	SkewPassImage
Java	Cage
Python	captcha
Python	pycapt
PHP	Gregwar/Captcha
PHP	mewebstudio/captcha

1. 深度神经网络模型结构

模型分为卷积层、池化层、降采样层、ReLU。

2. 数据集

为了方便处理，图片最好以"标签_序列号.后缀"的格式命名。

使用 gen_sample_by_captcha.py 文件生成训练集文件。数据集存放在./sample/origin 目录中。生成之前需要修改 conf/captcha_config.json 的相关配置（路径、文件后缀、字符集等）。

```
{
  "root_dir": "sample/origin/",       # 验证码保存路径
  "image_suffix": "png",              # 验证码图片后缀
  "characters": "0123456789",         # 生成验证码的可选字符
  "count": 1000,                      # 生成验证码的图片数量
  "char_count": 4,                    # 每张验证码图片上的字符数量
  "width": 100,                       # 图片宽度
  "height": 60                        # 图片高度
}
```

3. 配置文件

创建一个新项目前，需要修改相关配置文件 conf/sample_config.json。

```
{
  "origin_image_dir": "sample/origin/",      # 原始文件
  "new_image_dir": "sample/new_train/",      # 新的训练样本
  "train_image_dir": "sample/train/",        # 训练集
  "test_image_dir": "sample/test/",          # 测试集
  "api_image_dir": "sample/api/",            # api 接收的图片储存路径
  "online_image_dir": "sample/online/",      # 从验证码 url 获取的图片的储存路径
  "local_image_dir": "sample/local/",        # 本地保存图片的路径
  "model_save_dir": "model/",                # 从验证码 url 获取的图片的储存路径
  "image_width": 100,                        # 图片宽度
  "image_height": 60,                        # 图片高度
  "max_captcha": 4,                          # 验证码字符个数
  "image_suffix": "png",                     # 图片文件后缀
```

```
    "char_set": "0123456789abcdefghijklmnopqrstuvwxyz", # 验证码识别结果类别
    "use_labels_json_file": false,                    # 是否开启读取`labels.json`内容
    "remote_url": "http://127.0.0.1:6100/captcha/",   # 验证码远程获取地址
    "cycle_stop": 3000,                               # 启动任务后的训练指定次数后停止
    "acc_stop": 0.99,                                 # 训练到指定准确率后停止
    "cycle_save": 500,                                # 训练指定次数后定时保存模型
    "enable_gpu": 0,                                  # 是否开启 GUP 训练
# 训练时每次使用的图片张数，如果 CPU 或者 GPU 内存太小可以减少这个参数
    "train_batch_size": 128,
    "test_batch_size": 100   # 每批次测试时验证的图片张数，不要超过验证码集的总数
}
```

验证码识别结果类别，假设样本是中文验证码，可以使用 tools/collect_labels.py 脚本进行标签的统计，会生成文件 gen_image/labels.json 存放所有标签，在配置文件中设置 use_labels_json_file = True，开启读取 labels.json 内容作为结果类别。

4. 验证和按比例拆分数据集

校验原始图片集的尺寸和测试图片是否能打开，并按照 19:1 的比例拆分出训练集和测试集。所以，需要创建和指定三个文件夹（origin、train、test），用于存放相关文件。可以修改为不同的目录，但是最好修改为绝对路径。

文件夹创建好之后，执行以下命令即可：

```
python3 verify_and_split_data.py
```

程序会同时校验和分割 origin_image_dir 和 new_image_dir 两个目录中的图片；后续有了更多的样本，可以把样本放在 new_image_dir 目录中，再次执行 verify_and_split_data。程序会把无效的文件留在原文件夹。此外，当有新的样本需要一起训练时，可以放在 sample/new 目录下，再次运行 python3 verify_and_split_data.py 即可。

需要注意的是，如果新的样本中有新增的标签，就需要在 conf/sample_config.json 配置文件中，把新的标签增加到 char_set 配置或者 labels.json 文件中。

5. 训练模型

创建好训练集和测试集之后，就可以开始训练模型了。利用 TensorFlow，确保图片相关参数和目录设置正确后，执行以下命令开始训练：

```
python3 train_model.py
```

训练的过程中会输出日志，日志展示当前的训练轮数、准确率和 loss。此时的准确率是训练集图片的准确率，代表训练集的图片识别情况。

由于训练集中常常不包含所有的样本特征，因此会出现训练集准确率是 100% 而测试集准确率不足 100% 的情况，此时提升准确率的一个解决方案是增加正确标记后的负样本。

训练模型文件如表 14.4 所示。

表 14.4 训练模型文件

文件名称	说明
verify_and_split_data.py	验证数据集、拆分数据为训练集和测试集
network.py	CNN 网络基类
train_model.py	训练模型
test_batch.py	批量验证
gen_image/gen_sample_by_captcha.py	生成验证码的脚本
gen_image/collect_labels.py	用于统计验证码标签（常用于中文验证码）

6. 批量验证

使用测试集的图片进行验证，输出准确率。

```
python3 test_batch.py
```

可以根据 main 函数中的代码调用类开始验证。

7. 启动Web Server

项目已经封装好加载模型和识别图片的类，启动 Web Server 后调用接口（见表 14.5）就可以使用识别服务。

启动 Web Server 的指令为：

```
python3 webserver_recognize_api.py
```

接口 url 为 http://127.0.0.1:6000/b。

表 14.5 Web 接口

文件名称	说明
webserver_captcha_image.py	获取验证码接口
webserver_recognize_api.py	提供在线识别验证码接口
recognize_online.py	使用接口识别的例子
recognize_local.py	测试本地图片的例子
recognize_time_test.py	压力测试识别耗时和请求响应耗时

8. 依赖设置requirements.txt

```
pip install -r requirements.txt
```

注意：如果需要使用 GPU 进行训练，就把文件中的 tensorflow 修改为 tensorflow-gpu。

9. 调用接口识别

- 文件recognize_local.py是使用接口本地识别。
- 文件recognize_online.py是使用接口在线识别。

使用 requests 调用接口：：

```
url = "http://127.0.0.1:6000/b"
files = {'image_file': (image_file_name, open('captcha.jpg', 'rb'),
'application')}
r = requests.post(url=url, files=files)
```

返回的结果是一个 json：

```
{
    'time': '1542017705.9152594',
    'value': 'jsp1',
}
```

10. 项目部署

部署需把 webserver_recognize_api.py 文件的最后一行修改为：

```
app.run(host='0.0.0.0',port=5000,debug=False)
```

然后开启端口访问权限，就可以通过外网访问了。

11. 在线识别

在线识别验证码是显示中常用的场景，即实时获取目标验证码来调用接口进行识别。为了测试的完整性，搭建了一个验证码获取接口，通过执行下面的命令启动：

```
python webserver_captcha_image.py
```

启动后通过访问 http://127.0.0.1:6100/captcha/可以接收到验证码图片的二进制流文件，具体进行在线识别任务的 demo 参见资源中的源代码文件 recognize_online.py。

12. 压力测试和统计数据

本例提供简易的压力测试脚本，用以统计 API 运行过程中识别耗时和请求耗时的相关数据，但图需要自己用 Excel 做出来。

打开文件 recognize_time_test.py，修改 main 函数下的 test_file 路径，这里会重复使用一张图片来访问被测试接口。最后数据会存储在 test.csv 文件中。

使用如下命令运行：

```
python3 recognize_time_test.py
```

14.4　本章小结

验证码识别分类有静态验证码、识别点选、拖曳类验证码，或者目标检测验证码识别等。本章首先介绍图片验证码获取方法，然后介绍验证码图片预处理，最后从项目实现整体流程角度举例讲解图片验证码识别过程和关键技术。

第**15**章

基于深度学习的文本分类挖掘实现

文本分类是自然语言处理的一个基本任务，目标在于推断出给定的文本（句子、文档等）的标签或标签集合，其应用非常广泛。在 NLP 的很多字任务中，有绝大部分场景可以归结为文本分类任务，比如情感分析（细粒度情感分析）、领域识别（Domain Detection）、意图识别（Intent Detection）。

15.1 文本分类概念

文本分类在文本处理中是很重要的一个模块，它的应用也非常广泛，比如垃圾过滤、新闻分类、词性标注等。它和其他的分类没有本质的区别，核心方法为首先提取分类数据的特征，然后选择最优的匹配，从而分类。但是文本也有自己的特点，根据文本的特点，文本分类的一般流程为：①预处理；②文本表示及特征选择；③构造分类器；④分类。

通常来讲，文本分类任务是指在给定的分类体系中将文本指定分到某个或某几个类别中。被分类的对象有短文本（如句子、标题、商品评论等）、长文本（如文章等）。分类体系一般由人工划分，例如：①政治、体育、军事；②正能量、负能量；③好评、中性、差评。因此，对应的分类模式可以分为二分类与多分类问题。

1. 应用

文本分类的应用十分广泛，可以将其应用在以下方面：

- 垃圾邮件的判定：是否为垃圾邮件。
- 根据标题为图文视频打标签：政治、体育、娱乐等。
- 根据用户阅读内容建立画像标签：教育、医疗等。

- 电商商品评论分析等类似的应用：消极、积极。
- 自动问答系统中的问句分类。

2. 流程

文本分类的处理大致分为文本预处理、文本特征提取、分类模型构建等。

3. 人工智能学习算法分类

人工智能算法大体上来说可以分为两类：基于统计的机器学习算法（Machine Learning）和深度学习算法（Deep Learning）。

15.2　文本分类挖掘算法概述

本节给出一些常用的文本挖掘分类算法，具体算法概念与原理可以参考相关文献，由于篇幅受限这里就不再赘述了。

1. 模型

①主题生成模型（Latent Dirichlet Allocation，LDA）。
②最大熵模型。

2. 关键词提取

①tf-idf。
②bm25。
③textrank。
④pagerank。
⑤左右熵：左右熵高的作为关键词。
⑥互信息。

3. 词法分析

①分词。

- HMM（因马尔科夫）。
- CRF（条件随机场）。

②词性标注。
③命名实体识别。

4. 句法分析

①句法结构分析。
②依存句法分析。

5. 文本向量化

①tf-idf。

②word2vec。

③doc2vec。

④cw2vec。

6. 距离计算

①欧氏距离。

②相似度计算。

15.3　基于传统机器学习的文本分类

随着统计学习方法的发展，特别是在 20 世纪 90 年代后互联网在线文本数量增长和机器学习学科的兴起，逐渐形成了一套解决大规模文本分类问题的经典方法，这个阶段的主要技术路线是人工特征工程+浅层分类模型。整个文本分类问题就拆分成了特征工程和分类器两部分。最终的目的是把文本转换成计算机可理解的格式，并封装足够用于分类的信息，即很强的特征表达能力。

1. 特征工程

传统的机器学习分类方法将整个文本分类问题拆分成了特征工程和分类器两部分。特征工程分为文本预处理、特征提取、文本表示三个部分，这里的特征工程也就是将文本表示为计算机可以识别、能够代表该文档特征的特征矩阵的过程。

1）文本预处理

文本预处理过程是提取文本中的关键词来表示文本的过程。以中文文本预处理为例，主要包括文本分词和去停用词两个阶段。

（1）文本分词

分词的方法有以下几种：

- 基于词典的分词

将文档中的字符串与词典中的词条逐一进行匹配，如果词典中找到某个字符串，则匹配成功，可以切分，否则不予切分。基于词典的机械分词法实现简单，实用性强，但机械分词法的最大缺点就是词典的完备性不能得到保证。工具有 jieba（中文）、nltk（英文）。

- 基于统计的分词

基于统计的分词法的基本原理是根据字符串在语料库中出现的统计频率来决定其是否构成词。词是字的组合，相邻的字同时出现的次数越多，就越有可能构成一个词。因此，字与字相邻出现的频率或概率能够较好地反映它们成为词的可信度。

● 基于理解的分词

其基本思想就是在分词的同时进行句法、语义分析，利用句法信息和语义信息来进行词性标注，以解决分词歧义现象。因为现有的语法知识、句法规则十分笼统、复杂，基于语法和规则的分词法所能达到的精确度远远不能令人满意，目前这种分词系统还处在试验阶段。

（2）去停止词

在信息检索中，为节省存储空间和提高搜索效率，在处理自然语言数据（或文本）之前或之后，会自动过滤掉某些字或词，这些字或词即被称为 Stop Words（停用词）。例如，文本中一些高频的代词、连词、介词等对文本分类无意义的词，通常维护一个停用词表，特征提取过程中删除停用表中出现的词，本质上属于特征选择的一部分。

2）特征提取

特征提取包括特征选择和特征权重计算两部分。

（1）特征选择

基本思路是根据某个评价指标独立地对原始特征项（词项）进行评分排序，从中选择得分最高的一些特征项，过滤掉其余的特征项，常用的评价有文档频率、互信息、信息增益、χ^2 统计量等。

（2）特征权重计算

特征权重计算主要是经典的 TF-IDF 方法及其扩展方法。TF-IDF 的主要思想是一个词的重要度与在类别内的词频成正比，与所有类别出现的次数成反比。

3）文本表示

文本表示的目的是把文本预处理后的结果转换成计算机可理解的表达方式，是决定文本分类质量最重要的部分。传统做法是常用词袋模型（Bag Of Words，BOW）或向量空间模型（Vector Space Model，VSM），最大的不足是忽略了文本上下文关系，每个词之间彼此独立，并且无法表征语义信息。

2．分类器

传统机器学习算法中能用来分类的模型都可以用，常见的有朴素贝叶斯分类算法 Naïve Bayes、随机森林模型（RF）、KNN 分类模型、支持向量机 SVM 分类模型、最大熵和神经网络等。

15.4　基于深度学习的文本分类

上节介绍了传统的文本分类做法，传统做法存在的问题是文本表示为高纬度高稀疏；特征表达能力很弱，且神经网络不擅长处理此类数据；此外，需要人工进行特征工程，成本很高。应用深度学习解决大规模文本分类问题，最重要的是解决文本表示，再利用 CNN/RNN 等网络结构自动获取特征表达能力，去掉繁杂的人工特征工程，端到端地解决问题。

文本表达是 NLP 中的基础技术，文本分类则是 NLP 的重要应用。下面介绍几个经典的、用深度学习进行 NLP 文本分类的方法模型。

- FastText。
- TextCNN。
- Bert：Pre-training of Deep Bidirectional Transformers for Language Understanding。
- TextRNN。
- RCNN。
- Hierarchical Attention Network。
- seq2seq with attention。
- Transformer("Attend Is All You Need")。
- Dynamic Memory Network。
- EntityNetwork:tracking state of the world。
- Boosting。
- BiLstmTextRelation。
- twoCNNTextRelation。

我们将在接下来的章节中，分别介绍这些经典的深度神经网络 NLP 文本分类方法模型及其应用实例，数据、环境、源码及其运行方法统一说明如下。

1. 数据地址（本书的电子资源中也提供了数据源）

https://pan.baidu.com/s/1yWZf2eAPxq15-r2hHk2M-Q?errmsg=Auth+Login+Sucess&errno=0&ssnerror=0&。

2. 实验环境

Python 2.7+ TensorFlow 1.8。如果使用 Python 3，只要更改 print/try-catch 函数就可以实现。大多数模型在其他 TensorFlow 版本中也可以正常运行。

3. 案例源代码

由于本文的深度神经网络的文本分类的案例源代码较长且复杂，因此就不在文字中描述了，请读者参看本书配套的案例数据与源代码资源。

4. 案例源代码应用方法

①运行模型代码：python　xxx_model.py。
②运行训练模型代码：python　xxx_train.py。
③运行代码预测：python　xxx_predict.py。

每个文本分类算法模型案例在 model 类下都有一个测试方法。可以先运行测试方法来检验模型是否可以正常运行。

15.4.1　FastText 文本分类模型算法实现

FastText 是 FaceBook 开源的一个词向量与文本分类工具，在 2016 年开源，典型应用场景是"带监督的文本分类问题"，提供简单而高效的文本分类和表征学习的方法，性能比肩深度学习而且速度更快。FastText 结合了自然语言处理和机器学习中最成功的理念，包括使用词袋以及 N-gram 袋表征语句，还有使用子词（subword）信息，并通过隐藏表征在类别间共享信息，另外采用了一个 Softmax 层级（利用了类别不均衡分布的优势）来加速运算过程。

1. FastText组成

FastText 方法包含三部分：模型架构、Softmax 回归和 N-gram 模型。

1）模型架构

FastText 的架构和 word2vec 中 CBOW 的架构类似，而且 FastText 也算是 word2vec 所衍生出来的。

word2vec 的 CBOW 模型架构和 fastText 模型非常相似。看到 Facebook 开源的 FastText 工具不仅实现了 FastText 文本分类工具，还实现了快速词向量训练工具。word2vec 主要有两种模型：skip-gram 模型和 CBOW 模型。这里只介绍 CBOW 模型。

CBOW 模型的基本思路是用上下文预测目标词汇，把单词高维稀疏的 one-hot 向量映射为低维稠密的表示方法。

在图 15.1 所示的 CBOW 模型架构中，输入层由目标词汇 y 的上下文单词 $\{x_1,...,x_c\}$ 组成，x_i 是被 one-hot 编码过的 V 维向量，其中 V 是词汇量；隐含层是 N 维向量 h；输出层是被 one-hot 编码过的目标词 y。输入向量通过 $V \times N$ 维的权重矩阵 W 连接到隐含层；隐含层通过 $N \times V$ 维的权重矩阵 W 连接到输出层。因为词库 V 往往非常大，使用标准的 Softmax 计算相当耗时，CBOW 的输出层采用的正是上文提到的分层 Softmax。

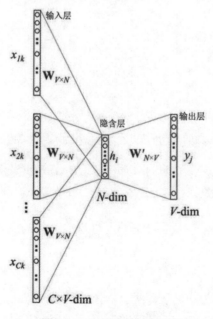

图 15.1　CBOW 模型架构

2）Softmax 回归

在标准的 Softmax 回归中，要计算 $y=j$ 时的 Softmax 概率 $P(y=j)$，需要对所有的 K 个概率

做归一化，这在|y|很大时非常耗时。于是，分层 Softmax 思想被提出来了，它的基本思想是使用树的层级结构替代扁平化的标准 Softmax，使得在计算 $P(y=j)$ 时只需计算一条路径上所有节点的概率值，无须在意其他节点。图 15.2 所示是一个分层 Softmax 示例。

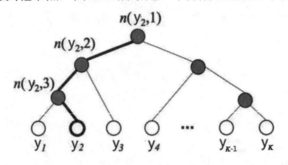

图 15.2　分层 Softmax 示例

树的结构是根据类标的频数构造的霍夫曼树。K 个不同的类标组成所有的叶子节点，K-1 个内部节点作为内部参数，从根节点到某个叶子节点经过的节点和边形成一条路径，路径长度被表示为 $L(y_j)$。于是，$P(y_j)$ 可以被写成：

$$P(y_j) = \prod_{i=1}^{L(y_j)-1} \sigma(\langle n(y_j, l+1) = LC(n(y_j, l)) \rangle \cdot \theta_{n(y_j, l)}{}^T X) \qquad （公式 15.1）$$

其中：

- $\sigma(\cdot)$：表示sigmoid函数。
- $LC(n)$：表示n节点的左孩子。
- $\langle x \rangle$：是一个特殊的函数，被定义为：

$$\langle x \rangle = \begin{cases} 1 & \text{if } x == \text{true} \\ -1 & \text{otherwise} \end{cases}$$

$\theta_{n(y_j, l)}$ 是中间节点 $n(y_j, l)$ 的参数；X 是 Softmax 层的输入。在图 15.2 中，黑灰色的节点和边是从根节点到 y_2 的路径，路径长度 $L(y_2)=4$，$P(y_2)$ 可以被表示为：

$$\begin{aligned} P(y_2) &= P(n(y_2,1), \text{left}) \cdot P(n(y_2,2), \text{left}) \cdot P(n(y_2,3), \text{right}) \\ &= \sigma(\theta_{n(y_2,1)}{}^T X) \cdot \sigma(\theta_{n(y_2,2)}{}^T X) \cdot \sigma(-\theta_{n(y_2,3)}{}^T X) \end{aligned} \qquad （公式 15.2）$$

因此，从根节点到叶子节点 y_2，实际上是做了 3 次二分类的逻辑回归。通过分层的 Softmax，计算复杂度从 $|K|$ 降低到 $\log|K|$。

3）N-gram 模型

FastText 可以用于文本分类和句子分类。不管是文本分类还是句子分类，常用的特征都是词袋模型。由于词袋模型不能考虑词之间的顺序，因此 FastText 还加入了 N-gram 特征。它是一种基于语言模型的算法，基本思想是将文本内容按照字节顺序进行大小为 N 的滑动窗口操作，最终形成长度为 N 的字节片段序列。

对句子或单词的所有长度为 N 的子句或子字符串进行操作。例如，在 2-gram 中，对"girl"

的子字符串"gi" "ir" "rl"进行操作。

2. FastText分类

FastText 模型架构和 word2vec 的 CBOW 模型架构相似。图 15.3 所示是 FastText 模型架构图。

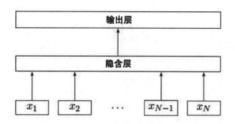

图 15.3　FastText 模型架构图

此架构图没有展示词向量的训练过程。和 CBOW 一样，FastText 模型也只有三层：输入层、隐含层、输出层（Hierarchical Softmax）。输入都是多个经向量表示的单词，输出都是一个特定的目标词汇，隐含层都是对多个词向量的叠加平均。不同的是，CBOW 的输入是目标单词的上下文，FastText 的输入是多个单词及其 N-gram 特征，这些特征用来表示单个文档；CBOW 的输入单词被 one-hot 编码过，FastText 的输入特征被 embedding 过；CBOW 的输出是目标词汇，FastText 的输出是文档对应的类标。

FastText 的核心思想就是将整篇文档的词及 N-gram 向量叠加平均得到文档向量，然后使用文档向量做 Softmax 多分类。这中间涉及两个技巧：字符级 N-gram 特征的引入以及分层 Softmax 分类。

3. FastText分类模型代码

```
import torch.nn as nn
import torch.nn.functional as F
class FastText(nn.Module):
    def __init__(self, vocab_size, embedding_dim, output_dim, pad_idx):
        super().__init__()
        self.embedding = nn.Embedding(vocab_size, embedding_dim,
padding_idx=pad_idx)
        self.fc = nn.Linear(embedding_dim, output_dim)
    def forward(self, text):
        #text = [sent len, batch size]
        embedded = self.embedding(text)
        #embedded = [sent len, batch size, emb dim]
        embedded = embedded.permute(1, 0, 2)
        #embedded = [batch size, sent len, emb dim]
        pooled = F.avg_pool2d(embedded, (embedded.shape[1], 1)).squeeze(1)
        #pooled = [batch size, embedding_dim]
        return self.fc(pooled)
```

【例 15.1】FastText 实现高效文本分类。

将每个单词嵌入句子形成文本表示，然后将其反馈给线性分类器，使用 softmax 函数计算预定义类上的概率分布。因为词袋表达没有考虑单词顺序，所以利用交叉熵计算损失。为了考虑词序，采用 N-gram 特征来捕获局部词序的部分信息。当类别数较大时，线性分类器计算量较大，因此采用分层 softmax 来加速训练过程。

FastText 实现高效文本分类项目的文件有：

- fastText_model_multilabel.py。（#模型）
- fastText_predict_multilabel.py。（#预测）
- fastText_train_multilabel.py。（#训练）

15.4.2 TextCNN 文本分类模型算法实现

TextCNN 是利用卷积神经网络对文本进行分类的算法，是由 Yoon Kim 于 2014 年在"Convolutional Neural Networks for Sentence Classification"一文中提出的，原理图如图 15.4 所示。

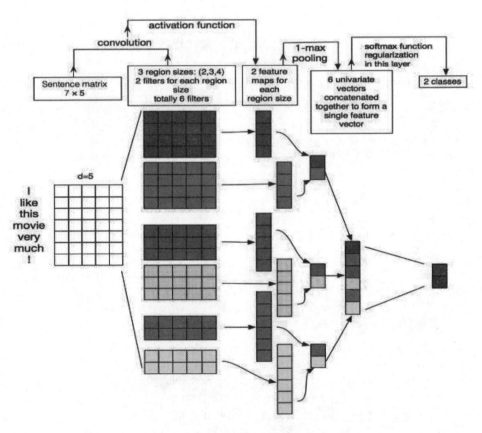

图 15.4　TextCNN 原理图（来源于网络）

TextCNN 采用的卷积核大小为 $n{\times}d$，其中 d 是词向量的维度，n 作为超参数由人工选择。这样可以捕捉句子中的 n-grams，即如果选择的卷积核分别为 $1{\times}d$、$2{\times}d$ 和 $3{\times}d$ 就表示捕捉了句子中的 1-gram、2-gram 和 3-gram。接着通过一个 Max Pooling 层捕捉其中最重要的特征，同时还可以解决句子长度不一的问题。

1. TextCNN模型的结构

①Embedding layer。
②Convolutional layer。
③MaxPooling Layer。
④Feedfoward layer。
⑤Softmax Layer。

2. 三种feature size的卷积核实现过程

论文"Convolutional Neural Networks for Sentence Classification"中提出的三种 feature size 的卷积核，可以认为是对应了 3-gram、4-gram 和 5-gram。整体模型结构如图 15.5 所示，先用不同尺寸如（3，4，5）的卷积核去提取特征，再进行最大池化，最后将不同尺寸的卷积核提取的特征拼接在一起，作为输入到 Softmax 中的特征向量。

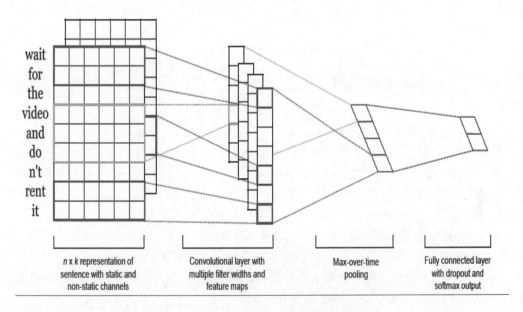

图 15.5　三种 feature size 的卷积核实现过程

3. TextCNN分类模型代码

```
class CNN1d(nn.Module):
    def __init__(self, vocab_size, embedding_dim, n_filters, filter_sizes,
output_dim, dropout, pad_idx):
        super().__init__()
        self.embedding = nn.Embedding(vocab_size, embedding_dim, padding_idx =
pad_idx)
        self.convs = nn.ModuleList([
                        nn.Conv1d(in_channels = embedding_dim,
```

```
                                out_channels = n_filters,
                                kernel_size = fs)
                        for fs in filter_sizes
                        ])
    self.fc = nn.Linear(len(filter_sizes) * n_filters, output_dim)
    self.dropout = nn.Dropout(dropout)
def forward(self, text):
    #text = [sent len, batch size]
    text = text.permute(1, 0)
    #text = [batch size, sent len]
    embedded = self.embedding(text)
    #embedded = [batch size, sent len, emb dim]
    embedded = embedded.permute(0, 2, 1)
    #embedded = [batch size, emb dim, sent len]
    conved = [F.relu(conv(embedded)) for conv in self.convs]
    #conved_n = [batch size, n_filters, sent len - filter_sizes[n] + 1]
    pooled = [F.max_pool1d(conv, conv.shape[2]).squeeze(2) for conv in
conved]
    #pooled_n = [batch size, n_filters]
    cat = self.dropout(torch.cat(pooled, dim = 1))
    #cat = [batch size, n_filters * len(filter_sizes)]
    return self.fc(cat)
```

【例 15.2】TextCNN——卷积神经网络在句子分类中的实现。

TextCNN 算法流程：Embedding→conv→max pooling→fully connected layer→softmax。

卷积神经网络是解决计算机视觉问题的主要方法。本例题展示如何将 CNN 用于 NLP，特别是文本分类。根据句子的长度，将使用 pad 来获得固定长度 n。对于句子中的每个标记，将使用单词嵌入来获得一个固定维向量 d。因此，输入是一个二维矩阵：（n,d）。这与 CNN 的图片类似。

首先，对输入进行卷积运算，它是滤波器和部分输入之间的一个乘法单元，使用 k 个滤波器，每个滤波器的尺寸是一个二维矩阵（f,d）。输出的是 k 个列表。每个列表的长度为 $n-f+1$，每个元素都是标量。注意，第二个维度总是嵌入单词的维度，使用不同尺寸的过滤器从输入文本中获取丰富的特征，这与 n-gram 的特征相似。

其次，对卷积运算的输出进行最大池化，对于 k 个列表，将得到 k 个标量。

再次，连接标量以形成最终特征，形成一个固定大小的向量，它与使用的过滤器大小无关。

最后，使用线性层将这些特征投影到每个预定义的标签上。

TextCNN 卷积神经网络在句子分类中实现的项目文件有：

- __init__.py。
- data_util.py。
- temp.py。
- TextCNN_model.py。（模型文件）

- TextCNN_train.py。（#模型训练文件）
- TextCNN_predict.py。（#预测文件）

15.4.3 Bert 深度双向 Transformer 构建语言理解预训练模型

Bert 模型源于论文 "Bert：Pre-training of Deep Bidirectional Transformers for Language Understanding"。Bert 模型是谷歌提出的基于双向 Transformer 构建的语言模型。Bert 的内部结构其实就是多个 Transformer 的编码器，它通过联合调节所有层中的双向 Transformer 来训练预训练深度双向表示。在之前的预训练模型（包括 word2vec、ELMo 等）中都会生成词向量，这种类别的预训练模型属于 domain transfer。近几年提出的 ULMFiT、GPT、Bert 等都属于模型迁移。

1. Bert模型总体结构

Bert 是一种基于微调的多层双向 Transformer 编码器，其中的 Transformer 与原始的 Transformer 是相同的，并且实现了两个版本的 Bert 模型，在两个版本中前馈大小都设置为 4 层：

- lBERTBASE：L=12，H=768，A=12，Total Parameters=110M。
- lBERTLARGE：L=24，H=1024，A=16，Total Parameters=340M。

其中，层数（Transformer blocks 块）表示为 L，隐藏大小表示为 H，自注意力的数量为 A。

2. BERT模型输入

输入表示可以在一个词序列中表示单个文本句或一对文本（例如，[问题，答案]）。对于给定的词，其输入表示是可以通过三部分 Embedding 求和组成。Embedding 的可视化表示如图 15.6 所示。

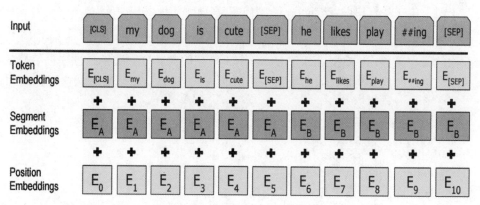

图 15.6 Embedding 的可视化表示

Token Embeddings 表示的是词向量，第一个单词是 CLS 标志，可以用于之后的分类任务。对于非分类任务，可以忽略词向量。

Segment Embeddings 用来区别两种句子，因为预训练不只做语言模型，还要做以两个句子为输入的分类任务。

Position Embeddings 是通过模型学习得到的。

3. Bert的预训练过程

Bert 的预训练阶段采用了两个独有的非监督任务：一个是 Masked Language Model；另一个是 Next Sentence Prediction。

1）Masked Language Model（MLM）

为了训练深度双向 Transformer 表示，采用了一种简单的方法，即随机掩盖部分输入词，然后对那些被掩盖的词进行预测，此方法被称为 Masked LanguageModel（MLM）。预训练的目标是构建语言模型，Bert 模型采用的是 bidirectional Transformer。因为在预训练语言模型来处理下游任务时，需要的不仅仅是某个词左侧的语言信息，还需要右侧的语言信息。

在训练的过程中，随机掩盖每个序列中 15% 的 token，并不是像 word2vec 中的 cbow 那样去对每一个词进行预测。MLM 从输入中随机地掩盖一些词，其目标是基于其上下文来预测被掩盖单词的原始词汇。与从左到右的语言模型预训练不同，MLM 目标允许表示融合左右两侧的上下文，这使得可以预训练深度双向 Transformer。Transformer 编码器不知道它将被要求预测哪些单词，或者哪些已经被随机单词替换，因此它必须对每个输入词保持分布式的上下文表示。此外，由于随机替换在所有词中只发生 1.5%，因此并不会影响模型对于语言的理解。

2）Next Sentence Prediction

很多句子级别的任务如自动问答（QA）和自然语言推理（NLI）都需要理解两个句子之间的关系，例如上述 Masked LM 任务中，经过第一步的处理，15% 的词汇被遮盖。在这一任务中需要随机将数据划分为等大小的两部分：一部分数据中的两个语句对是上下文连续的，另一部分数据中的两个语句对是上下文不连续的。然后让 Transformer 模型来识别这些语句对中哪些语句对是连续的、哪些语句对是不连续的。

【例 15.3】Bert 深度双向 Transformer 构建语言理解预训练模型实现。

Bert 目前在超过 10 个 NLP 任务上取得了先进的成果。模型的关键思想是使用一种具有大量原始数据的语言模型，对模型进行预训练。由于模型的大部分参数都是预先训练好的，不同的任务只需要最后一层分类器，因此模型是通用的，非常强大，可以短时间内进行微调预先训练模型。

Bert 深度双向 Transformer 构建语言理解预训练模型的实现项目文件有：

- __init__.py。
- bert_modeling.py。（#bert模型）
- optimization.py。（#优化）
- run_classifier_predict_online.py。（#在线分类预测）
- tokenization.py。
- train_bert_multi-label.py。（#bert多标签分类）
- train_bert_toy_task.py。（#在没有实际数据的情况下运行bert：测试bert的玩具任务）
- utils.py。

15.4.4　TextRNN 文本分类

TextRNN 指的是利用 RNN 循环神经网络解决文本分类问题,试图推断出给定文本(句子、文档等）的标签或标签集合。

1. TextRNN的原理

在一些自然语言处理任务中，当对序列进行处理时，一般会采用循环神经网络 RNN，尤其是它的一些变种，如 LSTM、GRU。当然也可以把 RNN 运用到文本分类任务中。这里的文本可以是一个句子、文档（短文、若干句子）或篇章（长文本），因此每段文本的长度都不尽相同。在对文本进行分类时，一般会指定一个固定的输入序列/文本长度：该长度可以是最长文本/序列的长度，此时其他所有文本/序列都要进行填充以达到该长度；该长度也可以是训练集中所有文本/序列长度的均值，此时对于过长的文本/序列需要进行截断，过短的文本则进行填充。总之，要使得训练集中所有的文本/序列长度相同，该长度除之前提到的设置外，也可以是其他任意合理的数值。在测试时，也需要对测试集中的文本/序列做同样的处理。

假设训练集中所有文本/序列的长度统一为 n，对文本进行分词，并使用词嵌入得到每个词固定维度的向量表示。对于每一个输入文本/序列，可以在 RNN 的每一个时间步长上输入文本中一个单词的向量表示，计算当前时间步长上的隐藏状态，然后用于当前时间步长的输出以及传递给下一个时间步长并和下一个单词的词向量一起作为 RNN 单元输入，然后再计算下一个时间步长上 RNN 的隐藏状态，以此重复直到处理完输入文本中的每一个单词，由于输入文本的长度为 n，所以要经历 n 个时间步长。

基于 RNN 的文本分类模型有多种多样的结构。本节主要介绍两种典型的结构。

2. TextRNN网络结构

1）TextRNN structure v1

流程: embedding→bi-directional LSTM→concat output→average→softmax layer，如图 15.7 所示。

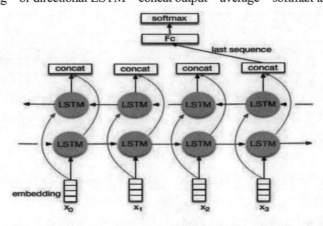

图 15.7　TextRNN 网络 structure v1 流程

structure v1 两种形式:

- 取前向/反向LSTM在最后一个时间步长上的隐藏状态，然后进行拼接，再经过一个

softmax层（输出层使用softmax激活函数）进行一个多分类。

- 取前向/反向LSTM在每一个时间步长上的隐藏状态，对每一个时间步长上的两个隐藏状态进行拼接，然后对所有时间步长上拼接后的隐藏状态取均值，再经过一个softmax层（输出层使用softmax激活函数）进行一个多分类（2分类的话使用sigmoid激活函数）。

structure 1 也可以添加 dropout/L2 正则化或 BatchNormalization 来防止过拟合以及加速模型训练。

2）TextRNN structure v2

流程：embedding→bi-directional LSTM→dropout→concat ouput→LSTM→droput→FC layer→softmax。

TextRNN structure v2 结构图如图 15.8 所示。

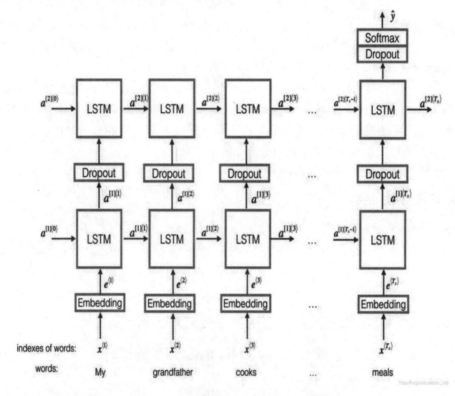

图 15.8　TextRNN structure v2 结构图

与之前的结构不同的是，在双向 LSTM 的基础上又堆叠了一个单向的 LSTM。把双向 LSTM 在每一个时间步长上的两个隐藏状态进行拼接，作为上层单向 LSTM 每一个时间步长上的一个输入，最后取上层单向 LSTM 最后一个时间步长上的隐藏状态，再经过一个 softmax 层（输出层使用 softmax 激活函数，2 分类则使用 sigmoid）进行多分类。

【例 15.4】TextRNN 模型结构 v1 和 v2 文本分类。

TextRNN 模型结构 v1 和 v2 文本分类项目文件如下：

- TextRNN_model.py。（#Structure v1模型）
- TextRNN_model_multi_layers.py。（#Structure v2模型）
- TextRNN_train.py。（#分类训练）
- TextRNN_predict.py。（#文本分类预测）

15.4.5　RCNN 文本分类

RCNN 模型源于论文"Recurrent Convolutional Neural Networks for Text Classification"。RCNN 是将 CNN 与 SVM 优势结合来突破目标检测的瓶颈，借助 CNN 强大的特征表达能力和 SVM 高效的分类性能。

1. RCNN模型的结构

首先，对于每一个文本 D，用一串词汇序列 $w_1, w_2, \ldots, w_n$ 表示，并且记该文本属于某一类别 k 的概率为 $p^{(k|D,\theta)}$，其中 θ 表示模型中的参数。RCNN 模型主要包含三部分，分别是递归 CNN 层、max-pooling 层和输出层。

在递归 CNN 层，对于每个词汇，RCNN 会递归地计算其左侧上下文向量和右侧上下文向量，然后将这两部分向量与当前词汇的词向量进行拼接作为该词汇的向量表示，如图 15.9 所示。

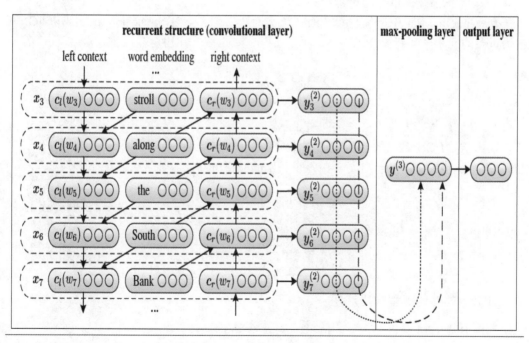

图 15.9　RCNN 模型结构

记 $c_l(w_i)$、$c_r(w_i)$ 分别为词汇 w_i 的左侧上下文向量和右侧上下文向量，它们都是长度为 $|c|$ 的实数向量，计算公式分别如下：

$$c_l(w_i) = f\left(W^{(l)}c_l(w_{i-1}) + W^{(sl)}e(w_{i-1})\right) \qquad (公式\ 15.3)$$

$$c_r(w_i) = f(W^{(r)}c_r(w_{i+1}) + W^{(sr)}e(w_{i+1})) \qquad (公式\ 15.4)$$

其中，$e(w_{i-1})$、$e(w_{i+1})$分别表示前一个词汇 w_{i-1} 和后一个词汇 w_{i+1} 的词向量，其向量长度为$|e|$，$c_l(w_{i-1})$、$c_r(w_{i+1})$分别表示前一个词汇 w_{i-1} 的左侧上下文向量和后一个词汇的右侧上下文向量，对于每个文本的第一个词汇的左侧上下文向量和最后一个词汇的右侧上下文向量，分别采用共享的参数向量 $cl(w_1)$、$c_r(w_n)$表示，$W^{(l)}$、$W^{(sl)}$、$W^{(r)}$、$W^{(rl)}$为权重矩阵，f为一个非线性激活函数。接着，将这三个向量拼接起来，作为当前词汇的向量表示，这样一来每个词汇的向量就囊括了左侧和右侧的语义信息，使得词汇的向量表示更具有区分性，其表示如下：

$$x_i = [c_l(w_i); e(w_i); c_r(w_i)] \qquad (公式\ 15.5)$$

当获取到每个词汇的向量表示 x_i 后，RCNN 会将每个向量传入一个带有 tanh 激活函数的全连接层，其计算公式如下：

$$y_i^{(2)} = \tanh(W^{(2)}x_i + b^{(2)}) \qquad (公式\ 15.6)$$

其中，$y_i^{(2)}$为潜在的语义向量。

在 max-pooling 层，RCNN 将每个潜在语义向量 $y_i^{(2)}$传入一个 max-pooling 层，获取所有向量中最重要的元素，其计算公式如下：

$$y^{(3)} = \max_{i=1}^{n} y_i^2 \qquad (公式\ 15.7)$$

得到的向量 $y^{(3)}$即为整个文本的向量表示。

在输出层，RCNN 与其他传统的文本分类模型相似，将得到的文本向量传入一个带有 softmax 的全连接层，得到当前文本在各个类别的概率分布，其计算公式如下：

$$y^{(4)} = W^{(4)}y^{(3)} + b^{(4)} \qquad (公式\ 15.8)$$

$$p_i = \frac{\exp(y_i^{(4)})}{\sum_{k-1}^{n}\exp(y_k^{(4)})} \qquad (公式\ 15.9)$$

2. RCNN整体的模型构建流程

①利用 Bi-LSTM 获得上下文的信息，类似于语言模型。

②将 Bi-LSTM 获得的隐含层输出和词向量拼接[fwOutput,wordEmbedding, bwOutput]。

③将拼接后的向量非线性映射到低维。

④向量中每一个位置的值都取所有时序上的最大值，得到最终的特征向量，该过程类似于 max-pool。

⑤softmax 分类。

3. RCNN模型代码

```python
import torch
from torch import nn
import numpy as np
from torch.nn import functional as F
from utils import *

class RCNN(nn.Module):
    def __init__(self, config, vocab_size, word_embeddings):
        super(RCNN, self).__init__()
        self.config = config

        # Embedding Layer
        self.embeddings = nn.Embedding(vocab_size, self.config.embed_size)
        self.embeddings.weight = nn.Parameter(word_embeddings,
requires_grad=False)
        # Bi-directional LSTM for RCNN
        self.lstm = nn.LSTM(input_size = self.config.embed_size,
                        hidden_size = self.config.hidden_size,
                        num_layers = self.config.hidden_layers,
                        dropout = self.config.dropout_keep,
                        bidirectional = True)
        self.dropout = nn.Dropout(self.config.dropout_keep)
        # Linear layer to get "convolution output" to be passed to Pooling Layer
        self.W = nn.Linear(
            self.config.embed_size + 2*self.config.hidden_size,
            self.config.hidden_size_linear
        )
        # Tanh non-linearity
        self.tanh = nn.Tanh()

        # Fully-Connected Layer
        self.fc = nn.Linear(
            self.config.hidden_size_linear,
            self.config.output_size
        )
        # Softmax non-linearity
        self.softmax = nn.Softmax()
    def forward(self, x):
        # x.shape = (seq_len, batch_size)
        embedded_sent = self.embeddings(x)
        # embedded_sent.shape = (seq_len, batch_size, embed_size)
        lstm_out, (h_n,c_n) = self.lstm(embedded_sent)
        # lstm_out.shape = (seq_len, batch_size, 2 * hidden_size)
```

```
        input_features = torch.cat([lstm_out,embedded_sent],
2).permute(1,0,2)
        # final_features.shape = (batch_size, seq_len, embed_size +
2*hidden_size)
        linear_output = self.tanh(
            self.W(input_features)
        )
        # linear_output.shape = (batch_size, seq_len, hidden_size_linear)
        linear_output = linear_output.permute(0,2,1) # Reshaping fot max_pool
        max_out_features = F.max_pool1d(linear_output,
linear_output.shape[2]).squeeze(2)
        # max_out_features.shape = (batch_size, hidden_size_linear)
        max_out_features = self.dropout(max_out_features)
        final_out = self.fc(max_out_features)
        return self.softmax(final_out)
```

【例 15.5】RCNN 文本分类实现。

RCNN 文本分类实现项目文件列表如下：

- TextRCNN_model.py。（#模型1）
- TextRCNN_mode2.py。（#模型2）
- TextRCNN_train.py。（#模型训练）
- TextRCNN_predict.py。（#模型预测）

15.4.6　Hierarchical Attention Network 文本分类

在深度学习文本分类模型中，HAN（Hierarchical Attention Network，层次注意力模型）不仅解决了 TextCNN 丢失文本结构信息的问题，还在长文本上有不错的分类精度，更为重要的是，在现代模型中它的可解释性非常强。HAN 有两层 attention 机制：一层基于词；一层基于句，如图 15.10 所示。

以图 15.10 所示的第二句为例，输入词向量序列 w_{2x}，通过词级别的 Bi-GRU 后，每个词都会有一个对应的 Bi-GRU 输出的隐向量 h，再通过 u_w 向量与每个 h 向量点积得到 attention 权重，然后把 h 序列做一个根据 attention 权重的加权和，得到句子 summary 向量 s_2，每个句子通过同样的 Bi-GRU 结构再加 attention 得到最终输出的文档特征向量 v 向量，然后根据 v 向量通过后级 dense 层再加分类器得到最终的文本分类结果。模型结构非常符合人的理解过程：词→句子→篇章。

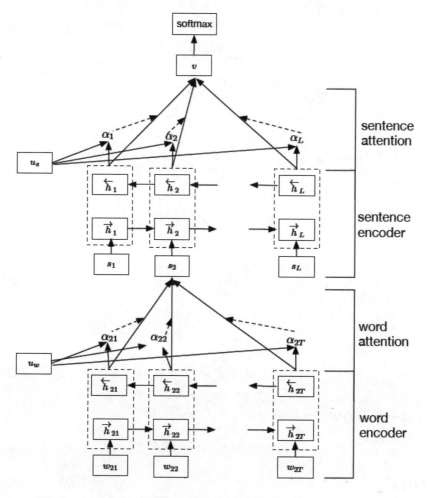

图 15.10 HAN 结构

1. 词层面

输入采用 word2vec 形成基本语料向量后，采用双向 GRU 抽取特征：

$$x_{it} = W_e w_{it}, t \in [1,T]$$

（公式 15.10）

$$\overrightarrow{h_{it}} = \overrightarrow{GRU}(x_{it}), t \in [1,T]$$

（公式 15.11）

$$\overleftarrow{h_{it}} = \overleftarrow{GRU}(x_{it}), t \in [T,1]$$

（公式 15.12）

一句话中的词对于当前分类的重要性不同，采用 attention 机制实现如下：

$$u_{it} = \tanh(W_w h_{it} + b_w)$$

（公式 15.13）

$$\alpha_{it} = \frac{\exp(u_{it}^{\mathrm{T}} u_w)}{\sum_t \exp(u_{it}^{\mathrm{T}} u_w)} \qquad (公式 15.14)$$

$$s_i = \sum_t \alpha_{it} h_{it} \qquad (公式 15.15)$$

2. 句子层面

句子层面和词层面基本相同，双向 GRU 输入，softmax 计算 attention。

双向 GRU 输入，softmax 计算 attention：

$$\vec{h_i} = \overrightarrow{GRU}(s_i), i \in [1, L] \qquad (公式 15.16)$$
$$\overleftarrow{h_i} = \overleftarrow{GRU}(s_i), i \in [L, 1]$$

$$u_i = \tanh(W_s h_i + b_s) \qquad (公式 15.17)$$

$$\alpha_i = \frac{\exp(u_i^{\mathrm{T}} u_s)}{\sum_i \exp(u_i^{\mathrm{T}} u_s)} \qquad (公式 15.18)$$

$$v = \sum_i \alpha_i h_i \qquad (公式 15.19)$$

3. 基于句子层面的输出→计算分类

$$p = \mathrm{soft\,max}(W_c v + b_c) \qquad (公式 15.20)$$

4. 指数损失

$$L = -\sum_d \log p_{dj} \qquad (公式 15.21)$$

【例 15.6】HAN 文本分类项目实现。

结构：

- Embedding。
- Word Encoder：词级双向GRU以获得丰富的单词表示。
- Word Attention： 单词层级attention，在句子中获取重要信息。
- Sentence Encoder： 句子级双向GRU，用以获得丰富的句子表达。
- Sentence Attetion：句子层级attention，获取句子组中的重要句子。
- FC+Softmax。

HAN 文本分类项目文件列表：

- HAN_model.py。
- HierarchicalAttention_model.py。

- HierarchicalAttention_model_transformer.py。
- HierarchicalAttention_train.py。
- seq2seq.py。

15.4.7　seq2seq with attention 文本分类

seq2seq Attention 源自论文"Neural Machine Translation by Jointly Learning to Align and Translate"，核心思想是将一个作为输入的序列映射为一个作为输出的序列。

1. seq2seq模型

seq2seq 模型设计一个编码器与解码器，其中编码器将输入序列编码为一个包含输入序列所有信息的 context vector c，解码器通过对 c 的解码获得输入序列的信息，从而得到输出序列。编码器及解码器通常都为 RNN 循环神经网络，模型如图 15.11 所示。

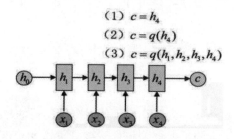

$$(1)\ c = h_4$$
$$(2)\ c = q(h_4)$$
$$(3)\ c = q(h_1, h_2, h_3, h_4)$$

图 15.11　seq2seq 编码

可以对最后一个隐变量以 c 进行赋值编码，编码完成后再用一个 RNN 对 c 的结果进行解码，简而言之就是将 c 作为初始状态的隐变量输入到解码网络，如图 15.12 所示。

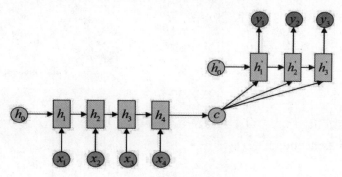

图 15.12　seq2seq 解码

2. 编码器

编码器的作用是把一个不定长的输入序列 $x_1, x_2, ..., x_T$ 转化成一个定长的 context vector c。该 context vector 编码了输入序列 $x_1, x_2, ..., x_T$ 的序列。采用循环神经网络单元为 f（可以 vanilla RNN、LSTM、GRU），那么 hidden state 隐藏层为：

$$h_t = f(x_t, h_{t-1}) \qquad \text{（公式 15.22）}$$

编码器的 context vector 是所有时刻 hidden state 的函数,即:

$$c = q(h_1,...,h_T) \qquad \text{(公式 15.23)}$$

可以把最终时刻的 hidden state h_T 作为 context vecter,也可以取各个时刻 hidden states 的平均,以及采用其他方法。

3. 解码器

编码器最终输出一个 context vector c,该 context vector 编码了输入序列 $x_1, x_2,...,x_T$ 的信息。

假设训练数据中的输出序列为 $y_1, y_2,..., y'_T$,希望每个 t 时刻的输出既取决于之前的输出也取决于 context vector,即估计 $\hat{P}(y'_t \mid y_1,..., y'_{t-1}, c)$,从而得到输出序列的联合概率分布:

$$\hat{P}(y_1,..., y'_T) = \prod_{t'}^{T'} \hat{P}(y'_t \mid y_1,..., y'_{t-1}, c) \qquad \text{(公式 15.24)}$$

使用另一个循环神经网络作为解码器。解码器使用函数 p 来表示 t' 时刻输出 y_t 的概率:

$$\hat{P}(y_{t'} \mid y_1,..., y_{t'-1}, c) = p(y_{t'-1}, s_{t'}, c) \qquad \text{(公式 15.25)}$$

为了区分编码器中的 hidden state h_t,其中 $s_{t'}$ 为 t' 时刻解码器的 hidden state。区别于编码器,解码器中的循环神经网络的输入除了前一个时刻的输出序列 $y_{t'-1}$ 和前一个时刻的 hidden state $s_{t'-1}$ 以外,还包含了 context vector c,即:

$$s_{t'} = g(y_{t'-1}, s_{t'-1}, c) \qquad \text{(公式 15.26)}$$

其中,函数 g 为解码器的循环神经网络单元。

【例 15.7】seq2seq with attention 文本分类项目实现。

①结构:

- embedding。
- bi-GRU双向GRU能从源句中获得丰富的表达(向前和向后)。
- decoder with attention。

②输入数据:

- encoder inputs:句子encoder输入。
- decoder inputs:decoder输入,固定长度的标签列表。
- target labels:目标标签列表。

例如,encoder 输入数据标签[L1 L2 L3 L4],decoder 输入数据为[_GO,L1,L2,L2,L3,_PAD],目标标签列表是[L1,L2,L3,L3,_END,_PAD]。固定长度为 6,任何超过长度的标签都会被分档,如果标签不足以填充,_PAD 将进行填充。

③编码解码器工作原理。

输入源语句使用 RNN 固定大小的思想向量"thought vector"编码，然后在解码器期间：

- 当它训练时，另一个RNN使用这个"思想向量"作为初始状态来获取一个单词，并在每个时间戳从解码器输入中获取输入。解码器从特殊令牌"_GO"开始，在执行完一个步骤后，新的隐藏状态将被获取并与新的输入结合，继续这个过程，直到获得一个特殊的令牌"_END"。可以通过计算logits和目标标签的交叉熵损失来计算损失，logits通过一个投影层获得隐藏状态（解码器步骤的输出：在GRU中，可以使用解码器的隐藏状态获得输出）。

- 测试时，没有标签。因此，提供从上一个时间戳获得的输出，并继续处理直到"_END"标记。

- 使用两种词汇表数据源：一种供给编码器使用的词，另一种由解码器使用的标签。对于标签的词汇表，插入了三个特殊标记："_GO""_END""_PAD"。所有标签都是预定义的，所以不使用"_UNK"。

④seq2seq with attention 文本分类项目文件列表：

- seq2seq.py。
- seq2seq_attention_model.py。
- seq2seq_attention_train.py。
- seq2seq_attention_predict.py。

15.4.8　Transformer 文本分类

Transformer 模型来自 Google 团队 2017 年的文章"Attention is all you need"。

1. Transformer模型

和大多数 seq2seq 模型一样，Transformer 模型的结构是由编码器和解码器组成的，如图 15.13 所示。

从图 15.13 可以看出一个编码器里面有两个子层，一个解码器中含有 3 个子层。编码器和解码器部分都包含了 6 个编码器和解码器。进入到第一个编码器的 inputs 结合 embedding 和 positional embedding。通过了 6 个编码器之后，输出到解码器部分的每一个解码器中。Transformer 模型编码器和解码器层的堆叠如图 15.14 所示。

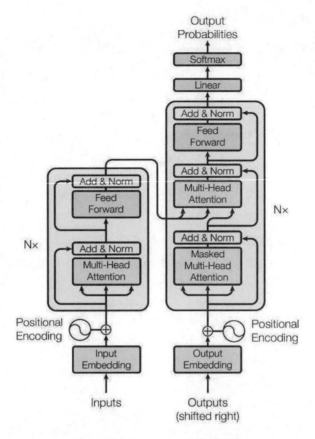

图 15.13　Transformer 模型结构

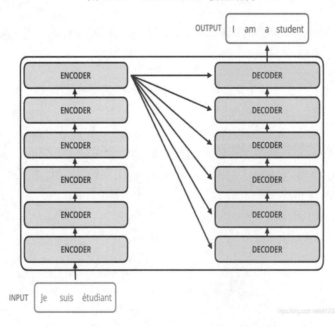

图 15.14　Transformer 模型编码器和解码器 6 层堆叠

2. 编码器部分

编码器包含两层：一个 self-attention 层和一个前馈神经网络层。self-attention 能帮助当前节点不仅关注当前的词，还能获取到上下文的语义。

1）Attention 机制

Attention 机制如图 15.15 所示。Attention 函数可以将 Query 和一组 Key-Value 对映射到输出，其中 Query、Key、Value 和输出都是向量。输出是值的加权和，其中分配给每个 Value 的权重由 Query 与相应 Key 的兼容函数计算。

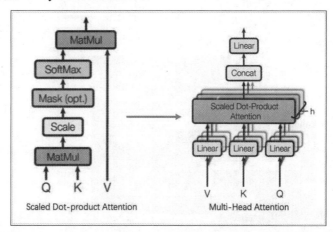

图 15.15　Attention 机制

2）Scaled Dot-Product Attention（点积 Attention）

这种特殊的 Attention 机制称为"Scaled Dot-Product Attention"，输入包含维度为 d_k 的 Query 和 Key，以及维度为 d_v 的 Value。首先分别计算 Query 与各个 Key 的点积，然后将每个点积除以 $\sqrt{d_k}$，最后使用 Softmax 函数来获得 Key 的权重。

在具体实现时，可以以矩阵的形式进行并行运算，这样能加速运算过程。具体来说，将所有的 Query、Key 和 Value 向量分别组合成矩阵 Q、K 和 V，这样输出矩阵可以表示为：

$$\text{Attention}(Q,K,V) = \text{soft max}(\frac{QK^{\text{T}}}{\sqrt{d_k}})V \qquad （公式 15.27）$$

3）Multi-head Attention（"多头"机制 Attention）

Multi-head Attention 的"多头"机制能让模型考虑到不同位置的 Attention，另外"多头"Attention 可以在不同的子空间表示不一样的关联关系，使用单个 Head 的 Attention 一般达不到这种效果。

$$\text{MultiHead}(Q,K,V) = \text{Concat}(\text{head}_1,...,\text{head}_h)W^o$$
$$\text{where head}_i = \text{Attention}(QW_i^Q,KW_i^k,VW_i^V) \qquad （公式 15.28）$$

其中，参数矩阵为 $W_i^Q \in \text{R}^{d_{\text{model}} \times d_k}$、$W_i^K \in \text{R}^{d_{\text{model}} \times d_k}$、$W_i^V \in \text{R}^{d_{\text{model}} \times d_v}$ 和 $W^O \in \text{R}^{hd_v \times d_{\text{model}}}$。

4）编码器计算的流程图

编码器计算的流程图如图 15.16 所示。

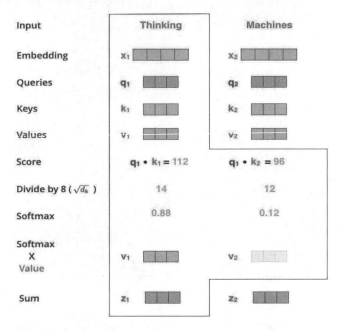

图 15.16 编码器计算的流程图

①Input：假设输入单词 Thinking 和 Machines。

②Embedding：通过词向量，可以将单词 Thinking 和 Machines 变成向量 x_1 和 x_2。

③Queries、Keys、Values：通过模型的参数 W^Q、W^K、W^V 来计算向量 $\boldsymbol{q}$、$\boldsymbol{k}$、$\boldsymbol{v}$：

$$q = W^Q \times x \tag{公式 15.29}$$

$$k = W^K \times x \tag{公式 15.30}$$

$$v = W^V \times x \tag{公式 15.31}$$

④Score：这里需要做的就是计算 thinking 在上下文中的意义 q_1k_1，以及 Machines 对 thinking 的影响 q1k2。计算的公式为：

$$score = q \times k \tag{公式 15.32}$$

得到了这个分数之后，需要进行归一化的处理，但是像 112 和 88 这样的值经过标准化之后差距较大，所以涉及后面的一个经验性的操作就是除以 $8\sqrt{d_t}$ 了。

⑤除以 $8\sqrt{d_t}$：上面的 score 经过这样一个经验性的操作之后就变成了 14 和 12，下面可以进行 softmax 的标准化。

⑥softmax：将 14 和 12 进行标准化处理之后得到的权重是 0.88 和 0.12。

⑦加权平均求 z：

$$z_1 = 0.88v_1 + 0.12v_2 \qquad \text{（公式 15.33）}$$

上面的 Q、K 和 V 被作为一种抽象的向量，主要目的是用来做计算和辅助 attention。文章里面提到 Q、K 和 V 是通过输入编码器的向量 x 与 W^Q、W^K、W^V 相乘得到 Q、K 和 V。W^Q、W^K、W^V 在文章中的维度是（512,64），然后假设 inputs 的维度是（m,512），其中 m 代表字的个数。所以，输入向量与 W^Q、W^K、W^V 相乘之后得到的 Q、K 和 V 的维度就是（m,64）。Multi-head Attention 维度变化如图 15.17 所示。

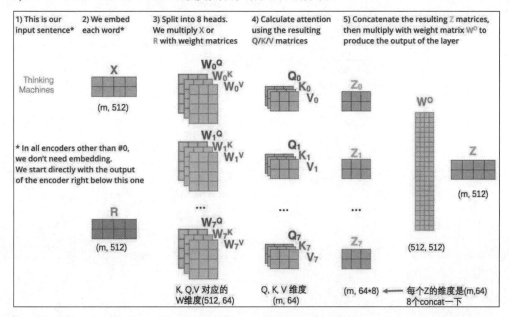

图 15.17　Multi-head Attention 维度变化

5）self-attention 层

self-attention 层的处理过程如图 15.18 所示。

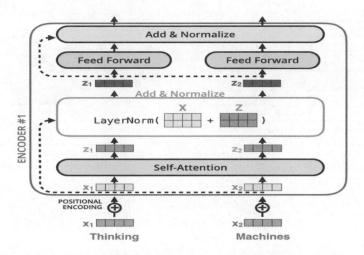

图 15.18　编码器 self-attention 层处理过程

在图 15.18 中，x_1 经过 self-attention 到了 z_1 的状态，通过 self-attention 的张量还需要残差网络和 LaterNorm 的处理，然后进入全连接的前馈网络中。前馈网络也是同样的操作，进行残差处理和正规化。最后输出的张量才真正进入到下一个编码器中，这样的操作经过 6 次，最后进入解码器的部分。

从图 15.18 可以看出，在向量进入 self-attention 层之前，是将词的 embedding 和位置的 encoding 做了一个相加的处理。因为模型里面没有用到 RNN 和 CNN，所以以该论文采用位置的编码来解决序列信息获取的问题。这里的 positional encoding 表达式如下：

$$PE_{(pos,2i)} = \sin\left(\frac{pos}{10000^{\frac{2i}{d_{model}}}}\right) \tag{公式 15.34}$$

$$PE_{(pos,2i+1)} = \cos\left(\frac{pos}{10000^{\frac{2i}{d_{model}}}}\right) \tag{公式 15.35}$$

公式中 pos 就代表了位置 index，i 是 index 所对应的向量值，是一个标量，然后 d_{model} 是 512。之所以选择这个函数，是因为假设它能够让模型通过相关的位置学习 Attention。

3. 解码器部分

对比单个编码器和解码器，可以看出，解码器多出了一个 encoder-decoder Attention layer，接收编码器部分输出的向量和解码器自身的 self attention 出来的向量，然后进入全连接的前馈网络中，最后向量输出到下一个解码器，如图 15.19 所示。

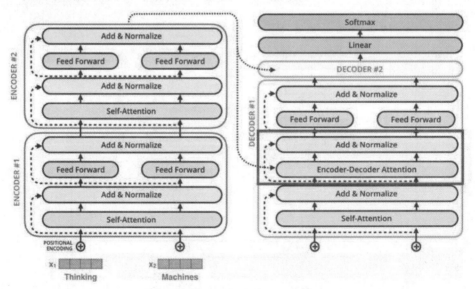

图 15.19　解码器功能结构图

最后一个解码器输出的向量会经过 Linear 层和 softmax 层。Linear 层的作用就是对解码器部分出来的向量映射成一个 logits 向量，然后 softmax 层根据这个 logits 向量转换为概率值，最后找到概率最大值的位置，完成解码的输出，如图 15.20 所示。

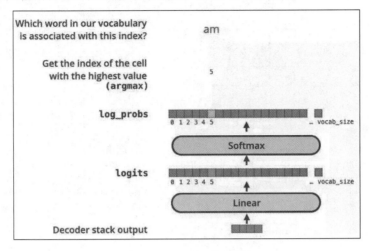

图 15.20　解码器输出

【例 15.8】Transformer 文本分类。

Transformer 文本分类项目文件列表：

- data_util.py。
- base_model.py。
- transformer.py。
- encoder.py。
- decoder.py。
- layer_norm_residual_conn.py。
- multi_head_attention.py。
- poistion_wise_feed_forward.py。
- attention_between_enc_dec.py。
- split_traning_data.py。
- train.py。
- train_classification.py。
- transformer_classification.py。
- predict.py。
- predict_classification.py。

15.4.9　Dynamic Memory Network 文本分类

Dynamic Memory Network（DMN）模型是 2015 年论文“Ask Me Anything: Dynamic Memory Networks for Natural Language Processing”提出来的，用于解决 NLP 中 QA 问题的一个方案。

1. 模型架构

DMN 网络模型包含输入、问题、情景记忆、回答四个模块，架构如图 15.21 所示。

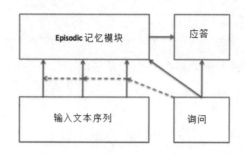

图 15.21　DMN 网络模型

模型首先会计算输入和问题的向量表示，然后根据问题触发 Attention 机制，使用门控的方法选择出跟问题相关的输入。然后，情景记忆模块会结合相关的输入和问题进行迭代，生成记忆，并生成一个答案的向量表示。最后，答案模块结合该向量以及问题向量，生成最终的答案。

2. 模型原理

结合实例和细节模型图（见图 15.22）了解一下模型的原理：假设输入是 Input 模块中的 8句话，问题是"Where is the football？"首先，模型会将相应的输入都编码成向量表示（使用GRU），如 $S_1 \sim S_8$ 和问题向量 q。接下来 q 会触发 Attention 机制，对输入的向量进行评分计算，图中在计算第一层的 memory 时，只选择了 S_7（因为问题是足球在哪，而 S_7 是 jhon 放下了足球，与问题最为相关）。然后 q 作为第一层 GRU 的初始隐含层状态进行迭代计算，得到第一层的记忆 m_1；之后因为第一层选择出 john 这个关键词，所以在第二层 memory 计算时，q 会选择 S_2 和 S_6（其中 S_2 属于干扰信息，权重较小），同样结合 m_1 进行迭代计算，得到第二层的记忆 m_2，然后将其作为输出向量传递给 Answer 模块，最终生成最后的答案 hallway。

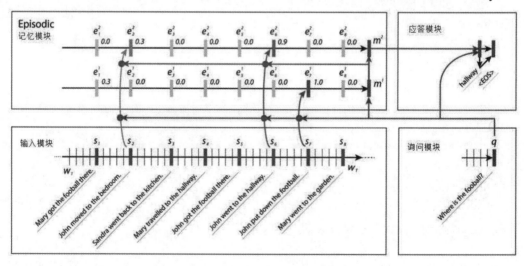

图 15.22　DMN 细节模型图

3. Input Module

使用 GRU 对输入进行编码，具体 GRU 的计算公式不再详细说明，本节描述当输入不通时应该如何区别对待。

①输入是一个句子时，直接输入 GRU，步长是句子的长度，最终输出句长个向量表示（对应 $S_1 \sim S_8$），这是 Attention 机制用来选与 Question 最相关的单词。

②输入是一堆句子时，将句子连接成一个长的单词序列，每个句子之间使用 end-of-sentence 的特殊标志进行分割，然后将每个 end-of-sentence 处的隐含层状态输出即可，这时 Attention 机制选择的就是与 Question 相关的句子表示。

4. Question Module

这部分与 Input Module 一样，是使用 GRU 将 Question 编码成向量。不同的是，最后只输出最后的隐含层向量，而不需要像 Input 模块那样（输入是句子时，会输出句长个向量）。而且，q 向量除了用于 Attention 外，还会作为 Memory 模块 GRU 的初始隐含层状态。

5. Episodic Memory Module

本模块主要包含 Attention 机制和 Memory 更新机制两部分组成，每次迭代都会通过 Attention 机制对输入向量进行权重计算，然后生成新的记忆。

首先看一下 Attention 机制，这里使用一个门控函数作为 Attention。输入是本时刻的输入 c、前一时刻的记忆 m 和问题 q。首先计算相互之间的相似度，作为特征向量传入一个两层的神经网络，最终计算出来的值就是门控函数的值，也就是该输入与问题之间的相似度。

评分函数 G 将特征集 $z(c,m,q)$ 作为输入，生成标量分数。首先定义一个大特征向量，用以捕捉输入、记忆和问题向量之间的各种相似性：

$$z(c,m,q)=[c,m,q,c*q,c*m,|c-q|,|c-m|,c^{\mathrm{T}}W^{(b)}q,c^{\mathrm{T}}W^{(b)}m] \qquad (公式 15.36)$$

公式 15.36 中，*为元素积。函数 G 是一个简单的两层前馈神经网络：

$$G(c,m,q)=\sigma(W^{(2)}\tanh(W^{(1)}z(c,m,q)+b^{(1)})+b^{(2)}) \qquad (公式 15.37)$$

其中，相似度的特征向量是由 $c,m,q,c*m,c*q,|c-q|,|c-m|,cWq,cWm$ 连接起来的向量，将其传入一个二层神经网络即可。

接下来看一下记忆更新机制，计算出门控函数的值之后，要根据其大小对记忆进行更新。更新方法是 GRU 算出的记忆乘以门控值，再加上原始记忆乘以 1-门控值，其实就类似于反向传播中的梯度更新一样。公式如下：

$$h_t^i = g_t^i GRU(c_t, h_{t-1}^i) + (1-g_t^i)h_{t-1}^i \qquad (公式 15.38)$$

$$e^i = h_{T_C}^i \qquad (公式 15.39)$$

6. Answer Module

仍然使用 GRU 为本模块的模型，根据 memory 模块最后的输出向量（将其作为初始隐含层状态），然后输入使用的是问题和上一时刻的输出值连接起来（每个时刻都是用 q 向量），并使用交叉熵损失函数作为 loss 进行反向传播训练。

【例 15.9】Dynamic Memory Network（DMN）文本分类。

项目文件列表：

- dynamic_memory_network.py。
- train.py。
- predict.py。

15.4.10　Recurrent Entity Network 文本分类

Recurrent Entity Network 简称 EntNet，最初在论文"Tracking the World State with Recurrent Entity Networks"中提出，这篇论文是 Facebook AI 在 2017 年的 ICLR 会议上发表的，文章提出使用 Recurrent Entity Network 模型用来对 world state 进行建模，根据模型的输入对记忆单元进行实时更新，从而得到对 world 的一个即时的认识。该模型可以用于机器阅读理解、QA 等领域。

1. 模型架构

和之前的模型一样，Entity Network 模型共分为 Input Encoder、Dynamic Memory 和 Output Model 三个部分，架构图如图 15.23 所示。

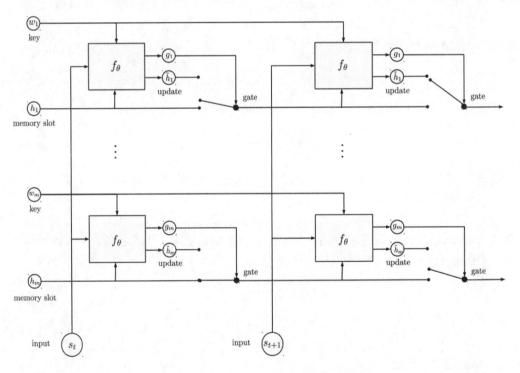

图 15.23　Entity Network 模型架构图

2. Input Encoder

Input Encoder 部分将输入的句子序列编码为一个固定长度的向量，此时对句子的处理方式是：将 $w_1/s_2/\cdots/w_n$ 分别通过嵌入层得到嵌入向量，然后进行位置编码，得到句子的向量表示。

$$s_t = \sum_i f_i \odot e_i \qquad （公式 15.40）$$

3. Dynamic Memory

在 Entity Network 中，在时间步长 t 得到了 t 时刻句子的向量表示 s_t。在 s_t 之上，有类似于多层 GRU 的单元，即 $w_1,h_1,w_2,h_2,\cdots,w_m,h_m$。其中，$\{w\}$ 是 key，负责记录实体；$\{h\}$ 是 value，负责记录该实体的状态。在时间步长 t，$\{h\}$ 由 $\{w\}$ 和 s_t 两者进行更新，更新公式如下：

$$g_j \leftarrow \sigma(s_t^T h_j + s_t^T w_j) \qquad （公式 15.41）$$

$$\widetilde{h}_j \leftarrow \varnothing(U h_j + V w_j + W s_t) \qquad （公式 15.42）$$

$$h_j \leftarrow h_j + g_j \odot \widetilde{h}_j \qquad （公式 15.43）$$

$$h_j \leftarrow \frac{h_j}{\|h_j\|} \qquad （公式 15.44）$$

g_j 是一个 sigmoid 的门函数，用来决定第 j 层的记忆有多少需要被更新，由 $\{w\}$ 和 $\{h\}$ 共同决定。

4. Output Model

在原文中使用了一层的记忆网络，因此得到最后一个时间步长的隐含层向量 h_j 以后就可以直接输出了：

$$p_j = \text{Soft max}(q^T h_j) \qquad （公式 15.45）$$

$$u = \sum_j p_j h_j \qquad （公式 15.46）$$

$$y = R \varnothing(q + Hu) \qquad （公式 15.47）$$

H 是一个[hidden_size, hidden_size]的待训练矩阵；R 是一个[hidden_size, vocab_size]的待训练矩阵，最后得到的 y 是一个 vocab 大小的向量，代表输出单词的概率，模型的部分到此结束。

【例 15.10】Recurrent Entity Network 文本分类。

Recurrent Entity Network 文本分类项目文件列表：

- data_util.py。
- entity_network.py。
- train.py。
- predict.py。

15.4.11 Boosting 文本分类

Boosting 是一种通过组合弱学习器来产生强学习器通用且有效的方法。经典常用的有三种 Boosting 算法：AdaBoost、RankBoost、Gradient Boosting。

本节 Boosting 算法实现是对于单个模型，将相同的模型堆叠在一起，每一层都是一个模型，结果将基于逻辑加在一起。层之间的唯一连接是标签的权重。每个标签的前一层预测错误率将成为下一层的权重，错误率高的标签权重较大。后一层将更加关注那些预测错误的标签，并努力修正前一层的错误。因此，将得到一个非常强大的模型。具体算法请参考相关文献。

【例 15.11】Boosting 文本分类。

Boosting 文本分类项目文件列表：

- boosting.py。

15.4.12 BiLstmTextRelation 文本分析

LSTM（Long Short-Term Memory）是 RNN（Recurrent Neural Network）的一种。LSTM 凭借其设计的特点，非常适合用于对时序数据的建模，如文本数据。BiLSTM（Bi-directional Long Short-Term Memory）是由前向 LSTM 与后向 LSTM 组合而成的，两者在自然语言处理任务中都常被用来建模上下文信息。

1. LSTM总体框架

LSTM 模型是由 t 时刻的输入词 X_t、细胞状态 C_t、临时细胞状态 $\tilde{C}_t$、隐含层状态 h_t、遗忘门 f_t、记忆门 i_t 和输出门组成的 O_t。LSTM 的计算过程可以概括为，通过对细胞状态中信息遗忘和记忆新的信息，使得对后续时刻计算有用的信息得以传递，而无用的信息被丢弃，并在每个时间步都会输出隐含层状态 h_t，其中遗忘、记忆与输出由通过上个时刻的隐含层状态 h_{t-1} 和当前输入 X_t 计算出来的遗忘门 f_t、记忆门 i_t 和输出门 O_t 来控制。总体框架如图 15.24 所示。

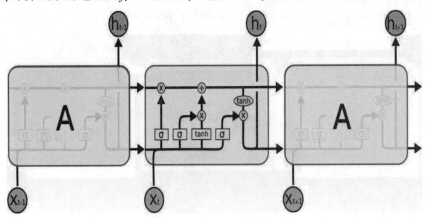

图 15.24　LSTM 总体框架

2. LSTM详细介绍计算过程

1）计算遗忘门（见图 15.25）

输入：前一时刻的隐含层状态 h_{t-1}，当前时刻的输入词 X_t。

输出：遗忘门的值 f_t。

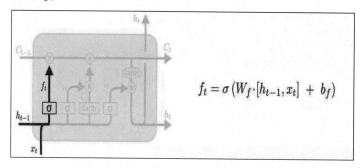

$$f_t = \sigma\left(W_f \cdot [h_{t-1}, x_t] + b_f\right)$$

图 15.25　计算遗忘门

2）计算记忆门（见图 15.26）

计算记忆门，选择要记忆的信息：

输入：前一时刻的隐含层状态 h_{t-1}，当前时刻的输入词 X_t。

输出：记忆门的值 i_t，临时细胞状态 $\tilde{C}_t$。

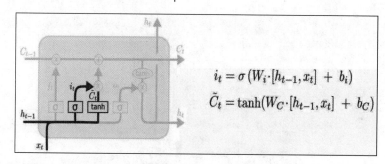

$$i_t = \sigma\left(W_i \cdot [h_{t-1}, x_t] + b_i\right)$$
$$\tilde{C}_t = \tanh\left(W_C \cdot [h_{t-1}, x_t] + b_C\right)$$

图 15.26　计算记忆门和临时细胞状态

3）计算当前时刻细胞状态（见图 15.27）

输入：记忆门的值 i_t，遗忘门的值 f_t，临时细胞状态 $\tilde{C}_t$，上一刻细胞状态 C_{t-1}。

输出：当前时刻细胞状态 C_t。

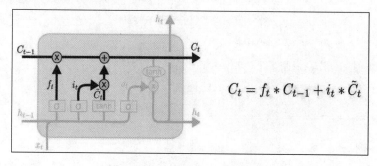

$$C_t = f_t * C_{t-1} + i_t * \tilde{C}_t$$

图 15.27　计算当前时刻细胞状态

4）计算输出门和当前时刻隐含层状态（见图 15.28）

输入：前一时刻的隐含层状态 h_{t-1}，当前时刻的输入词 X_t，当前时刻细胞状态 C_t。

输出：输出门的值 O_t，隐含层状态 h_t。

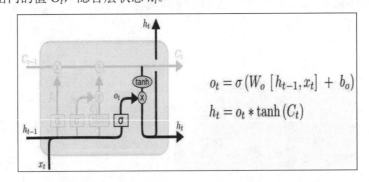

$$o_t = \sigma\left(W_o\left[h_{t-1}, x_t\right] + b_o\right)$$
$$h_t = o_t * \tanh\left(C_t\right)$$

图 15.28　计算输出门和当前时刻隐含层状态

3. BiLSTM简介

前向的 LSTM 与后向的 LSTM 结合成 BiLSTM。比如，对"我爱中国"这句话进行编码，模型如图 15.29 所示。

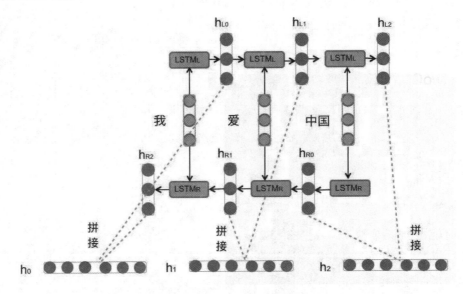

图 15.29　双向 LSTM 编码句子

前向的依次输入"我""爱""中国"得到三个向量{, , }。后向的依次输入"中国""爱""我"得到三个向量{, , }。最后将前向和后向的隐向量进行拼接得到{[,], [,], [,]}，即{, }。对于文本分类任务来说，采用的句子的表示往往是[,]，因为其包含了前向与后向的所有信息，如图 15.30 所示。

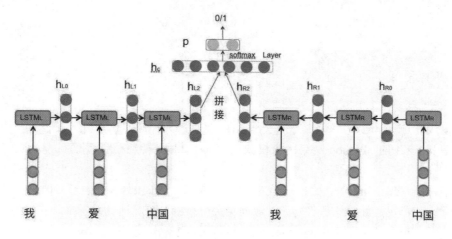

图 15.30　拼接向量用于文本分类

BiLstmTextRelation 结构与 TextRNN 相同，但输入是特殊设计的。

【例 15.12】BiLstmTextRelation 文本分析。

BiLstmTextRelation 文本分析项目文件列表：

- BiLstmTextRelation_model.py。
- BiLstmTextRelation_train.py。

15.4.13　twoCNNTextRelation 文本分类

twoCNNTextRelation 结构：首先用两个不同的卷积提取两个句子的特征，然后合并两个特性，使用线性变换层将输出投影到目标标签，最后使用 softmax。

【例 15.13】twoCNNTextRelation 文本分类。

twoCNNTextRelation 文本分类项目文件列表：

- twoCNNTextRelation_model.py。
- twoCNNTextRelation_train.py。

15.5　本章小结

本章首先介绍了文本分类的基本概念，其次详细介绍了文本分类挖掘的经典常用算法，接着阐述了基于传统机器学习的文本分类算法与应用，最后深入描述了基于深度学习的文本分类算法与应用。本章在基于深度学习的文本分类中列举了十几种算法案例实现，比较全面地详述了深度学习文本分类挖掘算法，对从事 NLP 应用的人员具有一定的参考价值。

参考文献

[1] 崔庆才. Python3 网络爬虫开发实战[M]. 北京：人民邮电出版社，2018.

[2] 瑞安·米切尔. Python 网络爬虫权威指南[M]. 2 版. 神烦小宝. 北京：人民邮电出版社，2018.

[3] 格鲁斯（Joel Grus）. 数据科学入门[M]. 北京：人民邮电出版社，2016.

[4] 梁吉业，冯晨娇，宋鹏，等. 大数据相关分析综述[J]. 计算机学报，2016(1)：1-18.

[5] 王珊. 数据库系统概论[M]. 5 版. 北京：高等教育出版社，2014.

[6] 廖开际. 数据仓库与数据挖掘[M]. 北京：北京大学出版社，2008.

[7] Daniel L.Stuffle. 评估模型[M]. 苏锦丽，等译. 北京：北京大学出版社，2007.

[8] Reza Zafarani, Mohammad Ali Abbasi, Huan Liu. 社会媒体挖掘[M]. 刘挺，秦兵，赵妍妍，译. 北京：人民邮电出版社，2015.

[9] [意]马尔科·邦扎尼尼. Python 社会媒体挖掘[M]. 陈小莉，陶俊杰，译. 北京：人民邮电出版社，2018.

[10] 张引. 社会网络分析中的数据挖掘综述[D]. 南京：南京大学计算机科学与技术系，2010：1-2.

[11] [美]达奈·库特拉（Danai Koutra），等. 单图及群图挖掘：原理、算法与应用[M]. 北京：机械工业出版社，2020.